该著作获北京市科技新星计划资助（20230484477）、
北京市自然科学基金-小米创新联合基金项目（L223022）支持

Jiyu Shendu Xuexi De
Shuzi Tuxiang Xiufu Jishu

基于深度学习的
数字图像修复技术

张萌萌　秦　佳／著

图书在版编目（CIP）数据

基于深度学习的数字图像修复技术 / 张萌萌，秦佳著 . —北京：中央民族大学出版社，2024.5（2024. 8 重印）

ISBN 978-7-5660-2153-3

Ⅰ . ①基…　Ⅱ . ①张…　②秦…　Ⅲ . ①数字图像处理　Ⅳ . ① TN911.73

中国国家版本馆 CIP 数据核字（2024）第 084377 号

基于深度学习的数字图像修复技术

著　　者　张萌萌　秦　佳
责任编辑　戴佩丽
封面设计　舒刚卫
出版发行　中央民族大学出版社
　　　　　北京市海淀区中关村南大街 27 号　　邮编：100081
　　　　　电话：（010）68472815（发行部）　传真：（010）68933757（发行部）
　　　　　　　　（010）68932218（总编室）　　　　（010）68932447（办公室）
经 销 者　全国各地新华书店
印 刷 厂　北京鑫宇图源印刷科技有限公司
开　　本　787×1092　1/32　　印张：14.75
字　　数　278 千字
版　　次　2024 年 5 月第 1 版　2024 年 8 月第 2 次印刷
书　　号　ISBN 978-7-5660-2153-3
定　　价　116.00 元

本书编委会

张萌萌　北京联合大学

秦　佳　中北大学

刘　志　北方工业大学

张泽良　北方工业大学

王　衡　北方工业大学

刘金昂　北方工业大学

王　涛　北方工业大学

张东旭　北方工业大学

摘 要

摘要：图像修复指的是利用受损图像中的已知信息，恢复缺失区域的内容。近几年，随着深度学习技术的发展，图像修复无论在视觉效果上，还是在修复结果的准确性上，都取得了突破性的进展，并且在文物保护、老照片修复、影视特效制作以及图像目标移除等领域得到了广泛应用。因此，本书针对受损图像中的大面积缺失区域和不规则缺失区域展开研究，通过对图像结构和细节等方面的分析增强特征的表征能力，提高修复结果的准确性和视觉质量。本书主要包含以下几方面研究内容：

（1）针对大面积缺失下难以准确修复人脸的问题，提出了基于加权相似集的人脸图像修复算法，通过增加先验信息的方式增强网络对图像内容的表征能力。在算法中，本书提出了加权相似人脸集，通过构建相似人脸和缺失人脸图像之间的关系增强网络特征的表征能力，从而提高网络修复性能。除此之外，算法加入了纹理特征的约束，辅助网络在得到准确修复结果的同时，可以生成清晰的纹理信息。在人脸数据集上的实验结果证明，在加权相似人脸集的作用下，该方法可以生成与原始图像更加接近的人脸信息。

（2）针对不同感受野下深度特征的融合和增强，提出了基于双注意力机制的多尺度图像修复算法，从局部空间信息和全局语义结构两方面增强网络表征能力。在算法中，本书设计了基于注意力机制的空间金字塔结构来探索不同感受野下多尺度特征的空间表达能力。在该结构中，空间注意力机制被用来强化各尺度特征在局部空间上对图像结构和细节的表达，而通道注意力机制则用来增强多尺度特征信息的全局语义表达能力。在自然图像和人脸图像数据集上的实验结果表明，该算法的修复结果在颜色和内容的连续性上取得了很好的效果。

（3）针对缺失区域中细节难以恢复的问题，提出了基于空间相似度的多层增强图像修复算法，通过构建多层结构中层间和层内关系来优化特征，增强网络的表征能力。在算法中，设计了多层并行金字塔结构对不同尺度下的特征进行独立解码重建，以避免各层之间特征传递导致的错误传播。而对于并行结构的每一层，本书提出了基于空间相似度的注意力机制，通过相似度加权后的已知区域特征块填补未知区域，从而为深度特征的待修复区域引入细节信息。最后多层并行结构得到的特征被进一步地分析融合，生成最终修复结果。大量不同类型数据集上的实验证明，该算法在得到较为准确结果的基础上，生成了更加清晰的纹理，提高了修复图像的视觉质量。

（4）针对修复算法生成多样化结果的问题，提出了图像内部空间和外部语义引导下的多元生成修复算法，通过引入图像级的参考信息实现生成多样化修复结果的目的。该算法为了平衡修复结果的准确性和多样性，将修复过程分为基于块匹配的自修复和参考信息下的多样性生成两个阶段。在自修复阶段中，本书在特征块注意力机制的基础上，引入了图像级的块匹配机制优化修复结果在纹理细节上的表达能力。在多样性生成阶段，则通过对修复特征与同类型图像的特征融合，为每一个受损图像生成了更多样的修复信息。实验结果证明，该算法在保证修复结果主客观质量的同时，可以为同一受损图像生成多个不同修复结果。

（5）针对大面积缺失下图像难修复的问题，提出了基于空间相似度的多层并行增强修复算法（Multi-level Augmented Inpainting Network using spatial similarity，MLA-Net）分析和优化多层结构中的层间和层内关系，旨在提高修复性能和纹理连续性。该网络采用了三层并行的金字塔重建结构（Pyramid Reconstruction Structure，PRS），通过将纹理细节信息嵌入到语义结构特征中，以逐步恢复和改善图像缺失内容。为了处理误差从小尺度传播到大尺度的问题，引入了基于空间相似度的多层并行增强修复网络。在网络中，通过设计基于空间相似性的注意机制（Spatial Similarity Attention，SSA），实现了未知区域与已知区域特征块之间的关系建立和信息传递，从而填补未知区域。此外，通过引入层间判别器和全局鉴别器，保证了修复结果在数据分布上的一致性和整体质量。总体而言，该网络在提高修复结果的语义结构一致性和纹理连续性方面取得了显著进展。

（6）针对如何在图像修复结果中实现多样性这一问题，提出了一种名为多元生成修复算法（self-synthesis and Instance-awared Diverse Generative Inpainting Network，DGI-Net）的图像修复算法。该网络将修复过程分为两个关键阶段：基于块匹配的自修复阶段和参考信息下的多样性生成阶段。在自修复阶段，通过对所有已知区域的特征块进行加权计算，并引入最相似的已知图像块，以增强修复特征的表征能力，从而初步填充缺失区域。而在多样性生成阶段，为初步修复的特征引入同类型完整图像作为参考信息，以及引入随机向量来增加修复结果的多样性，从而实现不同修复结果的生成。具体而言，自修复阶段通过建立受损图像的缺失区域和已知区域的内部联系，修复和优化缺失区域中的特征，引入更多的细节或纹理信息。在多样性生成阶段，通过将包含完整语义信息的图像作为实例来约束修复结果，使其在语义上更接近真实图像。同时，通过增加随机向量，该阶段能够生成同一实例下的多个不同修复结果，实现结果的多样性。实验证明，DGI-Net在实现多样性的同时，能够保持图像修复的准确性、视觉质量和语义准确性。本章的主要贡献在于提出了一种有效的图像修复网络，将修复和多样性生成划分为两个阶段，并在这两个阶段引入了块匹配和参考信息的机制，以获得更具细节和多样性的修复结果。

（7）针对在HR空间中确保结构连贯性的同时合理地修复缺失区域这一难题，提出了一种名为超分辨率修复器（SRInpaintor）的图像修复网络，该网络以超分辨率（SR）任务为基础，将全分辨率修复任务划分为两个关键阶段：全局结构推理和局部纹理细化。在该网络中，以低分辨率（LR）掩码图像为输入，通过提取高级语义上下文信息学习超分辨率（SR）函数，虚构图像结构并专注于更高分辨率的空间。生成的SR结果用作外观先验，引导接下来的结构校正和纹理补充。通过逐步重建LR到HR空间，建立了一个具有SR监督的多阶段框架，以处理大规模孔洞修复任务。为了解决高频信息损失的问题，采用了一种先前SR结果与当前LR图像的配对输入，以补充缺失信息，并促进更好的全局结构理解。另外，引入了分层Transformer（HieFormer）来模拟多阶段远程上下文和孔洞之间的长期相关性，从而显著增强生成的纹理的语义一致性。通过在公共基准数据集上进行实验证明，该方法相对于当前领先的图像修复算法具有明显的优越性。

（8）针对图像结构恢复不够准确的问题，提出了基于生成多分支卷积神经网络的图像修复算法，产生具有结构适应性、纹理相似性和边界一致性的图像修复结果。在算法中，使用多分支卷积神经网络结构将图像分解为具有不同的感受野和特征分辨率的分量，使用图像的全分辨率输入来实现对图像的全局信息和局部信息的多尺度特征表示，并提出了一种新的置信度驱动的重建损失，依据空间位置来约束生成的内容，从而更好地表示图像的全局结构，还提出了一种新的隐式多样化马尔可夫随机场正则项用于增强图像的局部细节。实验结果证明，该算法在恢复图像结构的准确性方面性能优越，尤其是在处理人脸图像大面积缺失时表现出色，能够在保留局部细节的同时生成丰富多样的图像。

（9）针对传统的雾线先验算法对于偏白光图像去雾后出现的失真，边缘处存在光晕现象的问题，提出了一种基于雾线先验的图像去雾算法的改进方法，产生去雾效果更佳、图像的颜色对比度更加贴近自然的修复结果。在算法中，使用软抠图得到更加精确的透射率，代入大气散射模型求得初始去雾图像，再用高斯滤波与Retinex算法处理初始去雾图像后，得到最终的去雾图像，还提出一种PSNR与SSIM联合的评价指标PCS，在多个数据集下验证当PCS取值越小时图像的去雾效果越好。实验结果证明，改进后算法相较于原始算法在客观评价指标以及主观感觉上都表现更佳。

（10）针对非局部先验中一些像素簇没有无雾像素，不适合天空图像场景或白色等高亮度像素区域这些问题，提出了一种基于多先验约束的图像去雾算法，该算法有效地融合了像素尺度、局部尺度、非局部尺度和场景尺度去雾策略的优点，克服了单一先验条件的局限性，取得了良好的去雾效果。首先基于神经网络将无监督聚类问题转化为有监督的分类问题，从而确定单幅图像中的像素簇。

目　录 >>>>>

❶ 引言

视觉作为人类感知世界的重要方式之一，在日常生活中扮演着重要的角色。人们为了将自己所见的事物保存下来，发明了手机、照相机等成像设备，使机器也同样具有了视觉感知能力，产生能够被保存下来的数字图像。随后，随着科学技术的发展，数字图像不仅成为生活中传递信息的重要手段之一，也在交通、航天、医学等各个领域展现出了极其重要的现实意义。然而，在大量图像的采集、传输和应用过程中，不可避免地会存在图像信息缺失或者受损的情况。比如，图像传输时，由于网络原因导致传输的信息不完整；存储艺术品或老照片时，由于时间过长或保存手段不妥善导致图像的损坏；又或者因为采集环境的复杂，导致照片中出现一些不必要的人或物等。为了在上述情况中，仍能得到完整的、符合要求的图像，图像修复技术应运而生，并逐渐成为计算机视觉领域重要的研究方向之一。

近年来，大量基于深度学习的算法被应用于图像修复，获得了突破性的进展。其中，深度学习是对数据进行表征学习的技术，通过一系列非线性变换组成的隐藏层，它可以从大量数据中学习到潜在的复杂映射关系。而图像修复任务，正希望通过这种映射，将受损图像中的缺失区域和未缺失区域联系起来，并通过语义结构和细节特征等方面的分析，有效地修复受损图像。而在这其中，如何增强深度学习模型中特征对图像的表征能力，保证修复结果的内容准确性、结构一致性、纹理连续性和结果多样性，是该研究方向的关键问题。

1.1 研究背景和意义

图像修复技术起源于欧洲文艺复兴时期[1]。当时由于科学技术水平有限，艺术品往往不易保存。因此，为了修复画作和艺术品中破损的部分，保持其完整性和观赏性，只能凭借修复人员的想象力和艺术素养填补艺术品中的受损区域，最大程度地为它们恢复原貌[2]。然而，这种纯手工实现的艺术品修复具有不可逆性，修复结果一旦形成，无法再次修改。因此，当时的修复工作除了工作量巨大以外，还对从事该工作的人有极高的专业要求，需要具备恢复画作的能力和丰富的工作经验。

随着科学技术的发展，出现了可以采集图像的设备和可以被计算机存储的数字图像。这些数字化后的图像可以在计算机内进行处理，以满足人的视觉心理和应用需求[3]。因此，出现了一系列图像处理技术，例如图像分割、图像分类、图像重建和图像增强等。而在图像采集、存储、传输和处理都更加方便的今天，人们也开始将文化传播的载体由文字向图像方面进行转变，并逐步地通过图片的形式记录工作、分享生活，这使得图像数据的应用变得十分广泛[4]。根据2021年布朗大学人文科学教授彼得·桑迪在“图像超市”展览上的发言可知，社交网络每小时传播的图片超过一亿张，每天则超过30亿张[5]。除此之外，由于近几年人工智能技术的成熟、应用的扩大，图像在航天、医学、教育等各个领域，也得到了广泛应用[6]。面对各领域中如此海量的图像数据，不可避免的会在采集或传输过程中，存在数据的丢失或破坏。针对这一问题，Bertalmio等人[7]在2000年首次提出了数字图像修复（Image Inpainting）这一概念。数字图像修复技术是根据图像现有的信息，自动恢复缺失信息。它是通过人机交互完成的技术，以机器代替手工，使其变成一个可逆的过程。并且该技术所得的修复结果也仅仅提供借鉴和参考，并不会对实物造成损坏。因此，数字图像修复技术可以根据个人需求反复调整，直到达到满意的修复结果为止。

早期的图像修复算法通过偏微分方程、纹理合成或者稀疏表示等数学建模的方式分析受损图像的已知区域，从而对缺失区域进行估计和修复。然而，这些算法由于只考虑局部的结构或纹理，使得修复结果存在纹理扭曲或者模糊等情况，难以达到理想的视觉效果。近年来，随着深度学习技术的出现，基于学习的图像修复技术可以在海量数据的引导下，通过大量的参数充分分析受损图像中的局部空间信息和全局语义结构，使得修复的图像在准确修复图像内容的同时还能满足视觉效果。尤其是生成对抗网络（Generative Adversarial Network，GAN）[8]的提出，将图像缺失区域的修复看做是一个生成问题，即通过受损图像的已知信息生成未知区域的内容。GAN网络在生成器和判别器的共同作用下，进一步地提升了图像修复算法的修复性能，使修复结果在语义一致性和视觉连通性上都得到了前所未有地提升。图像修复技术是一项非常具有现实意义和研究价值的工作，如图1.1所示，它可以帮助人们完成旧照片、影像、历史文档、文物、艺术画作等重要资料的数字化修复工作[9，10]，提高资料的可用价值；也可以完成影视创作中视觉特效的制作[11，12]，达到“以假乱真”的目的；同时，它也可以用于日常生活中，更方便、快捷地去除掉照片中意外入镜的遮挡物[13，14]。随着近年来图像修复技术的发展，它也被扩展到了其他研究领域，比如目标识别[15]、图像分割[16]、图像压缩[17，18]、图像去噪去模糊[19—22]等，并且取得了突破性的进展。

本书主要针对图像中的大面积缺失区域和不规则缺失区域展开研究，通过对图像结构和细节等方面的分析来增强特征的表征能力，从而提高修复结果的准确性和视觉质量。本书所提的修复算法都在不同种类的图像数据集上进行了大量实验，并通过实验结果验证了算法的有效性。

图 1.1　图像修复技术在各个领域的应用

Fig 1.1　The application of image inpainting in various ields

1.2 研究内容和主要贡献

早期的传统图像修复方法，主要包括基于扩散的、基于纹理合成的、基于稀疏表示和基于外部数据搜索等图像修复方法[23]。这些方法通过数学建模的方式，参考局部的结构或纹理等信息对缺失区域的图像内容进行估计，以至于当图像缺失区域较大的时候，由于无法考虑全局信息，难以达到较好的视觉效果。近年来，深度学习的图像修复算法通过对大规模图像数据的学习和训练，不仅可以有效地提取图像浅层纹理特征，还可以获取大量深层语义信息。尤其是GAN[8]被引入到修复领域后，使受损图像在生成器和判别器的共同作用下，实现整体数据分布和深层语义结构上的修复，达到更好的视觉效果。然而，对于现有的基于学习的图像修复算法，当需要进行大面积的图像内容或复杂纹理修复时，仍然存在着修复结果模糊或者修复内容不连续、纹理扭曲等情况。

通过对大量数字图像修复算法的分析发现，现存的基于深度学习的图像修复技术存在如下几个关键问题：1.大面积图像缺失下难以修复的问题。当图像存在大面积缺失的时候，可用于修复的先验信息过少，难以通过受损图像的已知信息准确地预测未知区域的图像内容。2.合理融合多尺度特征的问题。不同尺度下的特征，往往在局部空间和全局语义上有其独特的特点，直接将多尺度信息相加或者连接，很可能因为各尺度下信息表达的不一致，而埋没掉其中重要信息。如何在融合之前增强其在各自尺度上的特性，以提高特征融合的效率，获得更具表征能力的特征，依旧是一个值得深入研究的方向。3.缺失区域中纹理细节难以 恢复的问题。由于图像修复属于不适定问题（Ill-posed Problem），其中缺失的细节和纹理难以准确的修复出来。而单纯地通过算法预测的纹理信息，又往往存在着扭曲或者不连续等问题。因此，修复结果的纹理连续性一直是图像修复中的一个难点。4.修复结果多样性的问题。图像修复是一个高度依赖主观的过程，难以通过一个修复结果满足不同的人对图像的解读。因此，对于图像修复算法，在满足修复结果准确性和视觉效果的同时，如何实现生成结果的多样性，也是一个具有挑战性的问题。

图 1.2　主要研究内容的框架图。

Fig 1.2　The overview of the research contents.

如图1.2所示，针对上述问题，本书提出了四种图像修复算法，分别通过增加的额外先验信息、突出特征中的重要结构信息、建立特征块之间的联系和引入图像级的联系四个方面增强网络表征能力，提高网络的修复性能。其中，本书首先针对人脸图像进行研究，以在大面积信息缺失下准确恢复人脸特征为目的，提出了人脸图像修复算法，通过编解码网络结构构建受损人脸与相似人脸之间的关系，对受损图像进行修复。随后，考虑到现实生活中图像受损更多地发生在自然图像中，本书从第四章开始将研究对象从人脸图像扩展到了自然图像中，并且考虑到自然图像中存在更加复杂多样的信息，本书的第四章和第五章通过多尺度结构和多层并行结构对不同感受野和不同尺度深度特征进行分析，并在其中引入注意力机制，增强特征的表征能力。其中，第四章将空间和通道注意力机制与不同感受野下的特征相结合，优化特征的局部空间结构和各个通道特征图的全局信息。而第五章的并行结构，则是将不同尺度特征与基于空间相似度的注意力机制相结合，从而在缺失区域中引入细节信息，以细化缺失区域中的纹理信息。除此之外，为了在生成准确性的基础上满足不同人在视觉上的要求，第六章通过一个两阶段的修复算法，对生成多样性修复结果进行了探索。具体来说，本书的主要内容分如下四个部分：

第一，针对大面积内容缺失下，由于缺少先验信息导致人脸图像难以准确修复的问题，提出了基于加权相似集的人脸图像修复算法。该算法通过增加额外的相似人脸信息增强修复网络对图像内容的表征能力，以准确的修复人脸图像。具体而言，人脸作为重要的身份识别信息，其修复的准确性尤为重要。因此，算法中提出了加权相似人脸集，将相似人脸作为辅助信息与受损图像一同输入到网络中，通过构建相似人脸与待修复人脸之间的关系，增强网络的表达能力，从而得到更加准确的修复结果。此外，为了在获得准确修复内容的同时也能得到更加清晰的纹理，该修复算法在网络训练过程中加入了纹理特征的约束项，使得图像在内容修复的过程中，也兼顾到纹理结构的准确性。最终，在人脸图像数据集上的实验表明，该算法无论在图像内容上还是人脸特征上都获得了更加准确的结果。

第二，针对多尺度特征结合时，由于简单、直接的特征连接，导致忽略重要信息的问题，提出了基于双注意力机制的多尺度图像修复算法，从局部空间和全局语义两方面分析和增强不同感受野下特征结构的表征能力。该修复算法设计了基于注意力机制的空间金字塔结构，通过注意力机制与多尺度结构结合的方式优化特征的表达能力。其中，空间注意力机制被用来突出各尺度特征在局部细节和结构上的表达能力，而通道注意力机制则是多尺度特征融合后的全局语义结构的增强。在此基础上，考虑到卷积核局部计算的特点，设计了一种基于最大池化的掩码更新机制，动态划分特征中的有效区域和待修复区域，从而在特征增强的同时，引导网络实现从缺失区域边缘到中心的逐步修复。该算法在自然图像数据集和人脸图像数据集上的实验表明多尺度结构与注意力机制的结合在内容准确性、颜色连续性和结构一致性上取得了很好的效果。

第三，针对图像信息丢失下，缺失区域中细节难以恢复的问题，提出了基于空间相似度的多层增强图像修复算法，通过构建和优化多层结构中的层间和层内特征信息增强网络的表征能力。算法中设计了一个多层并行修复的金字塔结构独立的解码和重建不同尺度下特征，来避免渐进方式下的多尺度修复网络，将低尺度修复错误传递至较高尺度中。而在这个多层并行结构中，使得每一层都可以看作一个有粗略修复图像的子网络。而在这些子网络中，我们提出了基于空间相似度的注意力机制，通过特征块之间相似度加权的方式，将已知区域的特征块引入到未知区域中去增强缺失区域中的细节信息，提高网络在纹理连续性上的表征能力。通过在大量不同类型的图像数据集上的实验证明该算法在准确修复的基础上，显著提高了修复结果的视觉效果。

第四，针对因人们理解差异，导致对受损图像多样化解读的问题，提出了图像内部空间和外部语义引导下的多元生成修复算法，通过引入图像集的参考信息，实现生成多样化修复结果的目的。具体来说，图像修复是一个高度依赖主观的过程，对于同一缺失图像，不同的人有不同的解读。为了在准确修复的前提下实现生成结果的多样性，将所提出的多元生成修复算法分为基于块匹配的自修复模块和参考信息下的多样性生成两个方面，以增强网络特征的表征能力的同时，实现表征的多样性。基于块匹配的自修复模块中，设计了一种在图像层面上的块匹配机制，为缺失区域引入最相似的已知图像块信息，引导网络在修复图像时生成更加清晰的细节。而在多样性生成阶段，通过探索不同的自然图像与修复结果在语义和空间上的联系，实现多样化的修复结果。实验证明该算法在保证客观修复结果的同时，能够为同一受损图像生成多个修复结果。

1.3 组织结构

根据本书主要研究内容和重点，本书共分为7章，分别通过增加额外的先验信息、突出特征的重要信息、建立特征块之间的联系和引入图像级的联系四个方面实现网络表征增强，从而在图像修复时满足内容准确性、结构一致性、纹理连续性和结果多样性。本书具体结构安排如下：

第一章：引言。本章主要介绍了图像修复算法的研究背景和研究意义、分析了图像修复算法存在的问题和挑战，然后概括了本书的主要研究内容，最后给出了本书的组织结构。

第二章：相关理论和技术基础。本章首先介绍了图像修复算法的修复过程，然后分析了大量的传统和基于学习的图像修复算法，最后介绍了图像修复中常用的数据集和评价指标。

第三章：提出了基于加权相似集的人脸图像修复算法。本章对具体网络结构，相似人脸的选择和加权做了详细的介绍和分析，并在公开的人脸数据集上，验证了算法的有效性。

第四章：提出了基于双注意力机制的多尺度图像修复网络。本章详细阐述了网络结构、掩码更新机制、基于双注意力的空间金字塔结构，以及金字塔结构中的语义增强通道注意力机制和多分支融合空间注意力机制，最后在公开数据集上对算法的有效性进行了验证。

第五章：提出了基于空间相似度的多层增强图像修复网络。本章对网络结构，以及网络中所涉及的多层并行金字塔重建结构、基于空间相似性的注意力机制都做了详细的介绍。针对不同种类图像数据集，对算法的性能进行了评估。

第六章：提出了图像内部空间和外部语义引导下的多元生成修复网络。本章对网络结构，以及其中基于块匹配的自修复模块和参考信息下多样性生成模块，进行了详细的介绍。最后，在公开数据集上验证了算法的有效性，可以生成多样化的修复图像。

第七章：总结和展望。本章针对本书的研究内容进行了总结和归纳，并且结合全文内容，并对未来研究方向进行了展望。

❷ 相关理论与技术基础

随着科学技术的发展，图像修复算法从只考虑局部像素或纹理的修复，发展到了兼顾局部细节和全局语义的修复。在这一过程中，修复结果的准确性和视觉连通性都得到了极大的提升。本章首先简单介绍了图像修复算法的过程，并详细分析了传统图像修复算法和基于深度学习的修复算法的优缺点。最后介绍了图像修复实验中涉及的数据集和评价指标。

2.1 图像修复介绍

图像修复是指通过分析受损图像中的已知信息填补缺失区域的内容，使得修复结果能够保持语义合理性和纹理连续性。图像修复的过程如图2.1所示，在待修复图像I_i中，K表示已知区域，U表示缺失区域。除此之外，为了区分这两部分，一般修复算法还引入了一个（0，1）二值矩阵作为掩码信息去标记已知区域和未知区域。其中白色区域为缺失区域，用0表示，即对于未知区域像素（x，y），M（x，y）= 0，（x，y）$\in U$；黑色区域代表已知信息，用1表示，即对于已知区域像素（x'，y'），M（x'，y'）

$=0$，$(x', y') \in K$。图像修复算法在待修复图像和掩码的共同作用下预测丢失信息，并用预测的结果填补缺失区域，从而得到最后的修复结果。该过程可以表示为2–1：

$$I_r = I_i \times M + f_{inp}(I_i) \times (1 - M) \tag{2-1}$$

其中，I_i是待修复图像，M是掩码矩阵。×为点乘操作。$f_{inp}(\cdot)$代表图像修复算法。$f_{inp}(I_i)$是当输入图像为I_i时对缺失区域的预测结果，是修复后的结果。自Bertalmio等人[7]首次提出数字图像修复的概念后，该技术引起了研究者们的广泛关注，因此涌现出了很多优秀的传统图像修复算法和基于学习的图像修复算法。

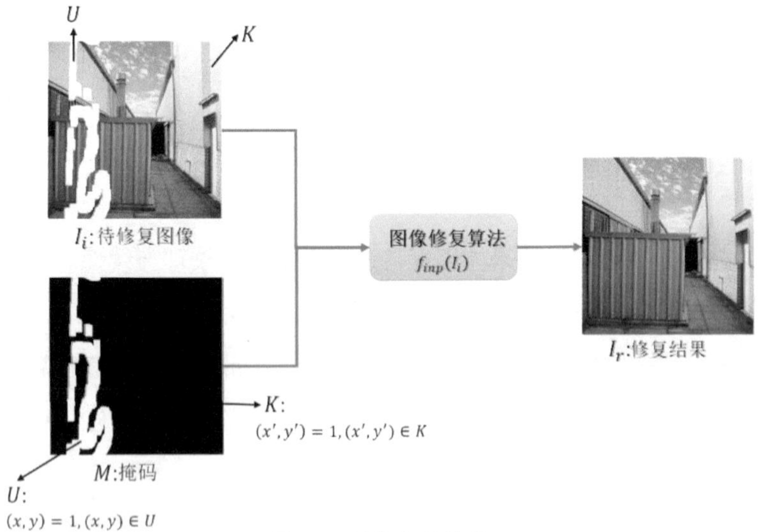

图 2.1 图像修复过程

Fig 2.1 The process of Image Inpaintin

2.2 传统图像修复算法

传统图像修复主要包含基于偏微分和变分的算法、基于纹理合成的算法、基于稀疏表示的算法和基于外部数据搜索的算法[23]，它们根据像素间的关联性或内容的相似性，从边缘向中心对缺失区域内容进行估计。

基于偏微分和变分的图像修复算法：基于偏微分和变分的图像修复是通过扩散的方法，将待修复区域周围的信息传播到待修复区域中[24]，以达到图像修复的目的。其中，Bertalmio的BSCB（Bertalmio Sapiro Caselles Ballester）模型[7]是最早提出的图像修复技术。它沿用了手工修复艺术品的思路，通过偏微分方程（Partial Differential Equation，PDE），将待修复区域的边缘信息沿着等照度线的方向，由外向内地扩散到丢失区域，从而在不断迭代的过程中，使得受损区域逐渐减小，直到完全修复。然而，该算法存在着复杂度高、速度慢等缺点。在BSCB的基础上，Chan等人[25]将全变分（Total Variation，TV）模型应用到了图像修复中。随后，他们还提出了曲率驱动扩散模型（Currature-driven Difusions，CDD）[26]，该模型通过引入曲率信息提高结果的纹理连续性。此后，越来越多此类型图像修复模型[27-34]用于改进修复结果的连通性能。然而，在基于偏微分和变分的图像修复过程中，这种将图像信息从待修复区域的边缘扩散到中心的修复方式，结果往往会趋于模糊化，难以修复纹理细节，因此更适用于相对较窄较小的或者平滑的缺失区域，比如旧照片的划伤、污点，或者是图片中的文本。

基于纹理合成的图像修复算法：为了在修复缺失区域时引入图像的纹理信息，研究者们提出了基于纹理合成的图像修复方法为修复区域引入相关纹理细节信息。基于纹理合成的修复方法包含了基于样本块的图像修复算法[13，14，35–39]和基于图像分解的修复方法[40–43]。其中，基于样本块的图像修复算法通过计算优先级的方式为修复区域确定填补顺序，从而按照优先级高的区域向低的区域，逐步引入相似纹理块的过程。比如，Efros等人[36]在图像块拼接时，在块与块的重叠处寻找纹理差异最小的图像信息，以减小块效应产生的视觉不连续性。而基于图像分解的修复方法则是将图像分解为结构修复和纹理修复两个方面，即先分别用结构重建和纹理填充的算法对图像进行修复，再将两个结果融合得到最终结果。该方法由Bertalmio等人[43]首先提出，他们用BSCB模型[7]修复图像结构部分，用非参数采样纹理合成技术[44]修复图像的纹理信息，随后这两部分信息结合得到最后的修复结果。基于纹理合成的修复方法更专注于局部的纹理细节分析，在纹理单一的时候或者缺失纹理与未缺失纹理很相近的时候，可以得到较好的主观效果。但当缺失区域过大或者纹理复杂且不重复的时候，则很难达到理想效果。

基于稀疏表示的图像修复算法：在基于稀疏分析的图像修复方法[45-49]中，图像块被看作信号信息进行稀疏分解，然后这些信息再通过信号重构的方法对图像进行修复。比如，史等人[47]提出一种基于双约束稀疏模型的图像修复算法，该算法首先利用局部邻域嵌入方法对待修补区域的内容进行初步估计，然后挑选相似样本块作为依据，建立稀疏模型，从而完成缺损信息的重建。甘等人[48]则在稀疏表示理论基础上，根据图像块之间存在的相似性，引入均值聚类算法对图像块进行分类，然后利用K-SVD（K-singular Value Decomposition）算法获得各个图像块的数字字典，以此填补丢失的像素，达到图像修补的目的。然而虽然基于稀疏表示的算法在图像修复中取得很好的效果，但是在过完备字典迭代训练的时候，计算复杂度高。并且当获取字典不合适时，会因为修复结果的模糊或者块效应导致视觉不连贯。

基于外部数据搜索的图像修复算法：考虑到只从受损图像中寻找相关的纹理结构，可以用到的数据是非常有限的。所以，为了扩大可以参考的先验知识，研究者们提出了基于外部数据搜索的修复方法[50, 51]。比如，Hays等人[51]依据庞大的照片数据库，找到与破损图像具有相似且有效的样本图像修复图像中的缺失区域。实验证明，当能够在数据库中找到足够相似的图像时，这种方法能够表现出很好的性能，但数据库中缺乏有效的数据时，则会得到不理想的修复结果。

2.3 基于深度学习的图像修复算法

近年来，为了解决传统算法中的不足，深度学习被引入到图像修复算法中，通过提取图像的浅层问题特征和深层语义信息，提高算法的修复性能。基于学习的图像修复算法包含了基于卷积神经网络的图像修复算法和基于生成对抗网络的图像修复算法。

2.3.1 基于卷积神经网络的图像修复算法

根据对传统修复方法的分析发现，简单的信息扩散或者纹理合成等方法因为无法获取全局语义信息，很难达到理想的视觉效果。因此，为了得到更好的修复结果，卷积神经网络被引入到了修复算法[52–54，56–60]中预测未知区域的图像内容。比如，Wang等人[52]利用神经网络模仿人脑的能力，将图像中的物体分为不同的层进行修复。除此之外，广义回归神经网络（General Regression Neural Network，GRNN）和神经网络的反向传播算法（Back Propagation ，BP）被用来实现图像修复。其中，Alilou等人[53]受到人类视觉感知连通性的启发，通过GRNN网络有效地根据相邻像素预测缺失区域。而贺等人[54]提出的修复方法则根据待修复区域的边界寻找相似块，利用相似块周围像素数据得到BP神经网络的权值和阈值。上述这些算法证明，基于卷积神经网络的图像修复算法无论在细节还是整体结构上，都取得了很大的进步，尤其是He等人[55]近几年提出的掩码自编码器可以通过非对称的编码器-解码器架构，在高比例信息缺失下重建出较好的图像信息。

2.3.2 基于生成对抗网络的图像修复算法

随着生成对抗网络（Generative Adversarial Network，GAN）[8]的出现和发展，研究者们将其广泛用于图像修复中，追求更好的视觉效果。在这一部分，首先介绍了生成对抗网络的结构，然后再进一步地介绍了生成对抗网络在图像修复中的应用。

（1）生成对抗网络结构

生成对抗网络的结构如图2.2所示，在GAN网络中，模型的参数通过对抗训练的方式进行优化，用生成数据的分布拟合真实数据的分布，使生成结果更加接近真实数据。具体地说，GAN网络由生成器（Generator，G）和判别器（Discriminator，D）组成。生成器以随机向量z作为输入，生成类似于真实数据的假样本；判别器D是一个分类器，通过分析生成结果和真实数据的数据分布，来鉴别生成图像的真假。在这个过程中，生成器为了迷惑判别器，则必须生成更加逼真的假样本。而此时，判别器为了正确地判断真假样本，也不得不优化分类性能。如此往复，生成器与判别器相互对抗，互相提高性能。当判别器无法区分生成器生成结果的真假时，被视为生成器训练完成。该对抗过程$V(D, G)$可以表示为如2-2公式：

$$\min_G \max_D V(D, G) = \mathbb{E}_{x\sim Pdata}[\log D(x)] + \mathbb{E}_{x\sim Pz}[\log D(G(z))] \tag{2-2}$$

其中，z输入的随机向量。P_z是输入向量的先验分布P_{data}；而是服从真实数据分布的真实样本。这里，$G(\cdot)$是生成器，$G(z)$代表生成的样本；$D(x)$和$D(G(z))$则是判别器对真实数据判定为真和对生成的虚假数据判定为真的概率。在训练过程中，生成器G和判别器D交替更新。对于D而言，$D(x)$越接近于1，$D(G(z))$越接近于0，判别器性能越好；而对于生成器，当$D(G(z))$接近于1的时候，说明生成结果以假乱真。这使得G和D成为一种对抗关系，在它们的相互对抗中，G和D的性能会不断地提高，直到D难以判定G生成数据的真实性。在整个过程中，由于判别器的辅助和优化，GAN网络能够产生更加接近真实分布的生成结果。

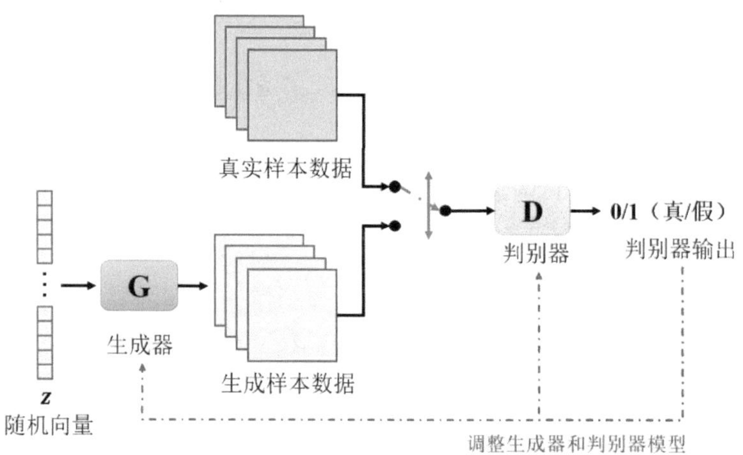

图 2.2 生成对抗网络结构

Fig 2.2 The structure of generative adversarial network

然而，原始的GAN网络是通过随机向量生成数据结果，这一过程是非常不可控的。于是，一种带条件约束的GAN网络——条件生成对抗网络（Conditional generative adversarial nets，CGAN）[61]被提出来。在CGAN中，对生成器和判别器都加入了一定的约束条件，来引导网络的训练。它的目标函数如2–3所示：

$$\min_{G}\max_{D} V(D, G) = \mathbb{E}_{x\sim Pdata}[\log D(x \mid y)] + \mathbb{E}_{x\sim Pz}[\log D(G(z \mid y))] \quad (2\text{–}3)$$

其中，y是输入网络中的约束条件。而$G(z \mid y)$则是噪声

z和条件y作为输入同时输入生成器$G(\cdot)$，得到的生成结果。有条件约束的GAN网络，使得GAN在各个领域得到了广泛的应用。

（2）生成对抗网络在图像修复中的应用

由于GAN网络在生成图像内容上强大的功能，它被大量地引入了图像修复中，即通过利用受损图像的已知区域信息，预测修复未知区域的内容。基于GAN网络的图像修复方法大致包括了基于自编码器的图像修复网络、基于特征块的图像修复网络、基于多尺度的图像修复网络和基于多元生成的图像修复网络等。

自编码器[62]是深度学习中常用到的一类网络结构，由编码器和解码器两部分组成。它通过对输入数据的表征学习，来指导神经网络学习分析出一个关于输入和输出的映射关系，从而得到重构的输出数据。该网络模型被应用在了早期的基于GAN的图像修复[63-67]中，得到了很好的效果。比如，Pathak等人[63]提出了基于上下文编码（Context Encoders，CE）的图像修复网络，该网络在编解码器结构中加入全局的判别器和相应的生成对抗网络的损失函数，从而可以在修补丢失区域时，对生成结果的数据分布进行约束，使其更加接近原始图像。Iizuka等人[64]则在编码器-解码器结构中，结合了空洞卷积与全局-局部判别器，使得其在保证全局和局部一致性的同时，扩大网络感受野，以提升修复结果的准确性。然而，传统的编解码结构中，编码器和解码器相对独立，它们内部的特征，并没有直接联系，所以为了增强网络表达能力，提高修复性能，Liu等人[65]用到了u–Net的网络结构，增加编码器和解码器特征之间的联系，以求在解码特征的过程中，引入编码信息，从而获得更加准确的纹理和细节。

随后，为了从多方面更加全面地分析深度特征，一些基于多尺度结构的图像修复网络[68–74]被提出，它们可以融合不同尺度、不同感受野或者不同阶段的空间信息，以改进网络修复性能。比如，Wang等人[68]提出了多列结构的修复网络，该网络将不同感受野下的特征融合起来，从而更好地描述输入图像的空间信息。Liu等人[69]分析了网络结构中的特征，并以编码器中深层和浅层的卷积层特征分别表示输入图像的结构和纹理，并对其进行整理和融合，以求得到良好的修复结果。除此之外，一些算法[70，72]则是将图像修复网络划分为多阶段，并将不同阶段的信息融合生成修复结果。比如将网络分为纹理和图像内容两种尺度，先对纹理进行预测，然后再将纹理作为依据，与缺失图像进行融合和分析，生成最终图像修复结果。

进一步地考虑到神经网络卷积核是局部操作，所以为了引入相对于丢失区域较远的特征细节，一些研究者提出了基于特征块的图像修复网络[71，75，76]。比如，Yang等人[75]提出了多尺度下的深度特征块合成方法，通过损失函数将未知区域的修复信息与已知区域中最相似的特征块进行匹配，以求将已知区域中复杂的纹理细节，引入到未知区域中。Yu等人[76]则在全局－局部判别器的基础上，提出了上下文注意力机制（Contextual Attention，CA），以引入与修复区域相距较远的特征块，从而在修复过程中，为丢失区域引入图像中原本已知的空间信息。

上述基于深度学习的图像修复算法虽然获得了比传统方法更好的修复性能，然而，它们仅仅只能生成一个修复结果。考虑到图像修复属于图像处理中的不适定问题，其结果的好坏高度依赖主观视觉感知。因此，对于同一缺失图像，不同的人依据其经验和环境，可能有不同的分析和理解。为了满足这一特性，同一破损图像生成多个结果的图像修复算法[77–83]，也逐渐被提出，在保证客观修复结果的同时，也满足修复的多样性。其中，zhao等人[77]提出了一种协同调制的生成对抗网络（CO–MODulated Generative Adversarial Network，CO–MOD）去处理大的缺失区域，它在图像已知区域的条件约束下，加入了随机生成结构，从而在得到多个修复结果的同时，显著改善不规则图像修复网络的性能。zheng等人[78]将变分自编码器（Variational Autoencoder，VAE）模型与GAN网络结合，提出了基于概率原理的两分支框架，从而在保证修复结果质量的同时，得到多个不同的合理输出。上述方法在图像修复上，尤其是修复结果的视觉效果上，都取得了不错的效果。

2.4 图像修复常见数据集和评价指标

为了有效地评估图像修复算法的性能，一些图像数据集被用来对修复网络进行训练和测试。除此之外，一些主客观的评价指标，也被分别用来从视觉上和数学统计上评估图像修复结果。

2.4.1 数据集

在图像修复算法中，为了验证模型的有效性，不同类型的图像集被用来训练和评估网络，比如自然图像集、面部图像集、建筑图像集等。

（1）自然图像集：Places2数据集[84]

Places2数据集是一个包含了超过1000万张图像、400多个独特场景类别的图像数据集。它可以用来训练多种图像处理的任务，使深度学习网络模型在场景和目标识别等任务中，达到接近人类的分辨能力。Places365-standard是Places2的一个子集，它包含了365类场景的图像，总共约180万张。其中每个场景的训练图像为3068到5000张不等。由于该图像集数据量庞大，场景范围广泛，使得其训练出的模型，无论从图像内容的感知还是场景的理解，都具有更强大的性能。除此之外，Places365-standard也提供了对应场景的验证集和测试集，以用来评估训练模型的性能。

（2）面部图像集：CelebA[85]、CelebA-HQ[86]、FFHQ[87]和AFHQ[88]

CelebA（celebFaces Attribute）数据集是由香港中文大学提供的名人人脸数据集。数据集中包含了10177个名人的202599张人脸图像。由于这些图像包含了复杂的背景变化和姿势变化，能更全面多样地表征人脸信息，使得训练得到的模型更具实用价值，目前已经被广泛用在了人脸相关的图像处理任务中。在CelebA之后，Tero等人[86]根据CelebA中的数据，生成了不同分辨率下的更高质量的图像数据集CelebA-HQ。该数据集包含了30000张人脸图像，也被应用在各种基于学习的图像修复算法中，去评估图像修复算法在人脸数据上的性能。

除此之外，一些新的面部图像数据集近几年也被应用在了图像修复领域，其中包括了人脸数据集（Flickr-Faces-High-Quality，FFHQ）和动物的面部数据集（Animal Faces HQ，AFHQ）。其中，FFHQ是一个包含了70000张1024×1024高质量人脸图像。这些图像涵盖了不同的年龄、肤色、姿态、背景，并且包含了多种例如眼镜、帽子、围巾等不同配件。而AFHQ是由大约15000张512×512的动物面部图像，包含了猫、狗和野生动物三个类型，每个类型大约5000张图像。这些不同类型的动物面部特征截然不同，这给图像修复模型，带来了新的挑战。

（3）建筑图像集：Paris StreetView数据集[89]

Paris StreetView数据集是巴黎城市的街景图像，其中包含了现实中街景的信息，如建筑、路灯、树木。它由15000张936×537图像组成，其中14900张用于训练，100张用来做测试。由于其中图像来源于现实街景，它可以对修复图像在内容结构上是否贴近现实、具有的真实性进行评估。它也是最早期被用于图像修复网络的图像数据集之一。

（4）不规则掩码数据集：NVIDIA Irregular Mask test Dataset[65]

Liu等人[65]在2018年提出了一个不规则的掩码数据集NVIDIA Irregular Mask test Dataset，用于测试图像修复算法在不规则缺失情况下的修复性能。在该数据集中，分为了如图2.3所示的有边界约束的掩码和没有边界约束的掩码。并且对于这两类掩码，都涵盖了1000张缺失信息比例为（0.01，0.1]、（0.1，0.2]、（0.2，0.3]、（0.3，0.4]、（0.4，0.5]、（0.5，0.6]的掩码。通过统计上述信息，该数据集包含了12000张掩码图像，其中有边界约束和无边界约束的图像各6000张。

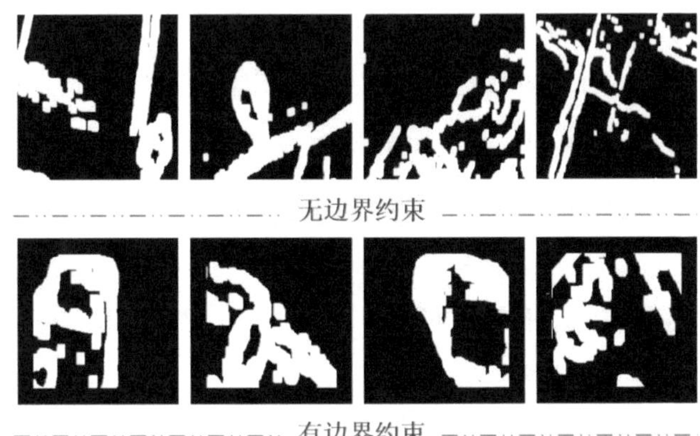

图 2.3 不规则掩码数据集

Fig 2.3 NVIDIA Irregular Mask test Dataset

2.4.2 评价指标

通常，图像修复的评价指标主要从两方面出发：主观评价指标和客观评价指标。其中客观评价指标是从数学统计的角度衡量算法的好坏。本书用到了峰值信噪比（Peak Signal to Noise Ratio，PSNR）、结构相似度（Structure Similarity，SSIM）[90]、FID距 离评价（Frechet Inception Distance Score）[91]和学习感知图像 块相似度（Learned perceptual Image patch similarity，LpIps）[92]。

PSNR是基于图像像素值统计的计算，它是使用广泛且普遍的评价图像重建质量的客观指标。假设现在给定一个$w \times h$的重建图像X_0，以及与它对应的原始图像X，那么重建图像的PSNR

计算如2-4公式：

$$PSNR = 10\log_{10}\left(\frac{MAX^2}{MSE}\right) = 20\log_{10}\left(\frac{MAX}{MSE}\right) \quad (2\text{-}4)$$

其中，*MAX*表示图像颜色的最大值。比如，当每个像素由8位表示，那么值取255。*MSE*则是两个图像之间的均方误差，计算公式如2-5所示：

$$MSE = \frac{1}{w \times h}\sum_{i=0}^{w-1}\sum_{j=0}^{h-1}\|X(i,j) - X_0(i,j)\|^2 \quad (2\text{-}5)$$

其中，*w*表示图像的宽，*h*表示图像的高。从公式可以看出，PSNR值越大代表重建图像与原始图像越相近。然而，PSNR是基于像素点间的误差，没有考虑到图像的结构信息和视觉特性，因而得到的PSNR评价结果常常与人眼的主观感觉有很大的偏差。

而对于自然图像来说，图像是具有结构性的。这里，SSIM为了评估原始图像X和重建图像X_0在结构上是否相似，分别做了三个方面的对比：亮度、对比度、结构。这里，它们的公式表达分别如2-6至2-8：

$$I(X, X_0) = \frac{2\mu_X\mu_{X_0} + C_1}{\mu_X^2 + \mu_{X_0}^2 + C_1} \quad (2\text{-}6)$$

$$C(X, X_0) = \frac{2\sigma_X\sigma_{X_0} + C_2}{\sigma_X^2 + \sigma_{X_0}^2 + C_2} \quad (2\text{-}7)$$

$$S(X, X_0) = \frac{\sigma_{XX_0}+C_3}{\sigma_X\sigma_{X_0}+C_3} \tag{2-8}$$

其中，μ_X和μ_{X_0}是原始图像X与重建图像X_0的均值，σ_X和σ_{X_0}是图像X和X_0的标准差，σ_{XX_0}表示X和X_0的协方差。C_1，C_2，C_3是常数，用来避免因为分母接近于0导致的公式不稳定的情况。将代表了亮度、对比度和结构的三个公式组合起来，则可以得到SSIM的函数2-9：

$$SSIM(X, X_0) = [I(X, X_0)]^\alpha [C(X, X_0)]^\beta [S(X, X_0)]^\gamma \tag{2-9}$$

对于SSIM，一般取$\alpha=\beta=\gamma=1$，$C_3=\frac{1}{2}C_2$，则SSIM表示如2-10：

$$SSIM(X, X_0) = \frac{(2\sigma_X\sigma_{X_0}+C_1)(2\sigma_{XX_0}+C_2)}{(\mu_X^2+\mu_{X_0}^2+C_1)(\sigma_X^2+\sigma_{X_0}^2+C_1)} \tag{2-10}$$

从公式中可以看出，SSIM的取值范围是[0, 1]，并且当SSIM值越大，则重建图像X_0与原始图像X越相近。虽然SSIM可以有效地衡量重建图像与原始图像的结构相似性，但SSIM 的计算是通过对整体图像像素值信息的统计，这使得SSIM无法观察到图片的局部细节。

由于图像修复是不适定问题，所以复原后的结果，仅仅从数学的角度来评价，是远远不够的。它还要求恢复的结果具有语义合理性、纹理一致性、结构连续性。于是，人们提出了基于网络模型的图像相似性评价指标，比如FID和LPIPS。FID是最早被用来评价GAN网络生成图像质量的衡量标准，它可以度量真实图像和生成图像特征向量之间的距离。这里，FID通过图像分类模型Inception–V3[93]为原始图像X和重建图像X_0分配包含了视觉信息的特征向量F_X和F_{X_0}。随后，依据这两个视觉向量的相似度计算FID值。FID表达式如2–11所示：

$$FID(X, X_0)=\|\mu_{F_X}-\mu_{F_{X0}}\|_2^2+Trace\left[\sum_{F_X}+\sum_{F_{X0}}-2\left(\sum_{F_X}\sum_{F_{X0}}\right)^{\frac{1}{2}}\right] \quad (2\text{–}11)$$

其中，μ_{F_X}和$\mu_{F_{X0}}$是指原始图像X和生成图像X_0的特征均值，$\|\mu_{F_X}-\mu_{F_{X0}}\|$为平均特征向量差的平方和。$Trace(\cdot)$是矩阵的迹，代表了矩阵主对角线上的元素和。

$\sum_{F_X}$和$\sum_{F_{X0}}$是特征向量的协方差矩阵。从公式可知，FID得分越低，则两组图像越相似。当FID为最佳情况下得分为0，表示两组图像相同。除了FID以外，LPIPS也是一个通过深度特征验证图像相似度的方法，它的提出是为了通过对深度特征的分析，得到一个可以拟合人类的视觉感知的评价指标。对于原始图像X和重建图像X_0，先将它们输入到神经网络中，并从中提取L层网络特征，并对这些特征在通道维度上进行标准化。其表达式如2–12所示：

$$LPIPS(X, X_0)=\sum_l \frac{1}{H_l W_l}\sum_{h,w}\|W_l\odot(\hat{y}_{hw}^l-\hat{y}_{0_{hw}}^l)\|_2^2 \quad (2\text{–}12)$$

其中，w_l被用来进行第层的通道激活的权重。W_l和H_l代表第l层特征的宽和高。LPIPS的具体计算就是计算原始图像和受损图像在模型中的特征差异的过程。从公式所得，LPIPS的数值越小，则表示重建图像X_0与原始图像X越相似。

此外，图像修复算法不仅仅需要满足客观指标对图像的评价，也需要符合人眼视觉认知习惯。因此，主观视觉效果也是衡量修复结果好坏的一个重要标准。

2.5 本章小结

本章针对图像修复算法的相关工作和研究进展进行了分析和总结。其中，首先对传统的图像修复算法中的基于偏微分和变分的方法、基于纹理合成的方法、基于稀疏表示的方法和基于外部数据搜索的方法进行了简单介绍。然后，又对基于学习的图像算法进行了综述，其中包含了基于卷积神经网络的修复算法和基于生成对抗网络的修复算法。最后，介绍了图像修复算法中常用的数据集和评价指标。其中的数据集包含了自然图像集、面部图像集、建筑图像集以及不规则的掩码数据集。而评价指标则包含了用于评价图像内容的PSNR、图像结构的指标SSIM，以及基于网络模型的相似性评价指标FID和LPIPS。

❸ 基于加权相似集的人脸图像修复算法

作为身份识别的重要信息，人脸图像修复的准确性尤为重要。而对于大面积信息缺失的受损人脸图像，往往由于缺少已知信息而难以生成接近原图的修复结果。针对上述问题，提出了基于加权相似集的人脸图像修复算法（Face Inpainting Network Based on Weighted Similar Face Set，WFS-Net），通过增加额外先验信息增强网络表征能力，得到更好的修复结果。在该网络中，根据受损图像的已知区域，选择多张相似的人脸图像，根据其相似度差异进行加权，以获得加权相似人脸集（Weighted Similar Face Set，WSFS）。WSFS随后进一步地与受损人脸图像共同输入到网络中，通过构建它们之间的关系，辅助网络生成接近原始图像的人脸信息。此外，在网络的训练过程中，在损失函数中，引入了基于纹理特征的损失项，从而在准确修复的基础上得到清晰的纹理信息。最后，在公开人脸数据集上进行了验证，实验表明该网络可以得到与原始图像更加接近的人脸修复结果。

3.1 引言

图像修复旨在通过分析图像中的已知区域来修复受损图像中缺失的信息，它在各个领域都有着广泛的应用，包括图像编辑[94，95]、消除遮挡物[96–98]和恢复旧照片[99]等。为了更真实地恢复图像，许多研究人员将注意力集中在图像修复这个不适定问题上。

近年来，考虑到GAN网络能够生成具有逼真视觉效果的图像，被广泛应用于图像修复。例如，Pathak等人[40]和Yeh等人[41]通过全局判别器捕捉数据分布，从而根据数据的分布修复破损的图像。Yu等人[52]提出了通过全局–局部判别器来修复图像，它在考虑图像整体数据分布的同时，也考虑到了修复区域和它周围图像的空间信息。Guo等人[14]通过PatchGAN中的马尔可夫判别器来捕捉图像中重叠图像块的数据分布，来辅助生成器修复图像。虽然，上述基于GAN网络的图像修复方法都能够通过捕获数据分布的方法，生成人脸信息，但它们更加关注于数据分布，而非图像内容本身。因此，这些算法生成的人脸图像可能与原始图像有很大的不同，尤其是当受损人脸图像缺失区域较大时很难恢复成与原始图像相近的人脸。

考虑到人脸是身份识别的重要依据之一，人脸图像的修复具有特殊性。具体来说，我们更希望生成的修复结果尽可能地准确，尽可能地贴近人脸图像上的本人。因此，本章提出了基于加权相似集的人脸图像修复算法，在算法中我们首先根据图像结构相似性挑选多个相似的人脸图像，根据其相似度进行加权，生成加权相似人脸集WSFS，并将其作为参考信息，与受损人脸图像中未丢失的部分共同作用，辅助修复网络生成更加贴近原始图像的人脸信息。此外，为了避免GAN网络生成图像与原始图像差距大，本章在网络结构中选择了具有编码器和解码器的全卷积网络结构。这使得所提出的人脸修复网络，能够在训练过程中直接作用于人脸图像内容，而非数据分布。具体来说，编码端通过下采样卷积层，从纹理细节到语义结构层层提取相似人脸与待修复人脸之间的映射关系，并通过这种映射关系修复受损人脸特征；而解码端，则将编码器所得特征信息进行解码恢复，从而得到修复结果。最后，为了更好地进行网络训练，我们在损失函数中加入了纹理层面上的约束，使得人脸图像的恢复既关注到图像的内容，又注意到纹理的恢复。

总的来说，本章的主要贡献点为：（1）提出了一个基于加权相似集的人脸图像修复算法，将相似的人脸作为辅助信息，以准确地修复人脸图像的大面积缺失。（2）在该网络中，为了引入相似的人脸信息，我们提出了加权相似人脸集WSFS，根据相似度，对所有被选择的相似人脸图像进行加权处理，以避免不同相似度下的人脸在网络训练时占据同样重要性的问题。（3）我们在训练过程中的损失函数既考虑了像素集的差异，也引入了纹理相关的约束条件，从而使得到的人脸图像在修复图像内容之余，也可以具有更加准确的纹理特性。

3.2 生成加权相似人脸集

在基于加权相似集的人脸图像修复算法中，加权相似人脸集WSFS的生成是为了给修复网络提供先验信息，同时为了避免额外的人脸数据集，从训练样本中分离出了一个用于选择相似人脸的参考人脸图像集Φ。如图3.1所示，参考人脸图像集表示为$\Phi=\{\varPhi_1, \cdots, \varPhi_i, \cdots, \varPhi_N\}$，$N$表示Φ中包含的人脸图像的个数。在计算图像相似度之前，我们需要先进行预处理，以保证只有未受损的区域参与了相似度的比较，该预处理过程表示如3–1：

$$I_i=\varPhi_i \odot M \tag{3–1}$$

其中，$\varPhi_i$是参考人脸图像集中Φ的第张i图像，是像素对应乘法运算。除此之外，为了表示缺失区域和未缺失区域，我们首先定义了一个二值掩码矩阵M。如图3.2所示，在M中，我们定义缺失区域等于0，已知区域等于1。而后得到的I_i是$\varPhi_i$掩码处理过的图像，即I_i中对应于受损图像的缺失位置为0。在经过对$\{\varPhi_1, \cdots, \varPhi_i, \cdots, \varPhi_N\}$进行掩码处理后，得到图3.1中掩码作用后的人脸数据集$I=\{I_1, \cdots, I_i, \cdots, I_N\}$。这里，$I$中的图像，屏蔽掉了与受损图像对应的缺失区域，只留下了与缺失图像一致的已知区域，用来计算相似度。

经过预处理后，可以计算待修复图像I_d和掩码后的人脸图像集I中图像之间的相似性，生成加权相似人脸集。目前计算人脸相似性的算法，多数是基于特征提取的算法[100-103]或基于非线性面部遗传特点的算法[104-106]。对于特征提取的人脸相似计算，当受损人脸图像中存在大的缺失区域时，所剩的人脸特征寥寥无几，很难获取完整的人脸特征。而非线性面部遗传特点的人脸相似度，虽然从遗传的角度考虑了人脸相似性，但是利用亲属或亲子的照片作为参考信息难度较大，首先是亲人图像集难以收集，使得训练集获取难度增加，尤其当缺失面积过大，甚至难以辨认照片中的人，更难以准确寻找到其亲属。因此，考虑到人脸图像修复的准确性和可行性，我们选择了结构相似性SSIM作为人脸图像相似度度量，直接对比人脸图像的内容。SSIM不仅计算复杂度低，而且可以从亮度、对比度和结构三方面比较两幅人脸图像。

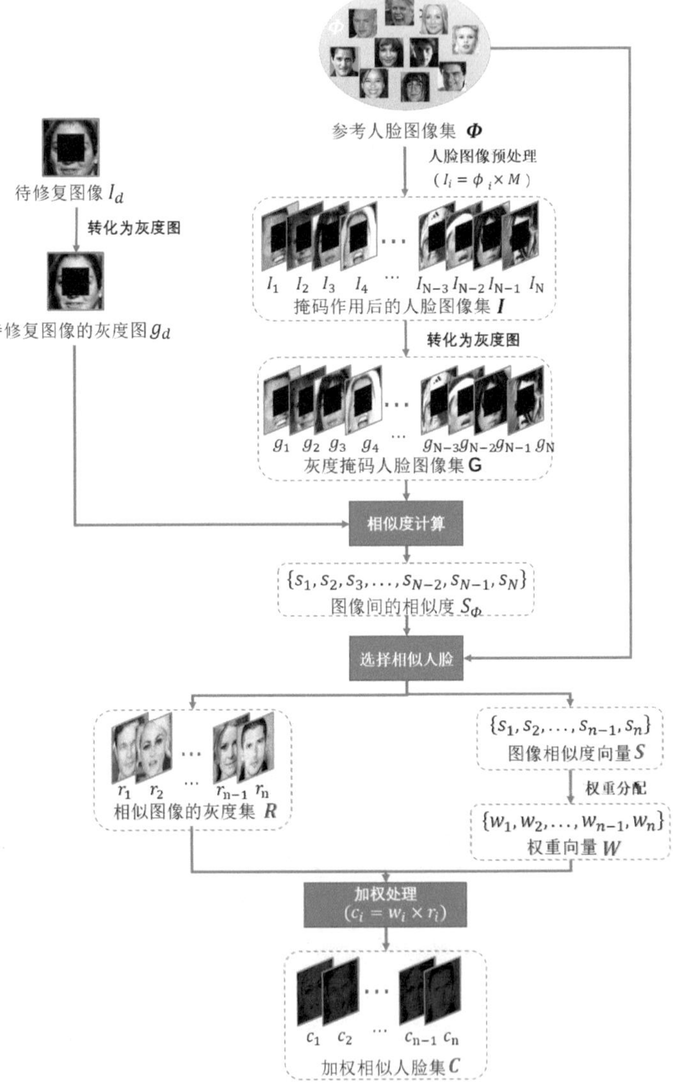

图 3.1 生成加权相似人脸集

Fig 3.1 The generation of weighted similar face set

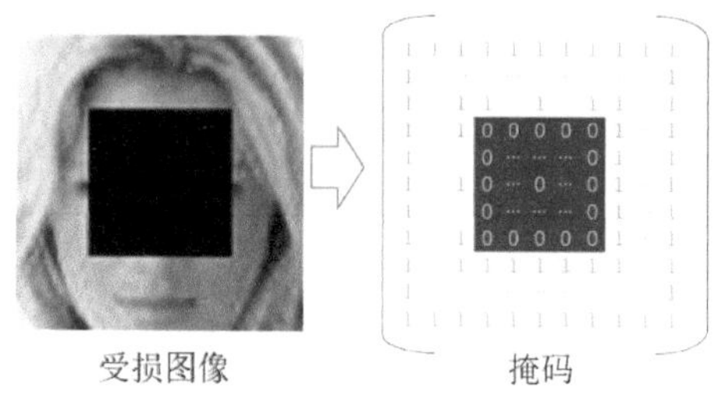

图 3.2　掩码矩阵

Fig 3.2　Mask matrix

此外，对于受损图像的修复，我们需要通过相似人脸的空间特征作为指导来恢复图像，却不希望多个相似人脸图像中不一致的颜色信息对修复图像产生负面影响。因此，为了避免这种颜色信息导致的负面影响，我们在计算相似度之前，先将I中的图像转换为灰度图$G=\{g_1, \cdots, g_i, \cdots, g_N\}$，如3–2所示：

$$\begin{aligned} g_d &= Gray(I_d) \\ g_i &= Gray(I_i) \end{aligned} \tag{3–2}$$

其中，$Gray(\cdot)$代表将彩色图像转换为灰度图的操作。随后，受损图像的灰度图g_d和灰度掩码人脸图像集G中第i张图像的灰度图g_i的相似度计算公式如3–3所示：

$$s(g_d, g_i)=\frac{(2\sigma_{gd}\sigma_{gi}+V_1)(2\sigma_{gdgi}+V_2)}{(\mu_{gd}^2+\mu_{gi}^2+V_1)(\sigma_{gd}^2+\sigma_{gi}^2+V_2)} \tag{3–3}$$

其中，M是掩码矩阵。μ_{gd}和μ_{gi}是灰度图像g_d和g_i之间的亮度平均值。σ_{gd}和σ_{gi}分别是g_d和g_i的标准差。V_1和V_2是为了避免（$\mu_{gd}^2+\mu_{gi}^2$）和（$\sigma_{gd}^2+\sigma_{gi}^2$）为0的常数。在计算图像间相似度之后，我们从中选择了n个最相似的人脸$R=\{r_1, \cdots, r_i, \cdots, r_N\}$作为受损图像的相似人脸集，它对应的相似矩阵为$S=\{s_1, \cdots, s_i, \cdots, s_N\}$。此外，考虑到受损人脸与相似人脸集之间的相似性不同，我们为相似人脸集中的每张人脸图像分配权重。其权重的计算公式如3-4：

$$W_i=\frac{s_i}{\sum_{a=1}^{n}(s_a)} \tag{3-4}$$

其中，s_i是相似人脸集中第i张图像g_i与受损图像g_d的相似度。$W=\{w_1, \cdots, w_i, \cdots, w_N\}$是相似矩阵$s$归一化后的结果。最后，加权相似人脸集$C=\{c_1, \cdots, c_i, \cdots, c_N\}$可以如3-5计算：

$$c_i=w_i\times r_i \tag{3-5}$$

其中，c_i是加权相似人脸集中的第i张图像。对于网络的每一个输入样本，都会为它找到一个加权人脸相似集。比如，假设在训练集中有Num张图像，那么就有Num个加权相似人脸集C。即，$C=\{c_1, \cdots, c_i, \cdots, c_{Num}\}^T$，其中$C$包含了$Num\times n$张图像。

3.3 基于加权相似人脸集的网络结构

为了准确地恢复人脸图像，我们选择了编解码结构作为网络框架直接作用于人脸图像的内容，而不是数据分布。然而，由于卷积核计算只能作用于局部的空间信息，所以在恢复缺失面积较大的受损图像上，并不是十分理想[76]。针对上述局限性，我们从众多人脸图像中选择相似的人脸，组成加权相似人脸集C，从而为网络引入真实的人脸作为参考信息，辅助网络生成更加生动的人脸图像。该网络的结构信息如图3.3所示，它分为两个阶段，第一阶段是加权相似人脸集的生成，第二阶段则是人脸修复网络的设计。

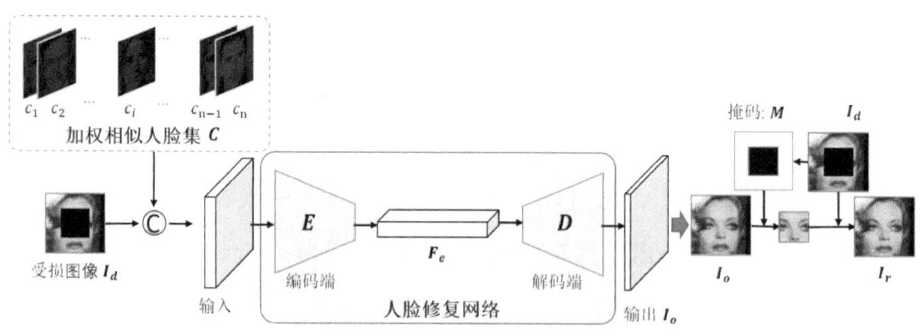

图3.3　基于加权相似集的人脸图像修复算法
Fig 3.3　The architecture of WFS-Net

具体地说，第一阶段得到的加权相似人脸集$C=\{c_1, \cdots, c_i, \cdots, c_n\}$是为受损图像挑选的$n$张最相似的人脸图像。在第二阶段，如图3.4所示，修复网络在设计时，C作为图像修复的参考信息，与受损图像I_d一同被输入到人脸图像修复网络中。在本章中，我们为128×128图像设计的修复网络结构细节如图3.4所示。在下采样和特征提取这一部分，编码端通过连续的5×5卷积层进行下采样操作，从细节到语义逐步地提取图像可用信息的特征，进一步分析相似人脸与待修复人脸之间的关系。在这个过程中，可用信息包含了受损图像的已知区域和相似人脸信息C。该过程可以用如3–6公式表示：

$$D_i = \tau[f_i(D_{i-1})],(0 < i \leqslant 5) \tag{3-6}$$

其中，$f_i(\cdot)$是特征提取中的第i个卷积层，D_i则是$f_i(\cdot)$提取到的特征。公式中的D_0为图3.4中的网络输入，包含了受损图像和加权相似人脸集。τ是激活函数LeakyReLU[107]。

对于图像恢复这一部分，解码端通过多个5×5的反卷积层来做上采样操作，它可以从提取到的特征D_5中逐步恢复，从而得到更准确的输出图像I_0。该过程可以表示为：

$$U_i = \mu[h_i(U_{i-1})],(0 < i \leqslant 5) \tag{3-7}$$

其中，$h_i(\cdot)$是用于图像恢复的第i个反卷积层，U_i则是$h_i(\cdot)$所得的特征图。在图3.4中，可以将D_5看作是图像恢复结构的输入U_0。在这一过程中，μ代表了图像恢复中使用的激活函数ReLU[108]。经过特征提取和图像恢复这两部分，我们的网络可以有效地分析和建立缺失人脸和相似人脸在空间上的关系，从而更准确地预测受损图像中的缺失区域。

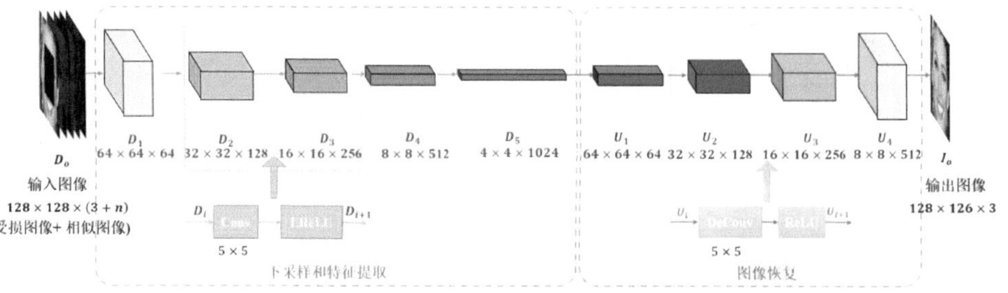

图 3.4　网络结构细节

Fig 3.4　The details of network structure

在得到生成图像后，通过后处理过程将生成结果填补到受损图像中。具体过程如3–8公式所示：

$$\hat{x} = M \odot x_d + (1 - M) \odot x^* \tag{3-8}$$

其中，x_d是受损图像，x^*是人脸修复网络生成的图像。M是掩码矩阵。$\hat{x}$ 则是最终的修复图像。图3.5展示了网络生成图像和最终修复结果。从图3.5中可以发现，最终的修复图像的已知区域信息与原始图像保持一致，只在信息缺失处填补生成结果，以保证得到的修复图像在已知区域没有损失。

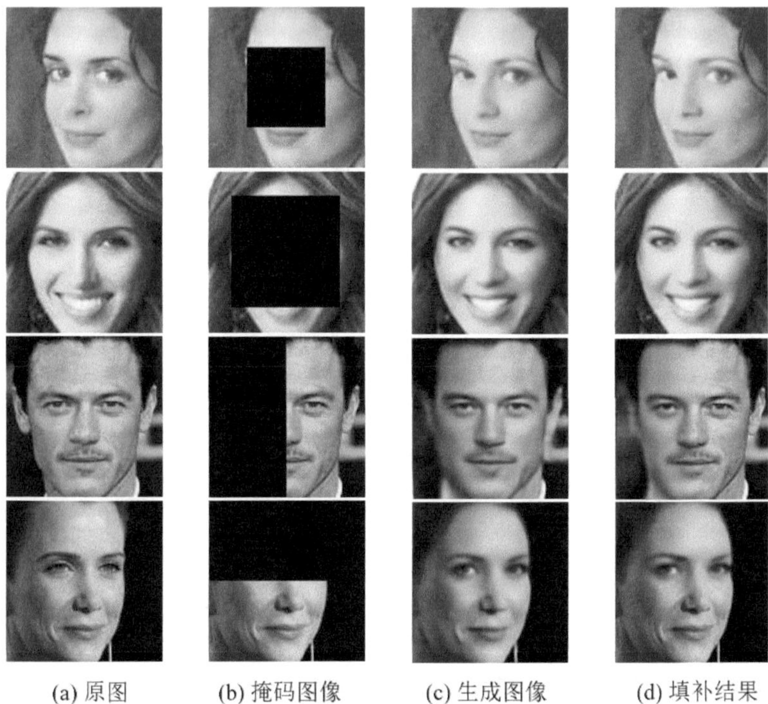

图 3.5　生成图像与填充图像的比较

Fig 3.5　The comparison of the generative images of the proposed WFS-Net and the filled images

3.4 损失函数设计

为了真实、准确地恢复人脸图像，基于加权相似集的人脸图像修复算法WFS-Net通过内容重建损失（L_2）和纹理信息相结合的损失函数进行训练和优化。其中，L_2损失函数的定义如3–9：

$$L_2 = \mathbb{E}\left(\| x^* - x \|_2\right) \tag{3–9}$$

其中，x^*是WFS–Net的输出结果，x是原人脸图像。L_2损失函数可以捕捉到原始图像与修复结果像素间的差异，因此L_2损失函数被广泛应用于图像修复中。然而，L_2倾向于将两幅图像的差异平均起来，可能会忽略掉纹理修复的差异。因此，为了得到更清晰和生动的纹理，我们在损失函数中又加入了纹理特征局部二值模式（Local Binary Pattern，LBP）[109]。由于LBP纹理特征的计算简单，具有灰度不变性和旋转不变性等优点，它被广泛应用在人脸图像处理[110–113]中。这里，T_{x^*}和L_x分别代表图像x^*和x的LBP纹理特征矩阵，根据LBP的计算可知，T_{x^*}和T_x大小为$W \times H$。其中，W和H代表图像x的宽和高。这里，为了平衡LBP和L_2之间的数据，在用LBP计算损失函数之前，首先对LBP特征进行如下的规范化处理：

$$N(i, j) = \frac{T(i, j) - \min(T)}{\max(T) - \min(T)} \tag{3–10}$$

其中，公式3–10是$N(i, j)$像素(i, j)的规范化结果。N是整个LBP矩阵的规范化结果。最后，规范化后的LBP特征被引入到损失函数的过程如3–11所示：

$$L = L_2 + \sum_{i=1}^{H} \sum_{j=1}^{W} \left[N_{x^*}(i, j) - N_x(i, j) \right] \tag{3–11}$$

其中，N_{x^*}和N_x则是图像x^*和x归一化后的LBP特征。

3.5 实验结果与分析

为了给所提出的人脸修复网络WFS-Net引入加权相似人脸集，我们从训练样本中分离出了一个参考人脸图像集供受损人脸从中选择相似人脸图像。因此在本节中，我们首先对参考人脸图像集 Φ 的大小进行了讨论。然后，通过大量的实验讨论加权相似人脸集的有效性和纹理特征在损失函数中的重要性。除此之外，我们还将提出的WFS-Net与其他基于深度学习的图像修复算法进行了比较。

3.5.1 参考人脸图像集的设置

在我们提出的WFS-Net中，参考人脸图像集 $\Phi=\{\Phi_1, \cdots, \Phi_i, \cdots, \Phi_N\}$ 为受损图像提供相似的人脸信息作为参考信息，辅助人脸图像的修复。假设 Φ 中包含有N张图像，如果N太大，会导致巨大的计算复杂性，使得修复难以实现。而当N太小时，则很难从中找到相似的人脸。因此，参考人脸图像集的大小，对于相似人脸的选择非常重要。

为了找到合适的参考人脸图像集大小，我们从训练集中随机选取了num张受损人脸作为一个子集TS_{sub}，探索参考人脸图像集与从中挑选的相似人脸集相似性之间的关系。这里，我们设置$num=500$，即TS_{sub}中包含了500张受损人脸图像。随后我们为这500张图像，分别从参考集 Φ 中挑选n张最相似的人脸。这里，$n \leqslant N$。本章中，我们将n设定为4。假设为$TSsub$中第p张受损人脸图像Tp，从Φ中找最相似的n张人脸，我们首先计算了Tp与Φ中图像的相似性$S_p^{\Phi}=\{S_{(p,1)}^{\Phi}, \cdots, S_{(p,q)}^{\Phi}, \cdots, S_{(p,N)}^{\Phi}\}$，并从中选择$n$张最相似人脸，对应相似度$S_p=\{S_{(p,1)}, \cdots, S_{(p,q)}, \cdots, S_{(p,n)}\}$。那么，$TS_{sub}$中所有的受损人脸图像，从$\Phi$中找最相似的$n$张人脸，生成的相似矩阵大小为$num \times n$，其可以表示为$S=\{S_1, \cdots, S_p, \cdots, S_{num}\}^T$。具体来说，对于训练子集$TS_{sub}$中所有图像，它对应的相似人脸的相似度，可以表示为如3-12公式：

$$S=\{S_1, \cdots, S_p, \cdots, S_{num}\}^T=\begin{bmatrix} S_{(1,1)} & \cdots & S_{(1,n)} \\ \vdots & \ddots & \vdots \\ S_{(num,1)} & \cdots & S_{(num,n)} \end{bmatrix} \quad (3\text{-}12)$$

其中，第p张图像的n张相似人脸平均值为：

$$Avg_p=\frac{\sum_{q=0}^{n} s(p,q)}{n}, \ n \leqslant N \quad (3\text{-}13)$$

其中，Avg_p代表第p张图像相似图像的平均相似度。那么T中所有图像的平均相似度为其表达式为：

$$A_T=\frac{\sum_{p=1}^{num} Avg_p}{num} \quad (3\text{-}14)$$

其中，A_T为TS_{sub}中所有相似图像的平均相似度，它可以表示不同大小参考人脸图像集性能的好坏。如图3.6所示，当TS_{sub}的大小$N>400$，平均相似度A_T倾向于稳定。即N值增大，计算复杂度提高的同时相似度也不会有明显的提升，因此在实验时，我们随机获取400张图像组成参考人脸图像集 Φ。

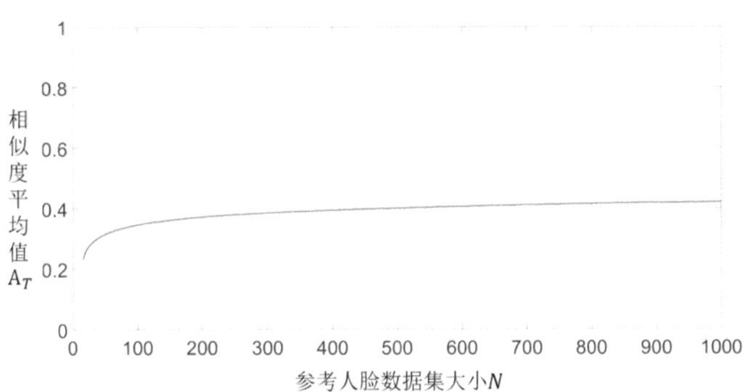

图3.6　参考人脸图像集的大小N和相似度平均值AT之间的关系

Fig 3.6　The relationship between the size of face dataset N and AT

3.5.2 实验设置

为了验证基于加权相似集的人脸修复算法WFS-Net的有效性，在CelebA数据集上进行了评估。实验中所设计的训练和测试图像大小都为128 × 128。CelebA是一个拥有202599张人脸图像的大规模人脸属性数据集。本章使用了其中的2000幅图像对训练后的模型进行测试。400张人脸图像用作参考人脸图像集去构建加权相似人脸集WSFS并提供参考信息，剩下CelebA中的其他人脸图像被用作训练样本。除此之外，为了说明模型的有效性和普适性，除了在CelebA上测试外，还在包含5749张人脸图像的户外脸部数据集（Labled Faces in The Wild，LFW）[114]上对模型进行了评估。它表明WFS-Net在CelebA上训练的模型具有一定的泛化能力，在其他的人脸数据集上也同样有效。

此外，该算法分别在缺失区域占25%和50%的掩码下进行测试。其中，25%的缺失区域是当丢失信息为图像的中间部分（25% center Mode）；50%的缺失区域，则分为了三种不同状况：缺失图像的左半边（vertical Mode），缺失图像的上半边（Horizontal Mode）以及缺失在图像中间处（50% center Mode）。除此之外，本章还做了一些去除不规则遮挡物的训练和测试。

对于实验结果，除了采用PSNR、SSIM来衡量修复人脸在图像内容上好坏以外，还引入了人脸识别工具。OpenFace[115]中提出的一种人脸图像相似度对比指标，它通过提取人脸的深度特征来判断两张人脸在语义上的相似性。因此，这里称它为身份距离。当身份距离较小时，意味着两张脸的相似性较高；而越大的身份距离值，意味着这两张脸越不相似。

3.5.3 性能评估

本章引入了相似人脸作为参考信息，通过探索相似人脸与受损人脸之间的关系，准确地恢复人脸图像。此外，为了加强网络对于纹理恢复的关注，在损失函数中加入了LBP特征项，以求能够得到更好的纹理。因此图3.7中列出了各个阶段的结果对比，具体包括：既没有相似参考人脸，损失函数中也没有纹理特征的结果（NRF NT）；无相似参考人脸的结果（NRF）；损失函数中也没有纹理特征的结果（NT）；以及所提出算法的最终结果（WFS-Net）。图3.7中放大了一部分的修复内容，可以明显地看到所提出的WFS-Net能得到更清晰的纹理和更准确的结果。除此之外，图3.7中列出了各个人脸图的身份距离，其中也说明了WFS-Net生成的修复结果与原始图像在人脸相似性上更加接近。

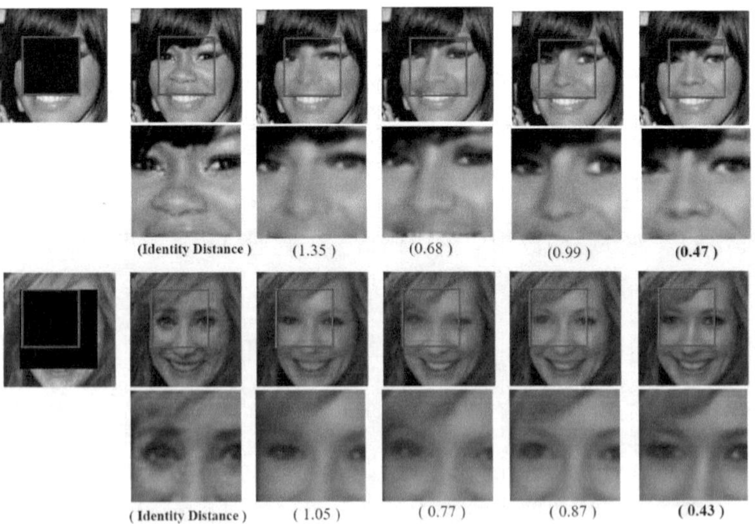

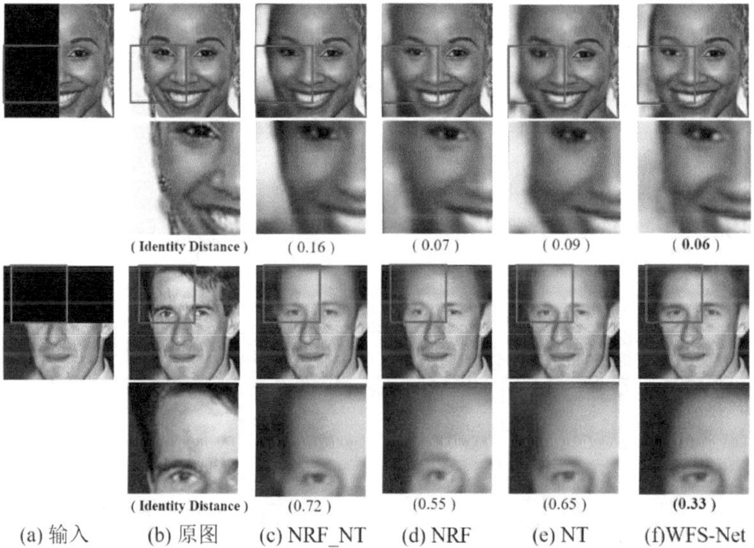

图 3.7　NRF NT 、NRF 、NT 和提出的基于相似人脸的修复网络结果的比较

Fig 3.7　The comParison of the results of the NRF NT，the NRF，the NT and the proposed MFS-Net

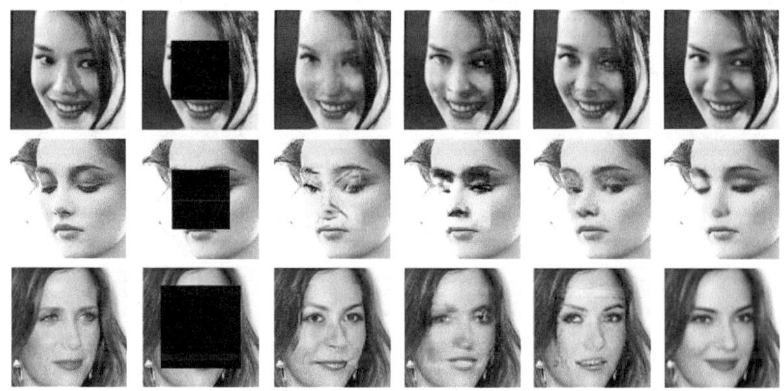

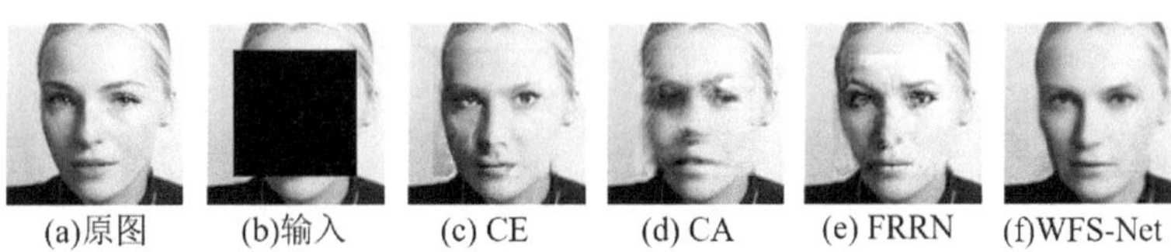

图 3.8　中心模式中，WFS-Net在CelebA数据集上与CE、CA和FRRN的对比结果

Fig 3.8　Center-mode comParisons with the state-of-the-arts on CelebA：CE，CA and FRRN

图 3.9　水平模式、垂直模式中，WFS-Net在CelebA数据集上与CE、CA和FRRN的对比结果

Fig 3.9　ComParisons of vertical-mode and horizontal-mode results with the state-of-the-arts on CelebA：CE，CA and FRRN

除此之外，WFS-Net还与基于全局GAN网络的方法（CE[63]）、结合全局图像上下文和局部细节的GAN网络方法（CA[76]）和基于局部GAN网络的方法（FRRN[116]）进行了比较。为了公平对比，本章使用了相同的训练数据，通过对比算法的开源代码，重新训练了相关模型。在表3.1中列出了人脸修复在PSNR、SSIM和身份距离的对比结果。从中可以看出，所提出的人脸修复算法在内容的准确度和人脸特征的相似性上，优于其他算法。除了客观指标以外，还在图3.8和图3.9中展示了WFS-Net在主观效果上的有效性。从中可以看出，该算法在缺失中心区域（中心模式），缺失某一侧区域（水平模式、垂直模式）的图像修复中，都能够得到更加真实和准确的结果。此外，为了评估该网络的普适性，在LFW数据集中直接测试了CelebA的训练模型。它的结果如图3.10和图3.11所示，可以看出，由于其他人脸图像也可以共用参考人脸数据集，所以它存在一定的鲁棒性，使得它在其他人脸数据集，同样也是有修复效果的。

表 3.1　在 CelebA 数据集下，WFS-Net 与图像修复算法 CE[63]，CA[76] 和 FFRN[116] 的对比结果

Table 3.1　ComParison between CE [63]，CA [76] and FFRN [116] and the proposed algorithm on CelebA dataset

			CE	CA	FRRN	WFS-Net
Center Mode	25%	PSNR ↑	26.01	21.51	27.24	28.59

续表

			CE	CA	FRRN	WFS-Net
Center Mode	25%	SSIM ↑	0.87	0.83	0.90	0.92
		身份距离↓	0.88	1.02	0.67	0.65
	50%	PSNR ↑	21.47	20.94	20.78	24.26
		SSIM ↑	0.71	0.69	0.70	0.81
		身份距离↓	1.16	1.42	1.14	0.93
vertical Mode	50%	PSNR ↑	18.94	17.99	18.80	19.54
		SSIM ↑	0.71	0.71	0.72	0.76
		身份距离↓	0.35	0.32	0.42	0.26
Horizontal Mode	50%	PSNR ↑	18.30	17.73	18.66	19.80
		SSIM ↑	0.68	0.69	0.72	0.76
		身份距离↓	0.70	0.63	0.61	0.48

注：↑：指标值越高越好。↓：指标值越低越好。

此外，在日常照片中，人脸往往因为被太阳镜、帽子或者其他物体遮挡，而导致整个人脸信息不完整。这里为了评估所提出的人脸修复网络在现实生活中的有效性，训练了不规则掩码遮挡下的模型，去测试其在去除遮挡物上的性能。图3.12展示了一些去除照片遮挡物的例子，可以看出，本章所提算法能够有效地恢复被遮挡的区域，从而自然地修复缺失人脸信息。

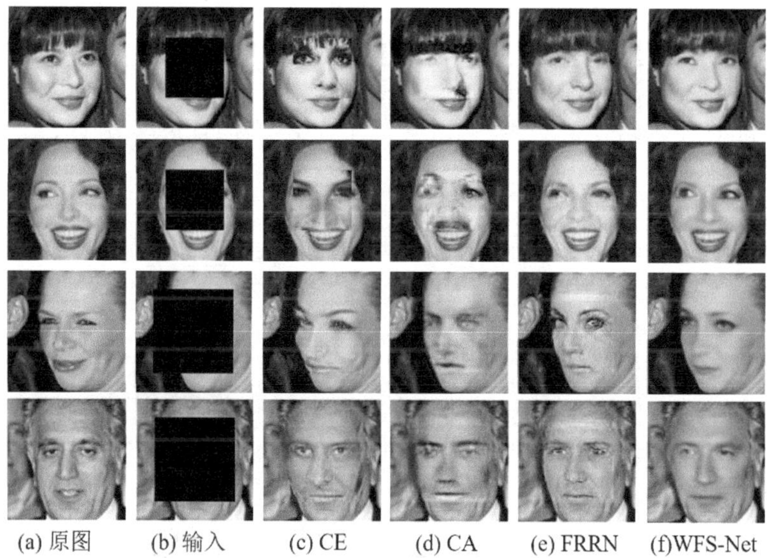

图 3.10　中心模式中，WFS-Net在LFW数据集上与CE 、CA和FRRN 的对比结果

Fig 3.10　ComParisons with the state-of-the-arts on LFW：CE，CA and FRRN

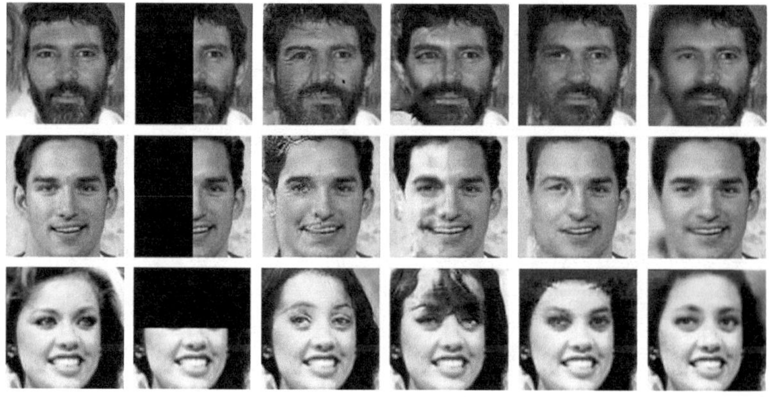

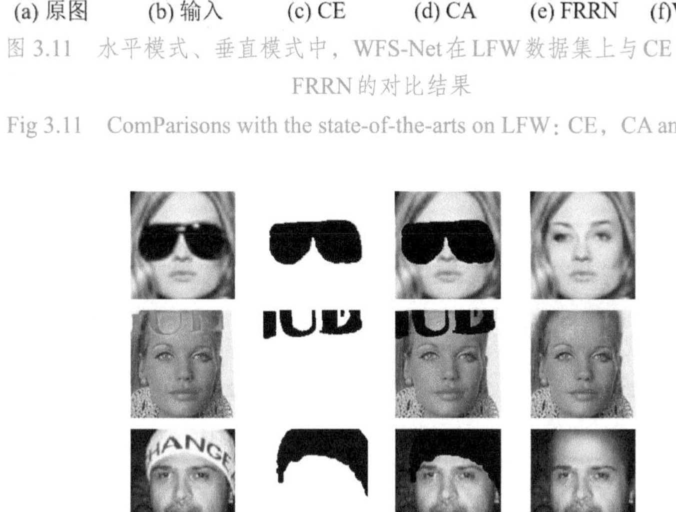

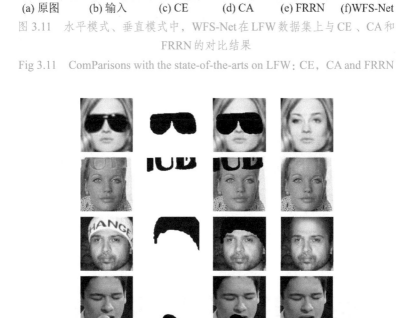

(a) 原图 (b) 输入 (c) CE (d) CA (e) FRRN (f)WFS-Net

图 3.11 水平模式、垂直模式中，WFS-Net在LFW数据集上与CE、CA和FRRN的对比结果

Fig 3.11 ComParisons with the state-of-the-arts on LFW：CE，CA and FRRN

(a) 原图 (b) 掩码 (b) 掩码图像 (d) 填补结果

图 3.12 在WFS-Net中去除遮挡的结果

Fig 3.12 The results of removing occlusions by our proposed method

3.6 本章小结

本章提出了一种基于加权相似集的人脸修复算法WFS-Net

恢复带有大面积缺失的受损图像。算法中引入了加权相似人脸集WSFS作为先验信息，并通过神经网络探索相似人脸和受损人脸之间的联系，从而增强网络表征能力，准确地恢复人脸，使其在内容和人脸特性上更加接近原始图像。此外，考虑到损失函数倾向于将重建图像和原始图像之间的像素差异平均起来，有可能会忽略一些纹理信息，因此将纹理特征LBP引入到损失函数中，进一步地优化修复结果的纹理细节。最后，在人脸数据集上进行了大量的实验，并在像素级、结构相似度和人脸特征相似度方面与其他算法进行了比较。实验结果表明，该算法可以有效地修复人脸信息，使其无论在图像内容上还是人脸特征上都更加准确。

4 基于双注意力机制的多尺度图像修复算法

在上一章中，通过引入相似人脸信息实现了大面积信息缺失下人脸图像的修复。然而，现实生活中图像受损大多发生在自然图像中，并且缺失区域往往是不规则的。因此，本章提出了一种基于双注意力机制的多尺度图像修复算法（Multi-scale Attention Network，MSA-Net）去实现不规则缺失区域下的图像修复。在MSA-Net中设计了基于注意力机制的多尺度单元（Multi-scale Attention Units, MSAU），通过多尺度结构和注意力机制的结合，增强网络表征能力。其中，空间注意力机制被用来分析不同感受野下特征的局部空间特性，以突出其中重要的纹理或者结构信息。而通道注意力机制则作为全局语义检测器被用于提高多个感受野下的特征在全局语义结构上的表达能力。此外，为了得到更好的修复效果，本章使用了基于最大池化的掩码更新方法定义特征的有效区域，从而引导网络从缺失区域的边界逐步向内部进行修复。最后，在自然图像数据集和人脸数据集上进行了验证。实验结果表明MSA-Net的修复结果在颜色和内容的连续性上都取得了不错的效果。

4.1 引言

随着对图像修复技术的深入理解，自然图像的修复问题被越来越多的研究者所关注。本章提出了基于双注意力机制的多尺度图像修复网络去探索不同感受野下多尺度特征的特性，并通过空间和通道注意力机制将它们有效地结合起来，增强图像修复网络的表征能力。

卷积神经网络是通过逐层抽象的方式，从浅层纹理到深层语义逐渐地提取特征。其中，不同分辨率的输入、不同的网络设置、不同感受野、不同阶段或者不同的特征尺寸，都可能使得特征表达出不同的结构信息或者空间分布。这里，用不同感受野举例，当一个卷积层感受野太大，它会因为考虑更多空间信息而无法检测到一些小的细节信息；而当感受野太小，虽然它能有效地检测到更多的细节，却由于只能考虑到较小范围的空间信息，无法获取图像的结构信息。因此就需要综合考虑多种尺度信息，使其可以全面、有效地用卷积网络表征图像信息。

为了产生更生动或者更准确的修复结果，多尺度结构也被用到了图像修复模型中去改进修复网络的性能。比如，Wang 等人[68]提出了用于多列结构网络去实现图像修复，并通过连接和分析这些特征，产生很好的视觉效果。Yu等人[71]则提出了一种从粗到精的两阶段图像修复网络，它不仅可以合成准确的图像内容，还可以在网络训练中明确通过已知区域的特征块作为参考，以更好地预测未知区域。然而上述多尺度结构中，他们没有充分考虑多尺度特征中每个尺度特征空间信息的差异和多个尺度之间的关联，而只是简单地将多个尺度的特征连接起来。而注意力机制是受到人眼感知启发提出的一种优化特征的方法。它通过权重信息辅助网络在训练过程中，首先关注到那些重点信息，而不是平均地注意到其中所有物体。尤其是空间注意力机制（Spatial Attetion，SA）和通道注意力机制（Channel Attention，CA）因为可以有效选择出特征中重要的局部空间信息和全局语义结构[117]，而被广泛地应用于深度网络以增强特征的表征学习能力。Xu等人[118]首先提出了基于注意力机制的模型来描述图像内容，该注意力机制所关注的区域与人类感知非常符合。随后，更多的空间注意力机制[117，119，120]被提出，通过有选择地关注特征中显著的部分，提高特征的空间表达能力。除了空间注意力以外，研究者们也提出了通道注意力机制[121，122]利用通道间的相关性改进网络模型。比如，Hu等人[121]提出的通道注意力机制可以通过建模通道间的互相依赖性，自适应地重新校准通道特征间的联系。除此之外，还有一些研究者将空间和通道注意力机制结合起来，同时在空间轴和通道轴两方面进行增强。比如，chen等人[117]

则引入了基于空间-通道注意力机制的卷积神经网络（Spatial and Channel-wise Attention in Convolutional Networks，SCA-CNN），它将空间和通道注意力机制结合，共同作用在多层特征之间。Woo 等人[119]延用了空间-通道注意力机制，从而提出了更加轻量级的卷积神经网络的注意力模型（Convolutional Block Attention Module，CBAM）。

因此，考虑到空间和通道注意力机制在深度特征上的表征增强能力，本章提出了基于双注意力机制的多尺度图像修复网络MSA-Net，以提升图像修复的网络性能。该网络首先提出了一个基于注意力机制的多尺度单元MSAU，通过空间和通道注意力机制提高多尺度特征局部空间和全局语义的表征能力。在该单元中，空间注意力机制被用来单独分析来自不同感受野的空间特性，并强调其中每个尺度上的重要信息，使得其在空间表达上，更加关注其中复杂的纹理或者重要的结构；而通道注意力机制则从全局语义的角度下，分析整理了各个尺度下特征图的重要性，从而将重点放在包含重要信息的通道信息上。这些多尺度单元在修复网络中，被多次应用在了不同大小的特征中，形成了注意力机制下的多尺度单元组（Multi-scale Attention Group，MSAG），以求实现逐渐从浅层细节信息到高级语义特征的提取和增强。除此之外，当图像缺失了大面积区域，由于卷积核的局部计算，使得在卷积的前几层，即缺失区域中心的预测信息并不像边界一样准确。因此，该网络提出了基于最大池化的掩码更新方法。它可以随着卷积层的深入，逐渐引导网络从边界区域到内部逐步生成缺失信息，从而生成更加准确的修复结果。

综上所述，本章的主要贡献点为：（1）提出了基于双注意力机制的多尺度图像修复网络，通过分析和增强多尺度特征来恢复受损图像中的不规则缺失信息。（2）网络中设计了基于注意力机制的多尺度单元。在各个单元中，空间和通道注意力机制被应用到了多尺度结构，以探索各个尺度中特征的局部空间特性和多个尺度特征图之间的整体结构关系。（3）提出了掩码更新方法去引导网络从缺失区域的边缘向内部逐渐修复图像。

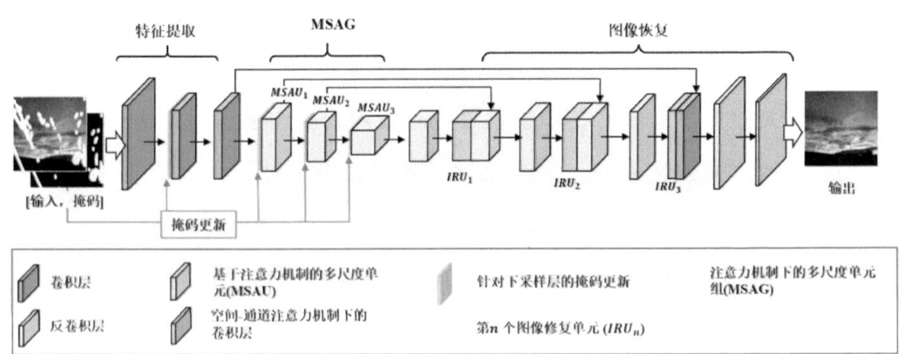

图 4.1　基于双注意力机制的多尺度网络结构

Fig 4.1　The structure of MSA-Net

4.2 基于双注意力机制的多尺度修复网络结构

本章提出了基于双注意力机制的多尺度图像修复网络，该网络通过分析和增强受损图像在不同感受野下的深度特征来提升图像修复网络的性能。它的网络结构如图4.1所示，可以分为3个部分：特征提取、注意力下的多尺度单元组MSAG和图像恢复（Image Restoration，IR）。如图4.1所示，这里首先将受损图像和掩码同时输入到网络中，并使用了连续多个卷积层进行浅层特征提取。随后，这些浅层特征被输入到MSAG中。如图4.1，在MSAG中包含了三个基于注意力机制的多尺度单元MSAU（$MSAU_1$、$MSAU_2$和$MSAU_3$），以逐步作用于浅层细节信息和高级语义特征中。这里，MSAU的结构如图4.2所示，构建了基于注意力机制的空间金字塔结构，以加强多尺度特征的表征能力。空间注意力机制对空间成分进行局部编码，从而分析来自不同感受野的空间特征，强调其中每个尺度上的重要信息；而通道注意力机制是在融合多尺度特征时，根据特征图之间的不同联系，为其特征图分配不同权重，以突出其中更有利于恢复图像的全局特征图信息。由图4.1可以看出，在特征提取和MSAG的下采样层中，提出了新的掩码更新方法（Mask Update Method，MUM）来标记不规则缺失区域的有效位置。在MSAG之后，设计了三个基于空间－通道注意力的图像恢复单元IRU1 、IRU2 和IRU3，以在特征解码时同时关注通道轴和空间轴上的更加有效和重要的特征信息。

4.3 基于注意力机制的空间金字塔结构

如图4.1所示，本章的修复网络中提出了注意力机制下的多尺度单元组MSAG。这里，在MSAG中包含多个基于注意力机制的多尺度单元MSAU，以求实现逐渐从浅层细节信息到高级语义特征的提取。这里，每个MSAU的基于注意力机制的空间金字塔结构如图4.2所示。从图中可以看出，该金字塔结构首先分析了不同空洞率下的空洞卷积，并将这些感受野下得到的特征与空间注意力机制相结合，从而使网络更加强调网络中重要空间信息，增强不同感受野下对细节和结构的不同表征能力。而当多尺度特征结合后，则将通道注意力机制引入到特征中，从而分析所有多尺度特征图对全局语义信息的表达能力，并通过强调其中更加重要的语义结构，增强全局结构的表征能力。

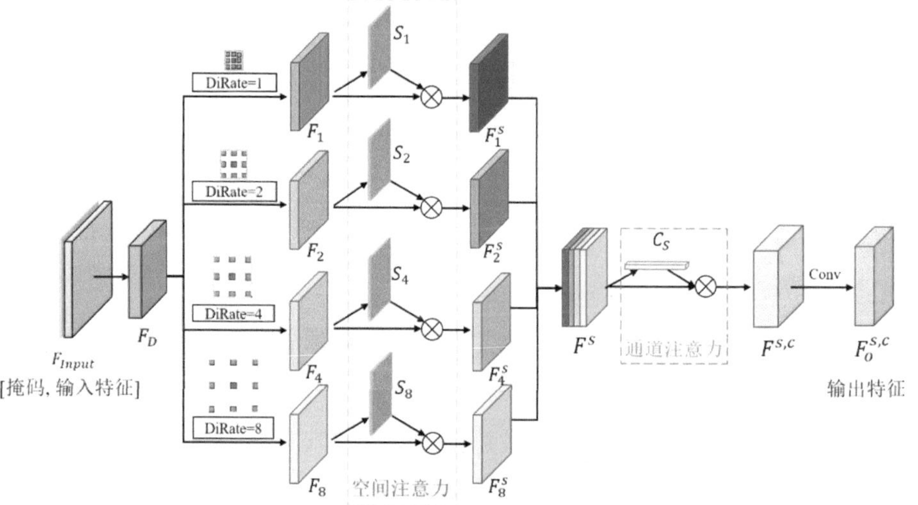

图 4.2 基于双注意力机制的空间金字塔结构

Fig 4.2 The structure of multi-scale attention unit（MSAU）

具体地说，输入图像和掩码信息首先通过图4.1中的特征提取部分，进行了浅层特征提取。随后，为了处理输入图像与掩码信息，在金字塔结构中引入一个下采样卷积层，将掩码信息和输入特征融合起来，如公式4–1表示：

$$F_D=\tau\left[f_{K\times K}(F_{Input})\right] \tag{4–1}$$

其中，F_{Input}是金字塔结构的输入特征图，包含了更新后的掩码信息和提取出的特征信息。$f_{K\times K}$是具有$K\times K$卷积核的卷积操作，τ则是ReLU激活函数。为了分析不同感受野下F_D的局部空间成分，将在不同空洞率下得到的空洞卷积视为多尺度卷积。在该金字塔结构中，空洞卷积的空洞率分别为1、2、4和8。而每个尺度中，提取的特征F_r可表示为：

$$F_r = \tau[d^r_{K\times K}(F_D)] \qquad (4\text{–}2)$$

其中，$d^r_{K\times K}$是空洞卷积操作，其中空洞率为r，卷积核为$K\times K$。

在提取出F_1，F_2，F_4和F_8的多尺度特征后，空间注意力机制的计算可表示为如4–3公式：

$$F^s_r = F_r \otimes f_s(F_r) \qquad (4\text{–}3)$$

其中，$f_s(\cdot)$代表空间注意力特征的函数，在$f_s(\cdot)$之后，会生成一个$w\times h\times 1$的一个空间注意力图S_r。这里w和h分别表示特征F_r的宽和高。而S_r生成的详细过程，将在下一节中详细介绍。除此之外，$\otimes$是空间注意力图S_r和单个尺度特征F_r之间的像素对应乘法，则F^s_r为F_r在空间注意力机制下的结果。于是得到多尺度特征$F^s=[F^s_1, F^s_2, F^s_4, F^s_8]$。随后，在多尺度特征$F^s$中利用通道注意力机制去探索它们之间的联系，并且从中关注到含有重要信息的特征图：

$$F^{s,c} = F^s \odot f_c(F^s) \qquad (4\text{–}4)$$

其中，$f_c(\cdot)$指为每一个通道计算权重的通道注意力机制。经过$f_c(\cdot)$可以得到一个通道注意力向量c_s，它的大小为$1\times 1\times$c，c为F_r中的特征图数量。除此之外，$\odot$是根据通道注意力机制的结果，对F^{s}进行通道维度上的加权乘法。$F^{s,c}$为通道注意力机制下的结果。最后，根据图4.2可知，所得到的$F^{s,c}$通过进一步的融合，得到输出$F_{0}^{s,c}$。

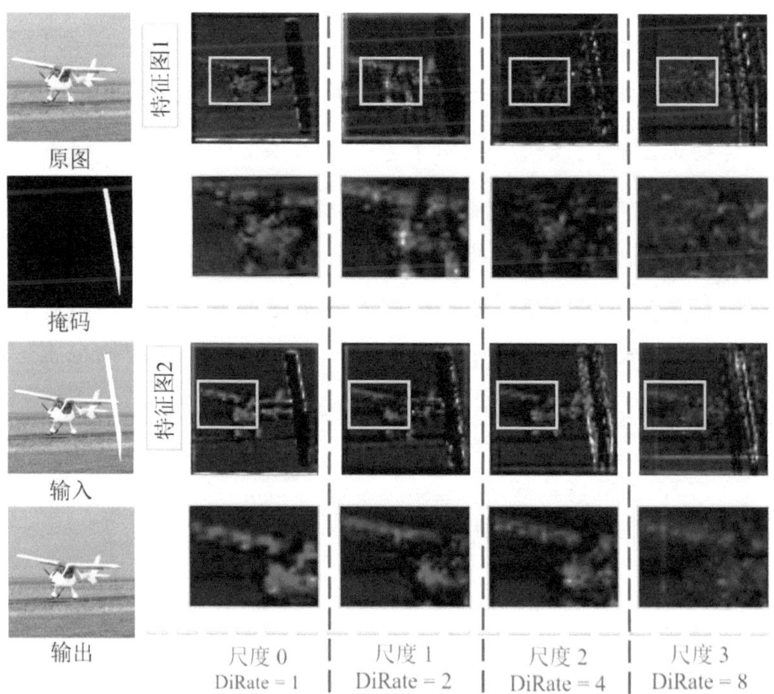

图4.3 多尺度金字塔结构的特征可视化

Fig 4.3 Feature visualizations of multiple scales

图4.3可视化了图4.1中$MSAU_1$的每个尺度上的特征，以说

明多尺度结构在描述受损图像中已知区域的有效性。从图4.3中可以看出，虽然当更大感受野下（例如*DiRate* = 8）得到的特征能够考虑到更多的空间信息，但是它们对纹理和边缘信息的检测并不敏感。相反地，当特征来源于较小的感受野（例如*DiRate* = 1）可以检测到图像的细节。如图4.3，第2行和第4行是第1行和第3行中蓝色框中的放大的细节。从中可以看出，当*DiRate* = 8时，特征图中的飞机机翼由于考虑了太多的空间信息，纹理已经趋向于平滑；而当*DiRate* = 1的时候，特征图则可以检测到更多的细节信息，比如飞机周围的沙子和草地。因此，所提出的MSAU是为了将局部纹理特征嵌入到更多的空间信息中，从而更生动地描述受损图像的已知区域，使得当通过已知区域恢复受损区域时，能够提高图像修复网络的修复性能。

4.4 多尺度图像修复网络中的注意力机制

如图4.2所示，在多尺度的图像修复网络中还引入了空间注意力机制和通道注意力机制，以提高MSAU中的表征能力。除此之外，在图4.1的图像恢复部分引入了通道–空间注意力机制，综合分析和增强特征图的全局语义和局部空间的细节信息，以获得更好的修复结果。

4.4.1 多分支融合的空间注意力机制

图4.4中展示了多个分支融合下的空间注意力机制（Spatial Attention Based on Multi Branch Fusion，FSA）结构，它通过计算空间注意力特征图S_r来标记特征的重要程度，并将其中更重要的或者更加复杂的空间信息筛选出来，通过赋予更高的权重来进行强调。如图4.4所示，为了计算输入特征F_r的空间特征图S_r，在空间注意力机制中，引入了三个分支：最大池化分支、平均池化分支和渐进空间信息提取分支。其中，平均池化层和最大池化层分别用来考虑F_r中空间元素的局部信息平均值和其中具有较高激活值的元素[119]，从而生成对应的特征图$\Phi_{Max_pooling}$和$\Phi_{AVG_pooling}$。而渐进空间信息提取分支则是在最大池化和平均池化以外，利用连续的卷积层渐进地检测和提取特征中复杂的纹理或重要细节，其结构如图4.4中所示。在图中，F_r^1和F_r^2用较少的特征图，去归纳汇总整个输入F_r的空间信息，并用大小为$W\times H\times 1$的特征Φ_f来表示。

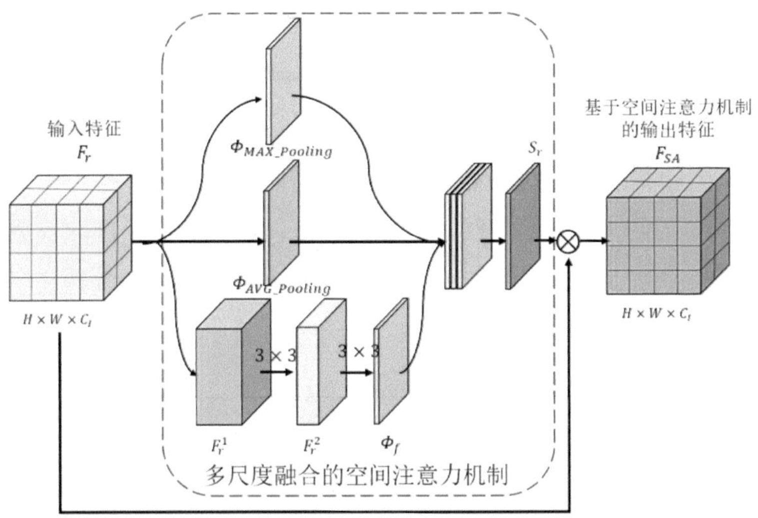

图 4.4　多分支融合的空间注意力机制结构图

Fig 4.4　The architecture of fusing spatial attention

随后，再通过卷积层将三个分支中得到的深度特征[Φ_f, $\Phi_{Max\_pooling}$, $\Phi_{AVG\_pooling}$]融合到一张二维特征图中。它的计算如4–5表示：

$$S_r = s_1^{3\times 3}\left([\Phi_f, \Phi_{Max\_pooling}, \Phi_{AVG\_pooling}]\right) \tag{4–5}$$

其中，$\Phi_{Max_pooling}$和$\Phi_{AVG_pooling}$分别代表了输入特征F_r在最大池化和平均池化分支下的结果。Φ_f则是上述渐进空间信息提取分支下的结果。其中，$s_n^{m\times m}$是卷积核为$m\times m$，并且生成n个通道特征的卷积操作。而结果中的S_r则是融合了这三个分支特征

$\Phi_{Max\_pooling}$、$\Phi_{AVG_pooling}$和Φ_f后所得到的空间注意力机制结果。

最终，空间注意力机制作用于输入卷积F_r的操作，可以表示为如公式4–6：

$$F_{SA}=F_r\otimes S_r \tag{4–6}$$

其中，对于大小为$W\times H\times C$的输入特征F_r，它根据大小为$W\times H\times 1$的空间注意力机制特征S_r进行加权。这里，$\otimes$是F_r中特征图与S_r元素的对应乘法。它通过重新分配权重的方法，强调了F_r中重要的纹理和内容，从而得到空间注意力机制优化后的特征F_{SA}。图4.5可视化了图4.1中$MSAU_1$多尺度结构的对应的特征，其中包括使用空间注意力机制之前的特征、空间注意力机制之后的特征和空间注意力特征图。从中可以看出，在经过空间注意力机制后，各个尺度上的特征图都可以突出更多的细节或复杂纹理等重要信息。

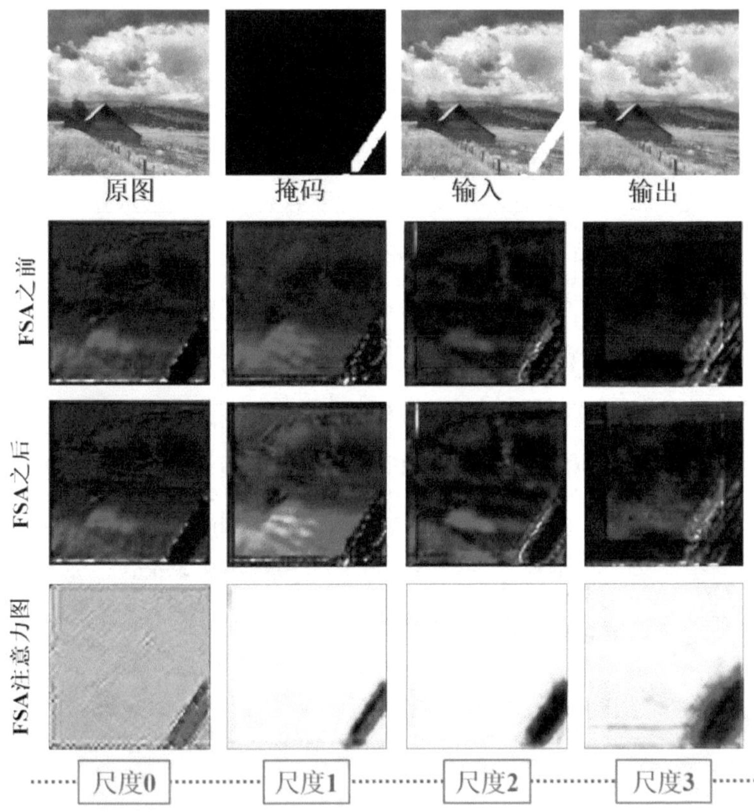

图 4.5　空间注意力机制下的特征可视化

Fig 4.5　Feature visualizations of fusing spatial attention

4.4.2 语义增强的通道注意力机制

在本节中，提出了语义增强的通道注意力机制（Channel

Attention Based on semantic Enhancement，ECA）来检测深度特征中各个通道的全局结构信息，并从中选择和保留重要的语义特征，从而提高表征能力。通道注意力机制的结构如图4.6所示，该通道注意力机制首先通过一个卷积操作初步地提取输入特征的结构信息，得到特征F_S。随后，进行通道注意力机制的计算，主要划分为两个分平均池化和特征结构感知器。在平均池化分支中，平均池化层被用来粗略地整理特征F_S中每个特征图的结构信息。平均池化后的向量w_a可以看做是对特征通道的数据统计。而随后，特征结构感知器对输入特征的高度和宽度进行压缩，从而得到包含语义信息的深度特征F_D，其计算公式如4–7：

$$F_D = \tau\left[f_n^{3\times3}\left(F_s \right) \right] \tag{4–7}$$

其中，$f_n^{3\times3}(\cdot)$是卷积核大小为3×3，输出n个特征通道的卷积操作。τ是ReLU激活函数。如图4.6所示，F_s是卷积的输入特征，包含了C_I个特征通道。在经过卷积操作后，所得特征F_D再通过平均池化层，得到一个$1\times1\times C_I$的向量w_D。这个向量随后通过一个1×1的卷积层，将包含了C_I个通道信息的向量进行了融合和分析，使向量中的平均池化信息进行互通共享，得到特征SPI。在这个过程中，r表示通道融合程度，在本章设置为4，即对于$1\times1\times C_I$的向量，将其整理压缩成一个大小为$1\times1\times\dfrac{C_I}{r}$的通道共享信息$SPI$。然后，再将压缩向量$SPI$恢复成大小为$1\times1\times C_I$的向量$w_s=\{w_1, \cdots, w_i, \cdots, w_{C_I}\}$，这使得恢复出的向

量 w_s，大小与平均池化特征 w_a 保持一致，以方便后续进一步通过 w_s 来优化和改善 w_a。

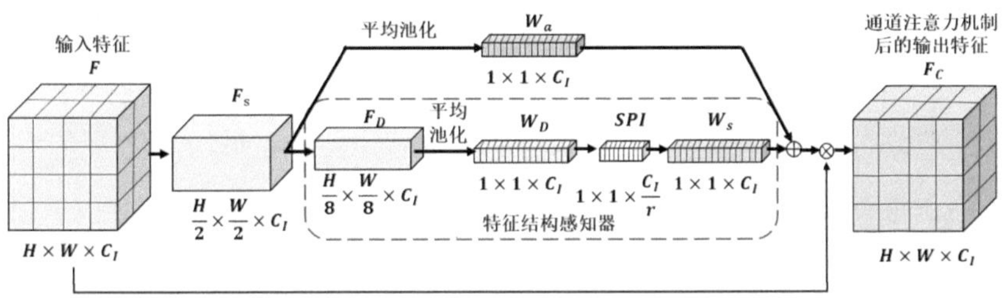

图 4.6　通道注意力机制的结构

Fig 4.6　The architecture of augmented channel attention

如图4.6所示，w_s 与 w_a 中的信息融合，最终生成所需要的通道注意力机制的特征向量 w_c，w_c 的计算可以通过公式4–8进行表示：

$$w_c = w_a + w_s \tag{4–8}$$

其中，通道注意力特征 w_c 大小为 $1\times1\times C_I$，它为输入特征 F 中的每个通道分配权重，该过程可以表示为公式4–9：

$$F_{ECA} = w_c \odot F \tag{4–9}$$

其中，$\odot$ 是特征通道与对应的通道权重的乘法。为了证明所求通道权重与其特征图的内容、结构和重要性有关，在图4.7中展示了一些具有代表性的特征图以及其对应的通道权重。从图

4.7中可以看出，表征能力更强的，以及表现出了更多图像内容的特征图往往被分配了更高的权重。

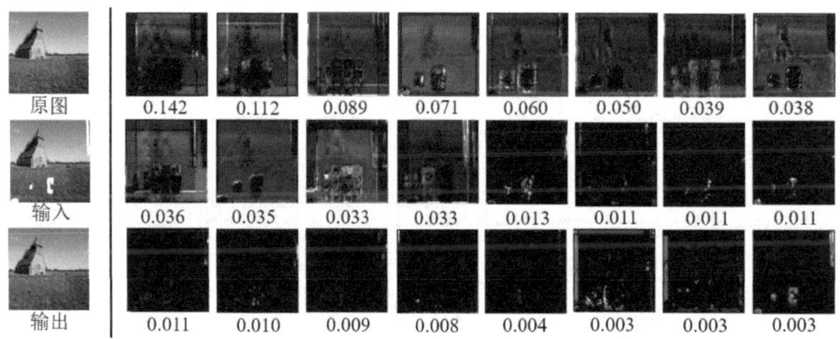

图 4.7　通道注意力机制下的特征图对应权重

Fig 4.7　The weights of feature map in augmented channel attention

4.4.3 渐进式的通道－空间注意力机制

对于深度学习的特征，空间注意力机制重点关注特征在空间上的局部信息，而通道注意力机制关注的则是特征中每个通道的整体结构信息。如图4.8所示，为了获得更加生动逼真的结果，在图像恢复过程中引入了通道－空间注意力机制下的渐进图像修复结构。这个结构使得在图像恢复的过程中，能同时关注于局部空间和全局语义上的信息，使得其在空间轴和通道轴两个方向上强调重要的信息，从而增强特征的表征能力。该过程可以表示为如公式4-10：

$$U_i^{c,s}=s\{c[h_i(U_{i-1})]\} \tag{4-10}$$

其中，$s(\cdot)$ 和 $c(\cdot)$ 代表了空间和通道注意力机制。$h_i(\cdot)$ 代表图像恢复中第八个反卷积层。U_i 则是 $h_i(\cdot)$ 第 i 个图像修复层所提取的特征。

4.5 掩码更新机制

由于卷积操作中卷积核的作用是局部的，所以在一些浅层的特征中，对靠近缺失边缘的信息能恢复得更好。随着卷积层的深入，对缺失区域的预测才从边缘逐渐蔓延至内部。但是，单纯的卷积层堆叠，卷积滤波器往往对已知区域，未知区域的边缘和内部都一视同仁，难以确定缺失区域的位置。因此，如图4.1中的网络结构图所示，该网络为每个下采样层更新掩码信息，为特征动态地标记出有效区域和待修复区域，以引导网络从未知区域边缘向内部逐渐修复图像。这里，掩码更新机制的结构如图4.9所示。该掩码更新机制受到了Uhrig等人[123]的启发，采用0–1矩阵有效地表示受损图像，其中缺失区域用0表示，未缺失区域则用1表示。如图4.9所示，更新的掩码分配给编码器中的卷积层和多尺度结构MSAU，从而通过引导受损图像从缺失区域的边界逐渐恢复到中心，改进图像修复的性能。

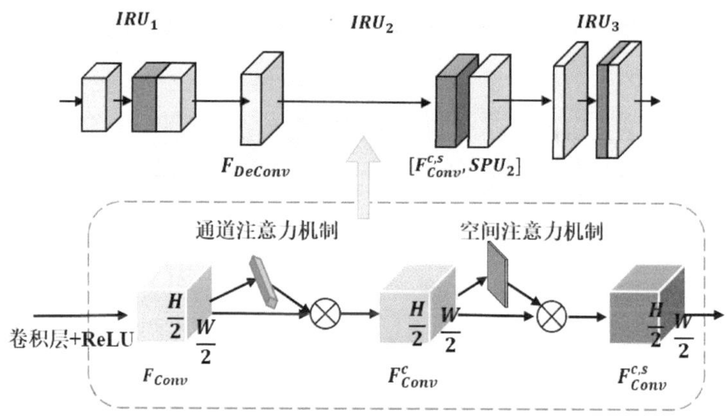

图 4.8　图像恢复的结构

Fig 4.8　The structure of image restoration

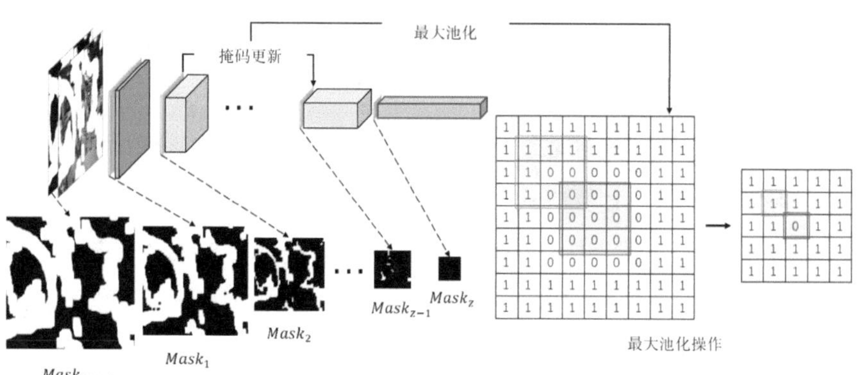

图 4.9　掩码更新机制的结构

Fig 4.9　The structure of mask update method

4.6 损失函数设计

为了更好地训练基于双注意力机制的多尺度图像修复网络，L_2损失函数与感知损失和风格化损失函数[124]相结合，分别从图像像素级和特征级两方面优化网络的参数。这里，L_2被用来衡量修复图像与原始图像在像素上的区别，它的计算公式如4–11所示：

$$L_2 = \mathbb{E}\left(\| I^* - I \|_2\right) \tag{4–11}$$

其中，I是原始图像，I^*是修复后的图像。$\|\cdot\|$是2范数操作。代表了平均值。然而，虽然L_2在图像修复时，可以有效地在图像内容上进行恢复，但是它的计算是对全图像素的平均，很难对图像的纹理和边缘进行约束和优化，使得所得的修复结果有可能存在恢复图像内容平滑，或者缺少细节的问题[125]。

因此，为了更好地进行图像修复，本章参考感知损失函数和风格损失函数的计算方式，从修复网络中提取深度特征，在特征层面上优化网络，进一步地改进网络性能。这里，特征的感知损失函数如公式4–12所示：

$$L_{perceptual\_loss} = \sum_{i=1}^{p} \frac{1}{W_i \times H_i \times C_i} \| F_i^{Out} - F_i^{GT} \| \tag{4–12}$$

其中，F_i^{Out}是受损图像下的深度特征，F_i^{GT}则是原始图像作为网络输入得到的特征。它们分别代表了参与感知损失函数的第

i个深度特征F_i，其大小为$W_i \times H_i \times C_i$。这里选择的$F_i$对应了图4.1中的MSAG中的多尺度特征和图像恢复部分的反卷积层。而在风格损失函数[124]中，除了深度特征以外，它还应用了格拉姆矩阵（Gram Matrix）。这里，对于恢复图像和原始图像所对应的深度特征，格拉姆矩阵计算如4–13：

$$G_i^{Out} = \gamma\left(F_i^{Out}\right)^T \gamma\left(F_i^{Out}\right)$$
$$G_i^{GT} = \gamma\left(F_i^{GT}\right)^T \gamma\left(F_i^{GT}\right) \tag{4-13}$$

其中，$\gamma(\cdot)$是特征F_i^{Out}和F_i^{GT}的向量化操作。经过处理后，F_i^{Out}和F_i^{GT}分别得到大小为$(W_i \times H_i \times)C_i$的特征。因此，所求得的Gram矩阵$G_i^{Out}$和$G_i^{GT}$大小为$C_i \times C_i$。在计算Gram矩阵之后，风格损失函数可以计算如4–14：

$$L_{style\_loss} = \sum_{i=1}^{p} \frac{1}{C_i \times C_i} \| K_i\left(G_i^{Out} - G_i^{GT}\right) \| \tag{4-14}$$

其中，K_i是归一化项，在本章中它的大小为$\frac{1}{W_i \times H_i \times C_i}$，并且$\|\cdot\|_1$为1范数计算。

最终，整合上述损失函数，可以将网络的损失函数定义为公式4–15：

$$L = \alpha \times L_2 + \beta \times L_{perceptual\_loss} + \gamma \times L_{style\_loss} \tag{4-15}$$

其中，α、β和γ分别取1、0.001和250以限制L_2、$L_{perceptual_loss}$和L_{style_loss}在合适的数据范围内进行相互作用，从而优化网络。

4.7 实验结果与分析

本节通过大量的实验来验证所提出网络结构的有效性。这里首先介绍了实验的细节和设置。其次，对网络中所提出的多尺度金字塔结构、掩码更新机制，以及空间和通道注意力机制的性能进行了评估。除此之外，还与大量优秀的图像修复算法进行了比较，从而说明本章提出的修复算法在图像修复的主观质量和客观指标上都取得了较好的结果。

4.7.1 实验设置

为了验证所提修复算法的有效性，在Places2数据集和CelebA-HQ数据集上进行了大量训练和测试。其中，在Places2数据集中使用了它官网中提供的原始训练集和验证集。而对于CelebA-HQ数据集，则是随机挑选了2000张图像作为测试集，其余的28000张图像则作为训练集去训练和优化网络。此外，该网络的测试是在不规则掩码数据集[65]上进行的。并且上述涉及到的所有掩码和图像大小均为256×256。

训练阶段的学习率设置为0.0003。在训练完成后以0.0001的小学习率进行二次训练和改进网络。为了验证修复结果的有效性，在测试阶段使用了PSNR和SSIM作为该图像修复网络的客观质量评价指标。其中，PSNR是修复图像和原始图像在像素级上的差异，而SSIM则是原始图像和恢复图像在整体图像结构上的相似性。该实验是在TitanXp（12GB）上进行训练的。对于Places2数据集，模型训练时间大约为7天，而CelebA-HQ的模型大约需要3天的训练时间。在这两个模型上，平均修复一张图像需要0.026秒的时间。

4.7.2 空间金字塔结构的性能分析

为了对多尺度下的空间金字塔结构进行有效的分析和验证，本节将图4.1中的MSAU结构替换为相应的单尺度卷积层。其结果如表4.1所示，空间金字塔结构的模型获得了更高的PSNR和SSIM值。此外，图4.10中还展示了在单尺度结构和多尺度空间金字塔结构下，图像修复结果的视觉质量对比。从图中可以看出，使用多尺度结构时可以得到比单尺度下更好的纹理恢复效果。

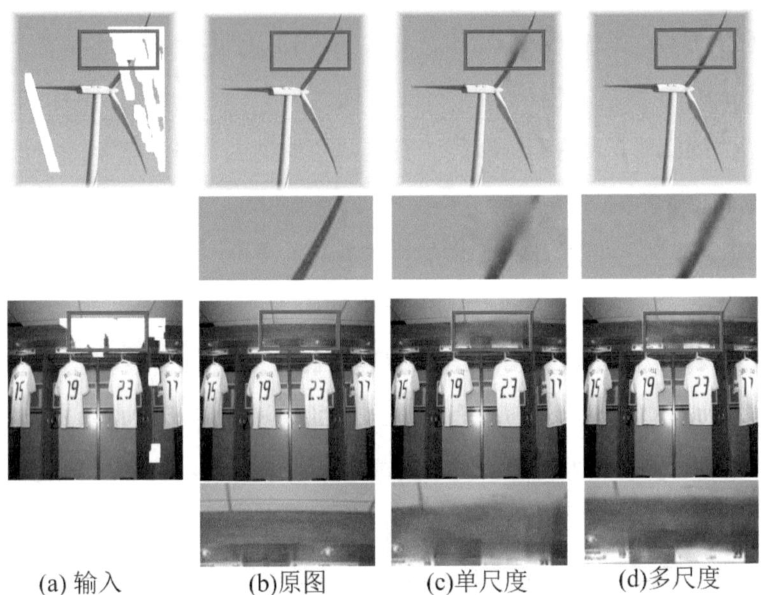

图 4.10　在 Places2 数据集上，单尺度网络结构和多尺度空间金字塔结构的结果对比

Fig 4.10　The comParisons of pyramid structure with the single-scale structure in Places2 dataset

表 4.1　在 Places2 数据集上，单尺度网络结构和多尺度下空间金字塔结构的结果对比

Table 4.1　The comParisons of pyramid structure with the single-scale structure in Places2 dataset

单尺度		多尺度
PSNR ↑	26.513	26.580
SSIM ↑	0.8768	0.8775

注：↑：指标值越高越好。

4.7.3 掩码更新机制的性能分析

本章所提出的MSA-Net结构如图4.1，图中特征提取和MSAG两部分中涉及到的下采样层都使用了掩码更新方法（Mask Update Method，MU）去引导特征提取从缺失区域的边界处向中心处逐渐修复。通过图4.11和表4.2，展示了掩码更新方法在视觉上和客观评价指标上的有效性。如表4.2所示，相比没有使用掩码更新的方法，使用掩码更新的模型可以得到更准确的图像修复结果。此外，如图4.11所示，与没有MU的模型（No-MU）相比，使用了掩码更新机制模型（MU），在颜色、纹理等的连续性上得到了更好的结果。

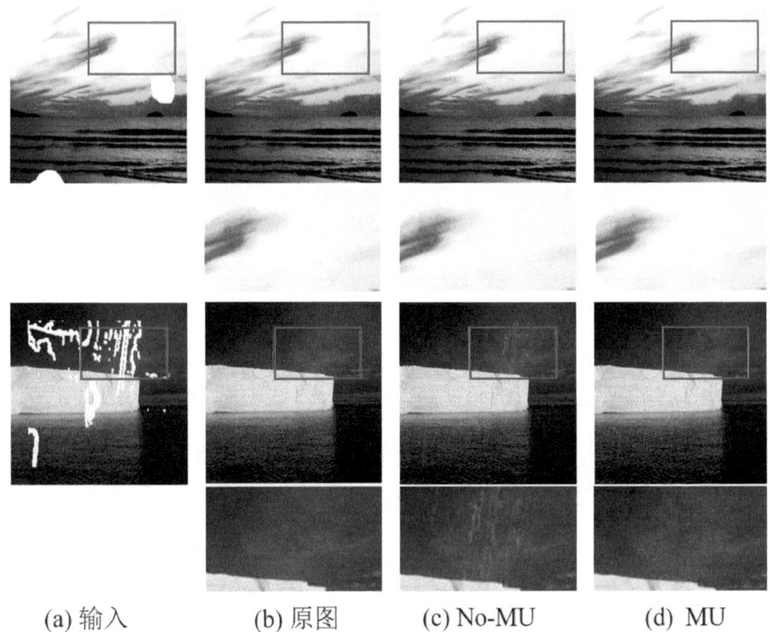

图 4.11　在 Places2 数据集上对比有掩码更新和没有掩码更新模型的结果
Fig 4.11　The comParisons of the model without mask update method（No-MU）and the MSA-Net in Places2 dataset

表 4.2　在 Places2 上对比有掩码更新和没有掩码更新模型的结果
Table 4.2　The comParisons of MSA-Net in Places2 dataset with the network without mask update

No-MU		MU
PSNR ↑	26.580	26.615
SSIM ↑	0.8775	0.8788

注：↑：指标值越高越好。

4.7.4 通道和空间注意力机制的性能分析

在网络结构为图4.1的MSA-Net中，MSAG和图像恢复两部分引入了空间和通道注意力机制，增强网络的表征能力。表格4.3中列出了不同情况下注意力机制的比较。表中包含了MSAG中对每个尺度的多分支融合的空间注意力机制（FSA）和多尺度特征融合时的语义增强通道注意力机制（ECA），以及图像恢复部分的通道-空间注意力机制（CS-A）。结果表明，随着ECA、FSA和CS-A的加入，修复结果的PSNR和SSIM也逐渐得到了改善。而图4.12展示了在空间注意力机制和通道注意力机制下修复的图像，在视觉质量上也得到了改进。

表 4.3 在 Places2 上验证通道注意力机制（ECA），空间注意力机制（FSA）和通道 - 空间注意力机制（CS-A）的有效性

Table 4.3 The efectiveness of channel attention (ECA), spatial attention (FSA) and channel-spatial attention (CS-A) in Places2 dataset

ECA	FSA	CS-A	PSNR ↑	SSIM ↑
×	×	×	26.615	0.8788
√	×	×	26.633	0.8802
×	√	×	26.690	0.8803
√	√	×	26.692	0.8809
×	×	√	26.724	0.8816
√	√	√	26.802	0.8820

注：↑：指标值越高越好。

此外，为了证明语义增强的通道注意力机制和多分支融合的空间注意力机制的有效性，将它们与之前的注意力机制CBAM[119]，SCA-CNN[117]和SE-Net[121]进行了比较。其中，CBAM和SCA-CNN同时提出了空间注意力机制和通道注意力机制，而SE-Net只是设计了通道注意力机制。表4.4的结果中，CBAM和SCA-CNN中的注意力机制替换了本章中所提到的空间注意力和通道注意力。而对于SE-Net模型，则只在MSA-Net中替换了通道注意力机制的方法。从中可以看出，本章所设计的空间和通道注意力机制，在修复网络中具有优越的性能。除此之外，图4.13中展示了不同注意力机制下，修复结果的视觉质量。从结果中可以看出，本章所设计的注意力机制，与其他的注意力机制相比，可以在颜色一致性和图像内容方面得到更准确的结果。

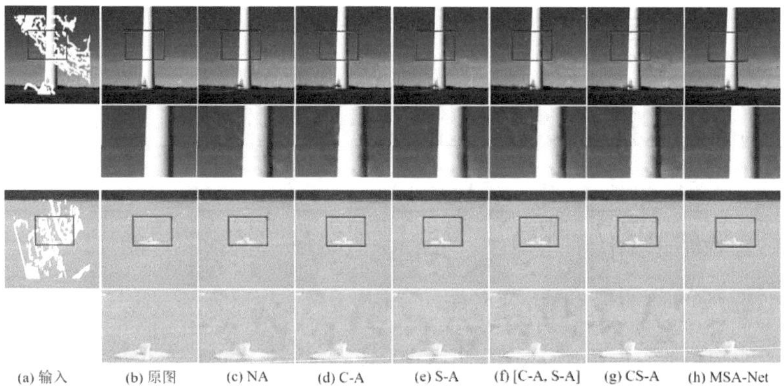

图 4.12 MSAG中空间和通道注意力机制，以及图像恢复中通道-空间注意力机制的修复结果对比

Fig 4.12 The efectiveness of channel attention in MSAG（CA）, spatial attention in MSAG（SA）and channel-spatial attention in IR（CS-A）

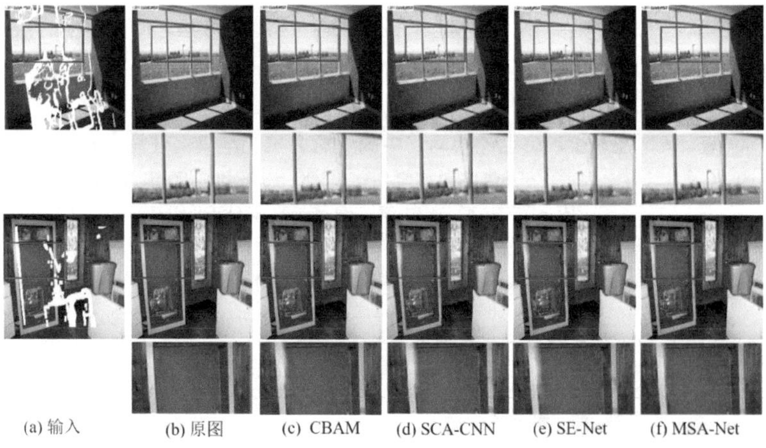

图 4.13 在Places2数据集上与CMBA，SCA-CNN和SE-Net的对比结果

Fig 4.13 The comParisons of the proposed attentions in Places2 dataset with them in CMBA, SCA-CNN and SE-Net

4.7.5 与现有方法的对比分析

为了评估MSA–Net，本节将其与图像修复算法cA[76]、pconv[65]、Edgeconnect[72]和GMcNN[68]进行了比较，并且在表4.5和表4.6中分别列出了在Places2数据集和CelebA–HQ数据集上的实验结果。如表中所示，根据缺失区域占整张图像的比例，将不规则的掩码数据分为六类：(0.01，0.1]，(0.1，0.2]，(0.2，0.3]，(0.3，0.4]，(0.4，0.5]和(0.5，0.6]。其中，Places2数据集下的Pconv和Edgeconnect结果，以及Edgeconnect在CelebA下的结果，来自于他们论文中所记录的。其他结果则是通过他们算法所提供的预训练模型进行测试所得。从中可以看出，本章所提出的修复算法可以得到比其他方法更加准确的结果。此外，从图4.14中可以明显发现，本章所提出的MSA–Net，在颜色、内容的连续性上，也取得了很好的结果。

表4.4 在Places2上比较网络中的注意力机制与其他注意力机制
Table 4.4 The comParisons of the proposed attention mechanism with other attention methods in Places2 dataset

	CBAM	SCA–CNN	SE–Net	MSA–Net
PSNR ↑	26.710	26.728	26.758	26.802
SSIM ↑	0.8811	0.8805	0.8817	0.8820

注：↑：指标值越高越好。

表 4.5　在 Places2 数据集上，提出的 MSA-Net 和现有修复网络的结果比较
Table 4.5　The quantitative evaluation of MSA-Net in Places2 dataset

		CA	pconv	Edge Connect	GMCNN	MSA-Net
PSNR ↑	(0.01–0.1]	30.71	34.05		34.84	35.80
	(0.1–0.2]	24.56	28.02	27.95	28.81	30.03
	(0.2–0.3]	21.34	24.90	24.92	25.42	26.88
	(0.3–0.4]	19.27	22.45	22.84	22.96	24.69
	(0.4–0.5]	17.84	20.86	21.16	20.86	22.91
	(0.5–0.6]	16.42	18.63		17.20	20.51
SSIM ↑	(0.01–0.1]	0.964	0.946		0.986	0.988
	(0.1–0.2]	0.898	0.869	0.920	0.957	0.965
	(0.2–0.3]	0.813	0.777	0.861	0.912	0.929
	(0.3–0.4]	0.725	0.685	0.799	0.854	0.884
	(0.4–0.5]	0.636	0.589	0.731	0.778	0.826
	(0.5–0.6]	0.523	0.476		0.593	0.701

注：↑：指标值越高越好。

表 4.6　在 CelebA-HQ 上，提出的 MSA-Net 和现有修复网络的结果比较
Table 4.6　The quantitative evaluation of MSA-Net in CelebA-HQ dataset

		CA	EdgeConnect	GMCNN	MSA-Net
	(0.01–0.1]	33.37	39.60	32.66	38.55
	(0.1–0.2]	27.71	33.51	26.63	33.12

续表

		CA	EdgeConnect	GMCNN	MSA-Net
PSNR ↑	(0.2–0.3]	24.66	30.02	23.50	30.20
	(0.3–0.4]	22.29	27.39	21.23	27.90
	(0.4–0.5]	20.37	25.28	19.66	25.99
	(0.5–0.6]	18.11	22.11	17.75	23.22
	(0.01–0.1]	0.981	0.985	0.978	0.994
	(0.1–0.2]	0.946	0.961	0.938	0.982
SSIM ↑	(0.2–0.3]	0.902	0.928	0.890	0.967
	(0.3–0.4]	0.844	0.890	0.832	0.945
	(0.4–0.5]	0.775	0.846	0.773	0.917
	(0.5–0.6]	0.667	0.771	0.690	0.852

注：↑：指标值越高越好。

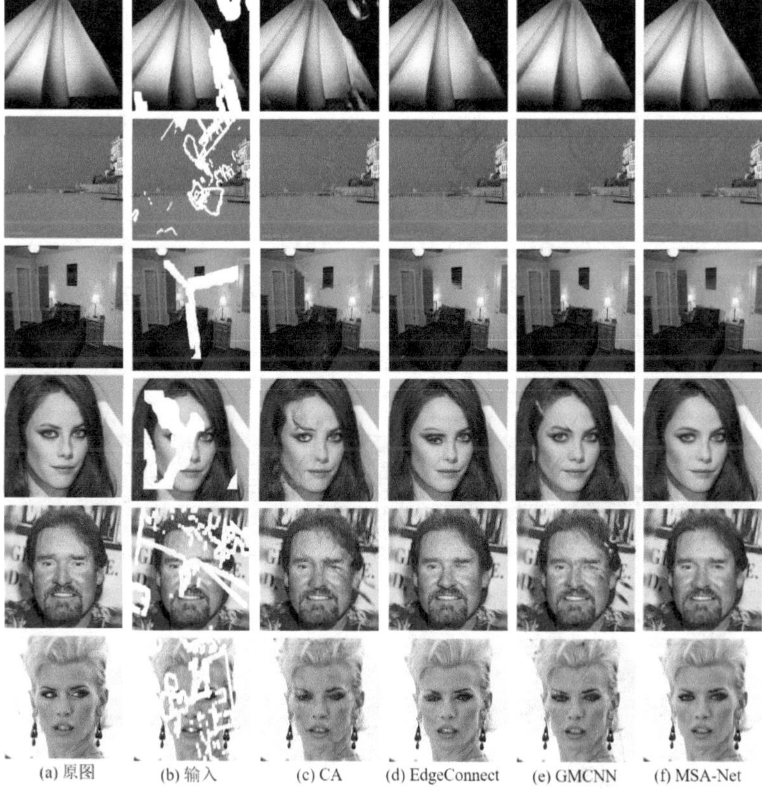

图 4.14 在 Places2 和 CelebA-HQ 数据集上与 CA[76]，EdgeConnect[72] 和 GMCNN[52] 的结果进行对比

Fig 4.14 The comParisons of the inal results with CA[76]，EdgeConnect[72] and GMCNN[52] in Places2 dataset and CelebA-HQ dataset

4.7.6 去除遮挡物

去除目标遮挡物指的是去除图像中不必要的物体或遮挡，是

图像修复的主要应用之一。这里，为了验证所提出的MSA-Net的有效性，在图4.15中展示了消除遮挡的结果。同时，为了展示在自然图像Places2和人脸图像CelebA-HQ上模型的泛化性，在同为自然图像和人脸图像的ImageNet[126]和LFW[114]数据集上进行了测试。从图4.15中可以看出，所提出的网络可以有效地去除图像中不必要的遮挡物体，与其他算法相比，在纹理和颜色的连续性上取得了更好的效果。

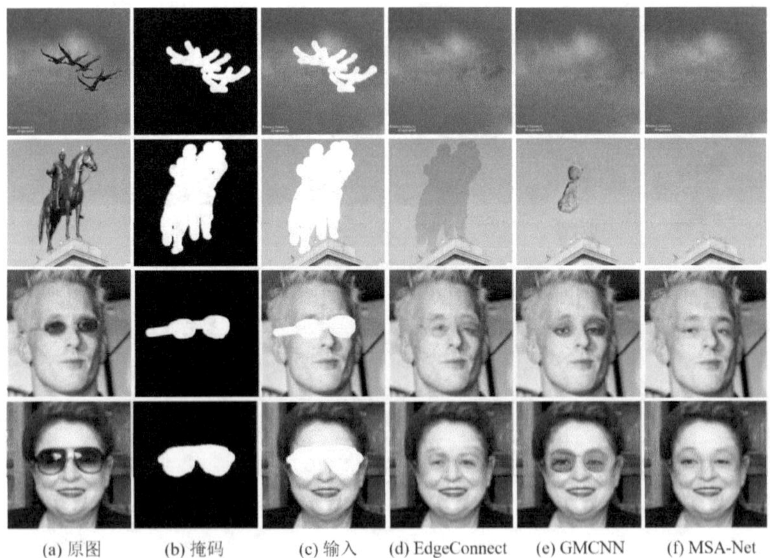

图 4.15　去除遮挡物体的结果对比

Fig 4.15　The results of removing occlusions

4.8 本章小结

本章提出了一种基于双注意力机制的多尺度图像修复网络MSA-Net去修复受损图像中的不规则缺失区域。其中，为了从多个尺度分析浅层细节和深层结构的特征，在这些不同的特征中引入了基于注意力机制的多尺度单元MSAU。MSAU可以从不同感受野的角度对深度特征的空间信息进行综合分析，并在其中引入空间和通道注意力机制，增强网络的表征学习能力。这里，MSAU每个尺度上的特征，都引入了多分支融合的空间注意力机制，使其可以突出如复杂纹理和结构等重要信息，从而增强其在局部空间上的表征能力。随后，再通过一个语义增强的通道注意力机制将多尺度信息融合，从全局的角度去分析每张特征图的表达能力，并通过分配权重的方式，突出那些包含了重要语义结构信息的特征图。此外，在这个网络中，还引入了基于最大池化的掩码更新方法，以引导网络从缺失区域的边界向内部逐步修复图像。本算法在自然图像集和人脸图像集上进行了验证，实验结果展示了该算法的准确性和颜色结构连续性。

⑤ 基于空间相似度的多层并行增强修复算法

上一章提出了一种基于双注意力机制的多尺度图像修复算法，发现多尺度神经网络在图像修复上可以取得良好的性能。然而近年来，为了应对大面积缺失下图像难修复的问题，多尺度修复算法大多采用渐进修复的方式。在这些渐进式的多尺度方法中，低尺度上的修复误差很有可能传播到高尺度特征中，影响修复结果。针对这一问题，本章提出了一种基于空间相似度的多层并行增强修复算法（Multi-level Augmented Inpainting Network using spatial similarity，MLA-Net）分析和优化多层结构中的层间和层内关系。在网络中，为了将细节信息合理地嵌入到结构信息中，提出了多层并行修复的金字塔结构。在该金字塔结构中，首先在每一层内设计了基于空间相似性的注意机制（Spatial Similarity Based Attention Mechanism，SSA），它通过特征块之间的相似度将已知区域的特征块引入到未知区域中，从而增强缺失区域的细节纹理信息，以提高每层内特征的表征能力。在计算相似度时，为了避免对重要信息和平滑信息都平均处理，设计了一个空间图来分析整个空间信息分布，从而突出重要的纹理结构，并用来计算块与块之间的相似度。在各个层内，经过注意力机制的特征被单独地分析和解码，最终重建成对应的初步修复结果。随后，这些多层重建图像和它们对应的深度特征被进一步地融合解码成最终的修复图像。该网络在自然图像、面部图像、建筑图像等公开数据集上进行了大量的验证，结果表明，所提出的MLA-Net在不同种类图像的修复上，得到了符合视觉连通性和语义一致性的结果。

5.1 引言

近年来，基于深度学习的多尺度图像修复网络已经取得了良好的视觉效果，尤其是在多尺度结构被引用到图像修复中后，将不同输入、不同感受野、不同阶段，或者不同大小深度特征的结合，显著提高了网络的修复性能。例如，wang等人[68]提出的生成式多列修复网络，它将图像重建与基于马尔可夫随机场（Markov Random Field，MRF）的损失函数相结合，将局部和全局的特征信息从已知区域传递到待修复区域。Zeng等人[73]提出了金字塔网络结构，特征信息从一个尺度传入另一个尺度，逐步地恢复和改善图像缺失内容。虽然这些方法取得了不错的性能，但这些逐步修复的方法可能会导致误差从小尺度传播到大尺度上。

除此之外，为了获取更加清晰的修复细节，一些研究者参考了传统算法中对纹理修复的方法，在网络结构中通过相似度建立未知区域特征块与已知区域特征块之间的关系，从而通过已知区域的信息填补未知区域。比如，Yang等人[75]提出了多尺度下的深度特征块合成方法，将未知区域的特征信息与已知区域中最相似的特征块进行匹配，从而通过损失函数约束未知区域，使其更加贴近相似块，从而将已知区域的纹理细节引入到未知区域中。此外，Yu等人[76]提出了基于上下文的注意力机制（Contextual Attention，CA），它依据特征相似度将已知区域的特征块加权，来表示未知区域的内容。虽然这些方法明显地改善了修复区域的纹理信息，但在计算相似度的时候，它往往将所有的空间信息都按照一样的重要性来对待，这可能忽略掉特征中重要的空间信息，从而导致修复结果的模糊或者纹理扭曲。

针对上述问题，本章提出了基于空间相似度的多层并行增强修复网络。该网络通过探索层内的已知区域和未知区域特征联系，以及多层间的特征融合，来增强深度特征的表征能力。具体地说，本章通过一个三层并行的金字塔重建结构（Pyramid Reconstruction Structure，PRS）将纹理细节信息嵌入到语义结构特征中。在PRS中，这些并行的层可以看作是具有生成器、判别器和相应输出的并行子网络。对于这些子网络，输出的初步重建图像通过损失函数的约束逐渐接近原始图像。而在这个过程中，子网络中的参数也得到了优化，提高了子网络整体的重建性能。随后，多个子网络的优化特征和输出图像被进一步地融合，为生成最终图像修复结果做准备。

在网络中，为了修复结果的纹理连续性和更好的细节信息，为每个子网络设计了基于空间相似性的注意机制（Spatial Similarity Attention，SSA），以探索修复区域和相关的已知区域特征块之间的关系。这里，已知区域的特征块根据其与待修复区域预测特征的相似度，进行自适应加权，从而用已知区域信息表示未知区域信息，并将其引入到未知区域中来填充未知区域。值得注意的是，在计算缺失区域和已知区域相似度时，引入了一个空间图来表示深度特征的空间信息，强调其中重要的结构和复杂的纹理。使得SSA在计算相似度的时候，能够更多地关注到空间图中强调过的信息，而不是平均地考虑每个特征元素，忽略掉其中更重要的空间信息。

随后，为了保证修复结果在数据分布中的全局结构一致性，以及多层网络生成各层重建结果在数据分布上的层间统一性，设计了两个判别器分别作用于最终结果和多层重建结果，以求提高网络修复性能，提高结果的视觉质量。首先，该网络为多个子网络的重建结果设计了一个层间判别器，它使得多层并行的重建结果通过一个共享参数的层间判别器相互作用，从而建立层间联系，使得子网络生成的重建图像在数据分布上具有统一性，以方便后续的多层信息融合。随后，该网络还包含了一个全局鉴别器用于优化最终修复结果，使其在整体数据分布上更接近原始数据。

本章的主要贡献点可以总结为以下三点：（1）提出了基于空间相似度的多层并行增强修复网络，通过合理协调层间和层内上下文来提高修复结果的语义结构一致性和纹理连续性；（2）在网络中，设计了多层并行修复的金字塔结构，建立并行层之间的层间关系，并将这些多层信息融合起来，从而将图像细节嵌入到语义结构中；（3）在每个并行层中，引入了基于空间相似性的注意力机制，以保证在每一层内，通过为缺失区域引入已知区域特征块信息，来实现层内重建的纹理连续性。

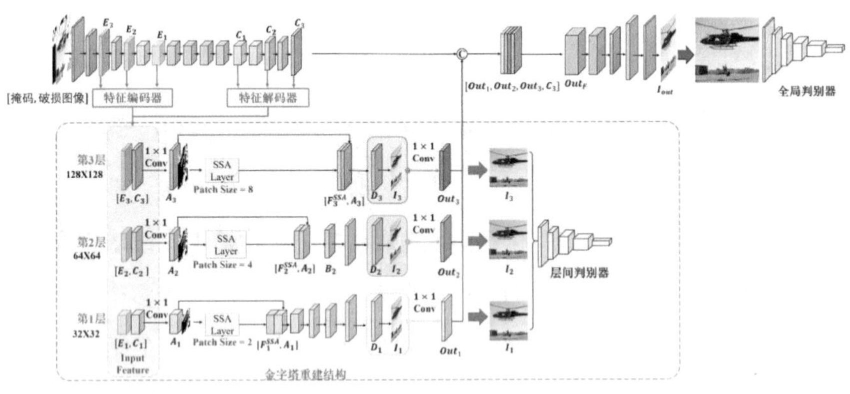

图 5.1　MLA-Net的网络结构图

Fig 5.1　The structure of MLA-Net

5.2 基于空间相似度的多层并行增强修复网络结构

本章提出了基于空间相似度的多层并行增强修复网络MLA-Net去预测受损图像的缺失区域。该网络的结构如图5.1所示。从图中可以看出，输入的破损图像首先经过一系列的卷积层，从细节到语义进行特征编码。考虑到不同尺度下的特征具有不同的空间特性和不同的修复能力，网络设计了一个具有三层并行子网络的金字塔重建结构PRS。在PRS中，考虑到编码端的特征E_1、E_2、E_3保留了更准确的已知区域的细节，而解码端C_1、C_2、C_3经过一系列的卷积操作，具有对缺失区域的预测信息，所以为了能够更加准确地描述受损图像，在输入到每一层子网络之前，首先将特征C_1、C_2、C_3与对应的E_1、E_2、E_3进行融合，生成特征A_1、A_2、A_3。然后，对A_1、A_2、A_3再进行分析解码，得到特征D_1、D_2、D_3和相应的视觉重建结果I_1、I_2、I_3。每一层的输出结果I_1、I_2、I_3，通过损失函数进行约束，使其接近于原始图像。在这一约束过程中，每一层子网络的参数得到了优化，从而提高其重建和表征能力。随后，为了将I_1、I_2、I_3映射回特征空间，它们与D_1、D_2、D_3再次融合，生成三个并行子网络层的输出Out_1、Out_2、Out_3。而在PRS的每一层中，为了在待修复区域中引入更加生动的细节信息，改善修复结果的视觉一致性，本章设计了基于空间相似度的注意力机制SSA去建立未知区域和已知区域特征块之间的关系。如图5.1，SSA用来对多层的特征A_1、A_2、A_3进行分析，并用其中已知区域信息修复未知区域信息，从而得到特征F_1^{SSA}、F_2^{SSA} 、F_3^{SSA}。在SSA过程中引入了空间图去关注重要的语义和复杂的纹理信息，并且用来计算特征块的空间相似度。除此之外，针对多层并行的金字塔结构，本章引入了层间判别器去有效地统一各个层之间图像重建的数据分布，以便后续的分析与融合。而最终的全局判别器则用来约束整个网络输出结果的全局数据分布，使其在语义上更接近原始图像。

5.3 多层并行金字塔重建结构

为了更好地分析和融合特征信息，本章所提出的修复算法设计了多层并行的金字塔重建结构PRS去建立不同尺度特征的层间关系，预测受损图像中的缺失信息，使其获得更加准确的修复结果。如图5.1所示，在PRS中每一层都可以视为包括生成器和判别器的修复子网络。在这些子网络中，编码器特征E_1、E_2、E_3与解码器特征C_1、C_2、C_3通过1×1卷积操作进行融合，以保证融合特征A_1、A_2、A_3在后续的SSA操作时，可以既考虑到解码特征中对未知区域的预测信息，同时也可以保留编码端对已知信息更加准确的空间描述。而之后得到的A_1、A_2、A_3则被视为三个并行子网络的输入。具体来说，32×32大小的深度特征E_1与C_1生成A_1，由于经过了更多层的深度卷积编码，所以包含了更多的语义信息；而随后64×64和128×128大小的特征A_2和A_3则与A_1相比，包含了更多的图像细节信息。随后，在每一层中，根据输入特征的大小，将特征划分为2×2，4×4和8×8的块大小，去进行特征匹配，并根据已知区域和未知区域特征块的相似度，对已知信息进行加权，填充相对应的未知区域，从而将已知区域信息引入到未知区域修复过程中。随后，经过SSA处理后，注意力机制结果F_1^{SSA}、F_2^{SSA}、F_3^{SSA}将进一步地与A_1、A_2、A_3连接，从而为每一层子网络恢复得到128×128初步重建结果I_1、I_2、I_3做准备。这里，为了建立这些并行子网络之间的层间关系，引入了参数共享的层间判别器来统一I_1、I_2、I_3的数据分布，并且使得它们在迭代过程中，彼此影响，从而优化多层结构的参数，提高修复性能。

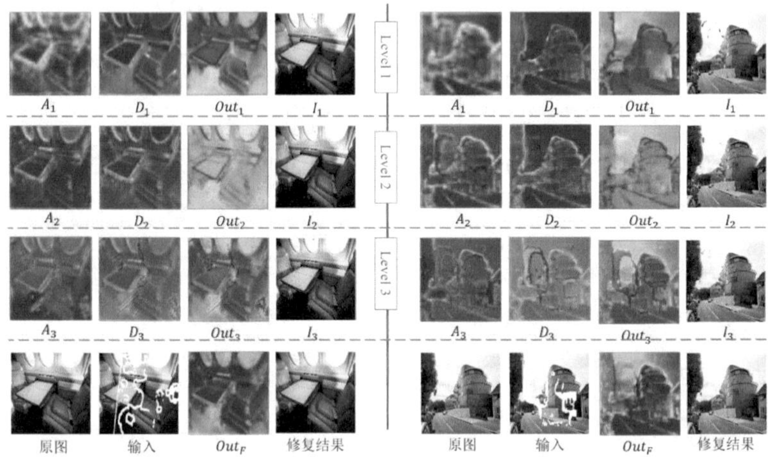

图 5.2 多层的深度特征可视化：A_1、A_2、A_3、D_1、D_2、D_3、Out_1、Out_2、Out_3 以及 Out_F 分别对应于图 5.1 的特征

Fig 5.2 visualization of multi-level feature.: A_1、A_2、A_3、D_1、D_2、D_3、Out_1、Out_2、Out_3 and Out_F in this igure correspond to Fig. 5.1

图5.2中展示了平均特征图的可视化结果，其中平均特征图计算过程如公式5–1：

$$F_{avg}=\frac{\sum_{i=1}^{n_c}F(i)}{n_c} \tag{5-1}$$

其中，$F(i)$ 表示深度特征中的第i张特征图。n_c代表特征F的通道数，即特征F中包含了n_c张特征图。在图5.2中，A_1、A_2、A_3、D_1、D_2、D_3、Out_1、Out_2、Out_3以及Out_F分别对应于图5.1的特征。其中，大小分别为32×32、64×64、128×128的特征

A_1、A_2、A_3，生成了大小为128×128的深度特征D_1、D_2、D_3和图像重建信息I_1、I_2、I_3。随后，I_1、I_2、I_3进一步地被映射回特征层面，与D_1、D_2、D_3进行对应融合，生成Out_1、Out_2、Out_3。根据图5.2可以看出，从Out_1到Out_3，Out_1包含了更多的语义结构信息，而随后在Out_2和Out_3中纹理边缘等细节被逐渐地增加。最后，Out_F则是将细节信息嵌入到结构语义中的一个过程，它与Out_1、Out_2、Out_3相比，在表征能力上有了明显的改进。

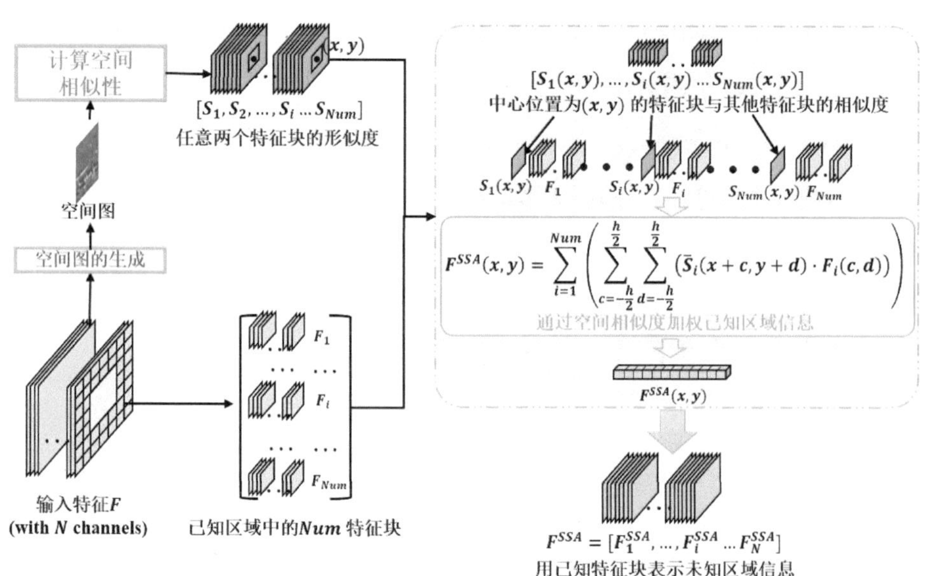

图 5.3 SSA 的网络结构

Fig 5.3 The structure of SSA layer

5.4 基于空间相似度的注意力机制

在多层网络中，为了获得纹理和结构的连续性，设计了基于空间相似性的注意力机制SSA来探索每一层内，特征缺失区域和已知区域之间的内部关系，并且将已知区域中重要的信息引入到未知区域中。从图5.1的整体网络结构图中看出，SSA的输入为三个尺度的特征A_1、A_2、A_3。SSA结构如图5.3所示，深度特征A_1、A_2、A_3输入到SSA之后，首先引入一个空间图去分析和整理特征的空间信息。这个空间图仅用包含了一个通道的特征图去标记和强调其中的纹理和结构等有用信息，从而避免在计算相似度的时候，对所有的特征元素都平均考虑，而忽略了其中重要的信息。随后根据空间图中的信息，计算特征块之间的相似性。最后，已知区域的特征块，根据其对应的相似性进行加权，并用来填充未知区域。具体而言，SSA可分为三个部分：空间图的生成、空间相似性的计算，以及缺失区域的恢复。

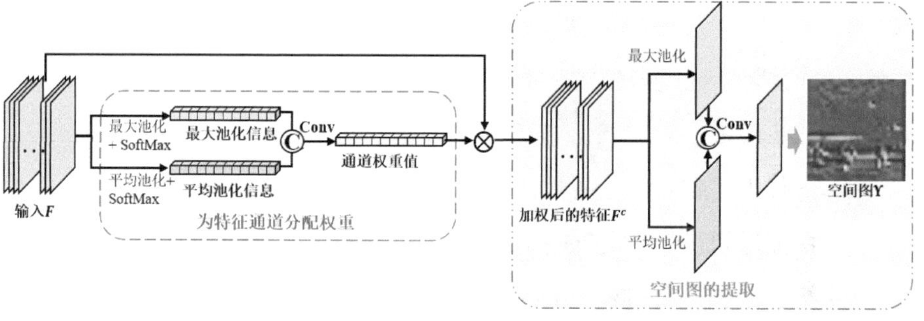

图 5.4　SSA的网络结构

Fig 5.4　The structure of SSA layer

首先，空间图的生成过程如图5.4所示，可以被分为两部分：通道权重的计算和空间图的提取。根据其他研究者的工作[119, 121, 127]可知，特征在通道维度的平均池化和最大池化，所得向量可以有效地表示该特征通道之间的联系和它们的重要程度。在这些方法的推动下，通过对平均池化和最大池化特征的结合，计算信道的权重信息。平均池化和最大池化过程可以用如下公式表示：

$$\begin{aligned}\gamma_{avg}^{c} &= f_{(c,\ avg)}(F) \\ \gamma_{max}^{c} &= f_{(c,\ max)}(F)\end{aligned} \tag{5-2}$$

其中，输入特征F的大小为$W \times H \times N$，其中W、H和N分别为特征的宽、高和通道数。$f_{(c,\ avg)}(\cdot)$和$f_{(c,\ max)}(\cdot)$代表通道维度上的平均池化和最大池化操作。γ_{avg}^{c}和γ_{max}^{c}则为对应的池化的结果。随后，通道上的权重W^c可以定义如下：

$$W^{c}=f([\gamma_{avg}^{c},\gamma_{max}^{c}]) \tag{5-3}$$

并将它通过如公式5–4作用在输入特征F中：

$$F^{c}=W^{c}\otimes F \tag{5-4}$$

其中，$f(\cdot)$ 是融合特征γ_{avg}^{c}和γ_{max}^{c}的卷积操作。$\otimes$是为每个特征通道分配权重的乘法，F^{c}则是加权后的特征。在加权后的特征中，重要的特征图被挑选出来进行强调。随后，F^{c}则按照公式5–5，提取空间图信息：

$$\begin{aligned}\gamma_{avg}^{c,s}&=f_{(s,avg)}(F^{c})\\ \gamma_{max}^{c,s}&=f_{(s,max)}(F^{c})\end{aligned} \tag{5-5}$$

其中，$f_{(s,avg)}(\cdot)$ 是计算空间维度中，平均池化$\gamma_{avg}^{c,s}$和最大池化特征$\gamma_{max}^{c,s}$的操作。其中，$\gamma_{avg}^{c,s}$是特征F^{c}中，对局部特征的平均统计，而$\gamma_{max}^{c,s}$则是对局部特征中具有较高激活值的特征的分析。最终对空间图的计算，如5–6所示：

$$\gamma=f([\gamma_{avg}^{c,s},\gamma_{max}^{c,s}]) \tag{5-6}$$

其中，γ是提取的$W\times H\times 1$的空间图，用于计算之后的空间相似性。空间相似性的计算如图5.5所示，空间图γ被分成γ^{m}和γ^{a}两个部分，它们分别代表了空间图中的缺失区域和已知区域。这里为了用已知的信息填充未知的区域，首先将γ^{m}和γ^{a}分割为$h\times h$的特征块，并进行相似度对比。$\gamma^{m}(x,y)$ 表示在缺失区域中，以坐标（x, y）为中心的特征块。$\gamma_{i}^{a}(x',y')$ 则是在已知区域中，以（x', y'）为中心的特征块。并且$\gamma_{i}^{a}(x',y')$ 中的i表示已知区域分割特征块中第i个特征块。这里，$\gamma^m(x, y)$和$\gamma_i^a(x', y')$的余弦相似度，如公式5–7所示：

$$S_i(x, y) = \frac{\sum_{j=1}^{n}[\gamma_{i,j}^a(x', y') \times \gamma_j^m(x, y)]}{\|\gamma_i^a(x', y')\| \, \|\gamma^m(x, y)\|} \qquad (5\text{–}7)$$

其中，$S_i(x, y)$是缺失区域特征$\gamma^m(x, y)$与第i个已知区域特征块$\gamma_i^a(x', y')$之间的相似性。j表示特征块γ_i^a中第j个元素值。在本章中，由于缺失区域是不规则的，所以将特征中的所有元素都进行分块，并与已知区域块$\gamma_i^a(x', y')$进行比较，计算相似度，得到一张大小为$W \times H \times 1$相似性特征图S_i。这里，假设已知区域中的特征可以划分为Num个块，则对应相似性特征图生成Num张，即相似性矩阵$S = \{S_1, \cdots, S_i, \cdots, S_{Num}\}$包含了所有已知特征块的相似度，其大小为$W \times H \times 1 \times Num$。随后，$S$由通道轴的方向，通过softmax层进行归一化，如公式5–8所示：

$$\bar{S}_i(x, y) = \frac{S_i(x, y)}{\sum_{j=1}^{Num} S_i(x, y)} \qquad (5\text{–}8)$$

其中，$\bar{S} = \{\bar{S}_1, \cdots, \bar{S}_i, \cdots, \bar{S}_{Num}\}$是最终的相似度结果，包含了每个特征元素与已知区域特征块的相似性。

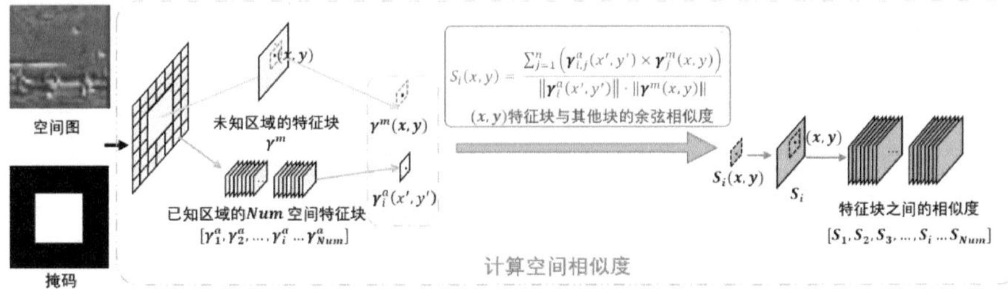

图 5.5 计算空间相似度

Fig 5.5 computation of spatial similarity

从图5.3可以看出，为了用已知特征块表示缺失区域的特征，输入特征中的已知特征块，通过相应的相似度进行加权，其计算如下：

$$F^{SSA}(x,y)=\sum_{i=1}^{Num}\{\sum_{c=-\frac{h}{2}}^{\frac{h}{2}}\sum_{d=-\frac{h}{2}}^{\frac{h}{2}}[\bar{S}_i(x+c,y+d)\times F_i(c,d)]\} \tag{5-9}$$

其中，$F=\{F_1,\cdots,F_i,\cdots,F_{Num}\}$是输入特征中的已知特征块，大小为$h\times h\times N\times Num$。其中，$N$是通道数，$Num$是已知特征块的数量。$\bar{S}_i(x,y)$是以（$x$, y）为中心的特征块与第i个已知特征块F_i的相似度。$\bar{S}_i(x,y)$和F_i的大小分别为$h\times h\times 1$和$h\times h\times N$，这里$h\times h$为特征块的长和宽。而（c, d）为长和宽方向的偏移量，因此$\bar{S}_i(x+c,y+d)$与$F_i(c,d)$则为两个特征块的对应位置。计算所得的$F^{SSA}(x,y)$则可以看作用加权已知特征块表示缺失特征的结果。

为了展示SSA的有效性，图5.6中展示了特征可视化结果。从图中可以看出，A_2是SSA之前的平均特征图。与A_2相比，生成的空间图更加能够突出其中的纹理和重要的结构，用于计算SSA中已知区域和未知区域的空间相似性。此外，F_2^{SSA}显示了SSA的结果，其中每个特征块都用加权的已知区域特征块进行替换。B_2则是SSA后的平均特征图。从图中可以看出，B_2相比于A_2在特征的表征能力上有所改进。

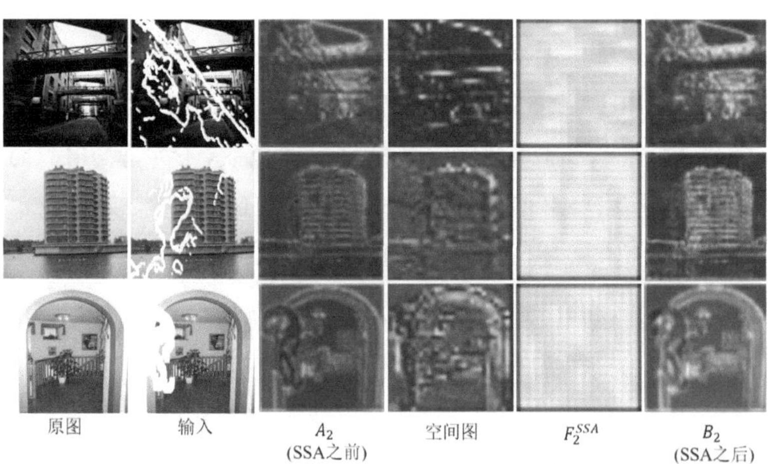

图 5.6　SSA层的特征可视化：A_2、B_2和F_2^{SSA}分别对应于图5.1，空间图的生成对应于图5.4

Fig 5.6　visualization of SSA layer: A_2, B_2 and F_2^{SSA} are the average features maps corresponding to Fig 5.1, and the generation of spatial map corresponds to Fig5.4

5.5 损失函数设计

在本小节中，I_{gt}表示原始图像，I_{in}则是网络中需要输入的受损图像，其对应的掩码矩阵为M。在M中，定义缺失区域为1，已知区域为0。考虑到修复结果的准确性和视觉连续性，本章的损失函数包含了针对最终结果和多层重建结果两部分。

首先针对最终的修复结果I_{out}，通过L_1和L_2对比了其与原始图像在像素级的差异，如下：

$$\begin{aligned} L_1 &= \mathbb{E}(\| I_{out} - I_{gt} \|_1) \\ L_2 &= \mathbb{E}(\| I_{out} - I_{gt} \|_2) \end{aligned} \tag{5-10}$$

其中，$\|\cdot\|_1$和$\|\cdot\|_2$分别代表1范数和2范数。E为平均值。而为了使网络在恢复过程中更加关注于缺失区域的像素差异，这里为缺失区域设计了损失项L_1^{hole}，其计算如5-11所示：

$$L_1^{hole} = \mathbb{E}(\| I_{out} \times M - I_{gt} \times M \|_1) \tag{5-11}$$

此外，为了保证恢复图像在语义和数据分布上与原始图像更加的相近，引入了生成对抗网络的函数如5-12至13所示：

$$L_G = \mathbb{E}_{I_{out} \sim P_g}[D(I_{out})] \tag{5-12}$$

$$\begin{aligned} L_D = -\mathbb{E}_{I_{gt} \sim P_{data}}\{min[0, -1 + D(I_{gt})]\} + \mathbb{E}_{I_{out} \sim P_g} \\ \{min[0, -1 - D(I_{out})]\} \end{aligned} \tag{5-13}$$

这里用到的生成对抗网络的损失函数是SN-PatchGAN（Spectral-Normalized Marko- vian Discriminator）[71]中提到的

hinge loss。P_{data}和P_g，分别代表了自然图像和生成图像的数据分布。G代表了MLA-Net的生成器；而D则代表了针对最终结果的全局判别器，它将生成的图像与原始图像进行分析和限制，从而使生成的数据更加接近原始图像的数据分布。

综合上述，针对最终生成结果的损失函数表示为：

$$L_{Global} = \alpha \times [\lambda_{12} + (L_1 + L_2) + \lambda_1^{hole} \times L_1^{hole}] + \beta \times L_{adv}\} \quad (5\text{–}14)$$

其中，λ_{12}和λ_1^{hole}分别取1和8 。而α和β的取值为10和0.1以平衡图像内容和数据分布的恢复。

此外，对于多层并行重建结果I_1、I_2和I_3，第i层对应的损失函数定义如5–15所示：

$$L_1^{sub}(i) = \mathbb{E}\| I_i - I_{128\times128}^{gt} \|_1 \quad (5\text{–}15)$$

其中，$L_1^{sub}(i)$指多层修复结构中第i个子网络重建结果的L_1损失项。$I_{128\times128}^{gt}$则是大小为128×128的原始图像。除此之外，第i个子网络重建结果的对抗生成网络损失项则表示为：

$$L_G^{sub}(i) = \mathbb{E}_{I_i \sim P_{gi}^{sub}}[D(I_i)] \quad (5\text{–}16)$$

$$L_D^{sub} = -\mathbb{E}_{I_{128\times128}^{gt} \sim P_{data}^{sub}}\{min[0, -1 + D(I_{128\times128}^{gt})]\} + \mathbb{E}_{I_i \sim P_i^{sub}}\{min[0, -1 - D(Ii)]\} \quad (5\text{–}17)$$

其中，p_{data}^{sub}和p_{gi}^{sub}分别代表第i层并行子网络中，自然图像和生成图像的数据分布。三层的PRS损失函数L_{sub}如5–18所示：

$$L_{sub} = a_{sub} \times \{\sum_{i=1}^{3}[\lambda_{L_{1\_i}^{sub}} \times L_1^{sub}(i)]\} + \beta_{sub} \times \sum_{i=1}^{3}[L_G^{sub}(i)] \quad (5\text{–}18)$$

其中，$\lambda_{L_{1\_1}^{sub}}$、$\lambda_{L_{1\_2}^{sub}}$ 和 $\lambda_{L_{1\_3}^{sub}}$ 分别取1、0.8和0.5。a_{sub}和β_{sub}的值为10和0.02以平衡不同子网之间，以及各个子网络中图像内容和数据分布的恢复。

随后，将针对最终结果和多层重建结果的损失项结合起来，得到MLA-Net最终的损失函数：

$$L = L_{Global} + L_{sub} \tag{5-19}$$

根据上述损失函数，全局的修复结果和多层并行重建结果都得到了优化，从而改进修复结果的准确性和视觉质量。

5.6 实验结果与分析

本章通过大量的实验验证MLA-Net的有效性。首先，介绍了本章实验的细节和设置。其次，对网络中各个模块的性能进行了分析和评估，其中包括对多层并行金字塔重建结构PRS和基于空间相似度的注意力机制SSA的分析。除此之外，MLA-Net还与大量先进的图像修复算法进行对比，从而说明本章提出的修复算法相比其他网络，也具有一定的优越性。

5.6.1 实验设置

为了验证MLA-Net的有效性，MLA-Net在建筑物数据集（Paris Streetview[63]）、脸部图像数据集（CelebA-HQ[85]、Flickr-Faces-High-Quality[87]和AFHQ[88]）和自然图像集（Places2[84]）上进

行了性能评估。对于数据集Places2、AFHQ和Paris Streetview，实验在数据集本身划分好的训练集和测试集中进行。对于CelebA-HQ数据集，则随机挑选2000张图像作为测试集，而其他的28000张图像用作训练集。而对于Flickr Faces High Quality（FFHQ），10000张图像被用作测试集，60000张图像作为训练集。此外，本章的算法依旧用Liu等人[65]发布的不规则掩码数据集，作为测试的掩码信息。

该算法在NVIDIA Titan XP（12GB）设备上进行验证，并且针对256×256和512×512的图像，进行了训练和测试。在训练阶段，用β_1和β_2分别为0.5和0.999的Adam算法[128]作为优化。并且在训练过程中，256×256和512×512的图像在每次迭代时，批量处理的数据量（BatchSize）分别为16和4，并且其学习率分别为0.0002和0.0001。对于256×256的图像来说，Places2数据集的模型训练需要8天，CelebA-HQ的训练需要4天。而它们在测试阶段，每幅256×256的图像，平均测试时间为0.028秒。

5.6.2 多层并行金字塔重建结构的性能分析

在MLA-Net中，为了从高层语义和浅层细节两方面分析和重建受损图像，设计了一个多层并行金字塔重建结构PRS实现对不同尺度的深层特征分析的目的。表5.1和图5.7显示了对PRS的性能分析。

表 5.1　单层结构和多层结构之间的对比（不包含 SSA）
Table 5.1　Comparison between one-level structures and three-level pyramid structure（without SSA）

评价指标	PSNR ↑	SSIM ↑	FID ↓	LPIPST ↓
单层结构	25.899	0.8704	5.0925	0.1307
多层结构	26.395	0.8786	4.4226	0.1231
多层结构+重建	26.467	0.8791	4.2636	0.1223
多层结构+重建+层间判别器	26.507	0.8802	4.1571	0.1201

注：↑：指标值越高越好。↓：指标值越低越好

在表5.1中，PSNR、SSIM、FID和LPIPS被用作评价指标，去验证MLA-Net的修复性能。PSNR和SSIM用来评估修复结果在像素域和结构域的好坏。FID和LPIPS则是从深度特征的角度去评价网络模型。较高的PSNR和SSIM表示更好的内容重建，而由于FID和LPIPS被证明与人类的感知判断是一致的，所以较低的FID和LPIPS表示了结果具有更好的视觉质量。在表5.1中列出了多层结构在Places2数据集上的比较，其中包括了单尺度结构模型、多层结构、包含I_1，I_2，I_3的多层重建结构、多层重建结构与层间判别器（PRS）。

从表5.1中所示的结果可以看出，PRS结构在PSNR和SSIM获得更高值的时候，FID和LPIPS也可以取得较好的结果。除此之外，图5.7展示了PRS结构在数据集Places2上的修复结果。从

图中可以看出，PRS在视觉上能够得到更好的结构一致性和纹理连续性。

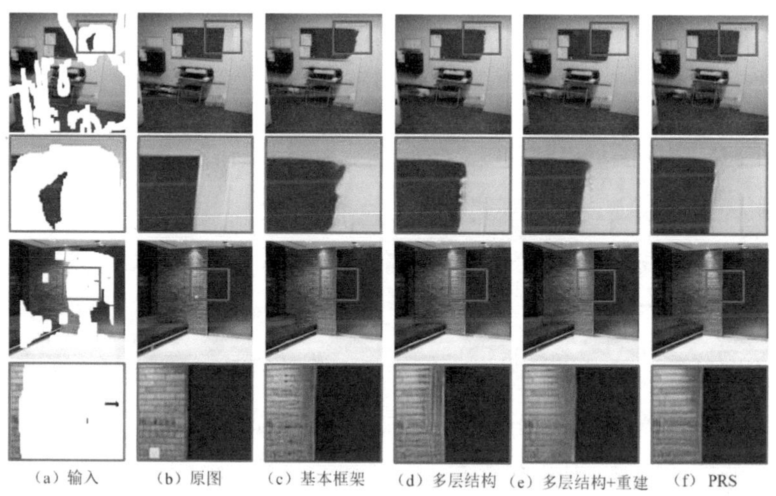

图 5.7 多层并行金字塔重建结构的视觉质量

Fig 5.7 The visual qualities of models with PRS

5.6.3 基于空间相似度的注意力机制性能分析

在本章中，基于空间相似度的注意力机制SSA被提出来，以提升修复结果的局部纹理连续性。在SSA中引入了一个空间图去计算空间相似性，使得SSA中相似度的计算，更加注重于重要的结构和细节，而不是对每一个特征元素都平等对待。如上图5.6所示，本章所提出的空间图相比原特征的平均图，突出了更多的复杂纹理和重要结构。而本章认为那些重要信息相似程度高的特征块，比起平均考虑所有信息来说更能为缺失区域引入更多的内容和细节，从而改善缺失区域恢复时的纹理连续性和视觉效果。这里，为了评估SSA的性能，将MLA–Net与没有SSA层的模型进行了比较。从图5.8和表5.2中可以看出，与平均特征图相比，空间图可以强调复杂的纹理或者重要的语义信息，无论是从视觉效果上还是客观指标上，空间图的引入优化了MLA–Net模型的修复性能。表5.2中的结果表明，与没有使用SSA的模型相比，用了SSA的模型，无论从像素和结构上还是从深度特征角度判断，都可以获得更好的结果。除此之外，图5.8展示了在自然图像数据集Places2上，使用了SSA层的模型可以提高局部连续性的性能，使图像具有更多的细节和更连贯的纹理。

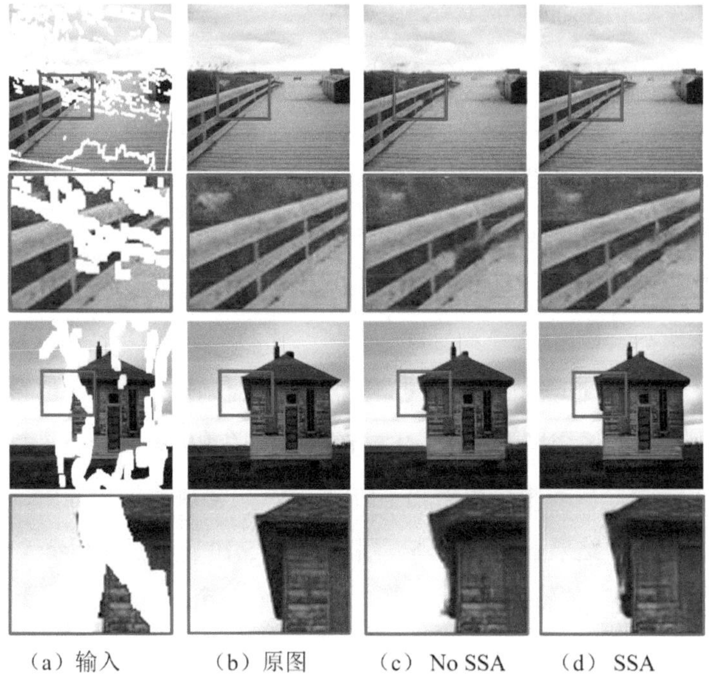

图 5.8 使用和未使用SSA的修复结果

Fig 5.8 The results of models without attention mechanism (w/o Attention) and with SSA

表 5.2 使用和未使用注意力机制的模型对比

Table 5.2 The results of models with and without SSA layers

评价指标	PSNR ↑	SSIM ↑	FID ↓	LPIPS ↓
不包含SSA	26.507	0.8802	4.1571	0.1201
MLA-Net(包含SSA)	26.514	0.8803	3.9648	0.1177

注：↑：指标值越高越好。↓：指标值越低越好。

5.6.4 与现有方法的对比分析

为了评估本章提出的MLA-Net模型，将在MLA-Net中修复的256×256和512×512的结果与其他修复算法在客观评估和视觉质量两方面上进行了比较。

（1）在256×256图像中的验证

表5.3显示了Places2数据集在256×256尺寸上的结果。如表中所示，将MLA-Net与DF-Net[129]、E2I[70]、MEDFE[69]、PEN-Net[73]、FreeForm[71]和RN[67]进行了比较（这里，E2I的结果取自于论文中。其他结果由算法提出的作者提供的预训练模型，进行测试生成）。从表中可以看出，MLA-Net在客观评价指标中，获得了更好的结果。除此之外，图5.9和图5.10显示了在Places2上修复的视觉质量。在图5.9中，DF-Net、E2I、MEDFE、PEN-Net是基于多尺度的修复网络结构。从图中可以看出，MLA-Net的结果更接近原始图像，并且显示出了更合理的图像结构。而图5.10中，为了显示SSA的有效性，将本章提出的MLA-Net与深度特征优化的方法FreeForm和RN进行了比较。与这些方法不同，SSA的设计中引入了空间图来计算空间相似度，以在强调重要的结构纹理信息的同时，还建立了缺失区域和已知区域中特征块的连接。如图5.10所示，MLA-Net网络可以获得更加生动的细节和更好的局部连续性。

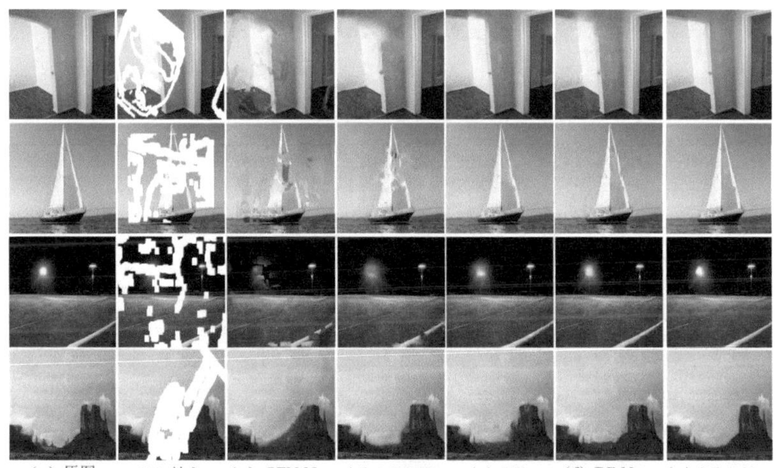

（a）原图 （b）输入 （c） PEN-Net （d）MEDFE （e）E2I （f）DF-Net （g）MLA-Net

图 5.9 在 256 × 256Places2 数据集下对比 MLA-Net 与修复算法 PEN-Net 、MEDFE 、E2I 和 DF-Net

Fig 5.9 Comparison with PEN-Net，MEDFE，E2I and DF-Net on Places2 dataset（256 × 256）

除此之外，表5.4和图5.11展示了MLA–Net在CelebA–HQ数据集上，与算法RFR[130]、DF–Net[129] 、FreeForm[71]的比较。表5.4显示出，与其他修复算法相比，MLA–Net可以获得更好的结果。图5.11显示出MLA–Net的人脸修复也在面部特征的恢复和颜色的一致性上得到了更好的视觉效果。之后，为了更进一步地证明所提出修复网络的普适性，MLA–Net还在其他的脸部数据集FFHQ、AFHQ和建筑物Paris Streetview数据集上做了验证，如图5.12、图5.13。它们显示了MLA-Net可以应用于恢复不同领域中损坏的图像。

表 5.3　在 256×256 的 Places2 数据集上对比 MLA-Net 与其他图像修复算法

Table 5.3　Comparison between MLA-Net and other inpainting methods on Places2 dataset (256×256)

评价指标	丢失区域	DF-Net	E2I	MEDFE	PEN-Net	Free Form	RN	MLA-Net
PSNR ↑	(0.01, 0.1]	34.008	34.785	33.431	30.393	34.467	34.039	35.977
	(0.1, 0.2]	28.336	28.415	27.562	24.546	28.403	28.878	29.818
	(0.2, 0.3]	25.189	25.140	24.333	21.575	25.001	25.780	26.484
	(0.3, 0.4]	22.997	22.737	22.100	19.641	22.634	23.522	24.207
	(0.4, 0.5]	21.227	20.939	20.344	18.070	20.743	21.609	22.449
SSIM ↑	(0.01, 0.1]	0.9835	0.9755	0.9816	0.9667	0.9848	0.9817	0.9883
	(0.1, 0.2]	0.9513	0.9320	0.9440	0.9026	0.9528	0.9534	0.9635
	(0.2, 0.3]	0.9045	0.8780	0.8891	0.8182	0.9052	0.9133	0.9264
	(0.3, 0.4]	0.8468	0.8163	0.8216	0.7263	0.8460	0.8621	0.8795

续表

评价指标	丢失区域	DF-Net	E2I	MEDFE	PEN-Net	Free Form	RN	MLA-Net
SSIM ↑	(0.4, 0.5]	0.7771	0.7488	0.7416	0.6226	0.7751	0.7958	0.8225
FID ↓	(0.01, 0.1]	0.3337	0.5558	0.4336	0.9931	0.2148	0.4618	0.1757
	(0.1, 0.2]	1.2448	1.6947	2.3042	5.2949	0.8262	1.4172	0.6929
	(0.2, 0.3]	3.3252	3.3392	7.0713	15.0685	2.1580	3.2551	1.8497
	(0.3, 0.4]	6.9713	5.9411	15.3362	27.9554	4.4309	6.3072	4.1258
	(0.4, 0.5]	13.2861	9.6803	28.0923	44.0610	8.1854	11.8325	8.5974
LPIPS ↓	(0.01, 0.1]	0.0246	—	0.0246	0.0397	0.0169	0.0312	0.0145
	(0.1, 0.2]	0.0566	—	0.0657	0.1034	0.0452	0.0644	0.0405
	(0.2, 0.3]	0.0952	—	0.1187	0.1755	0.0827	0.1031	0.0768
	(0.3, 0.4]	0.1364	—	0.1756	0.2434	0.1256	0.1446	0.1209
	(0.4, 0.5]	0.1842	—	0.2375	0.3134	0.1755	0.1966	0.1748

注：↑：指标值越高越好。↓：指标值越低越好。

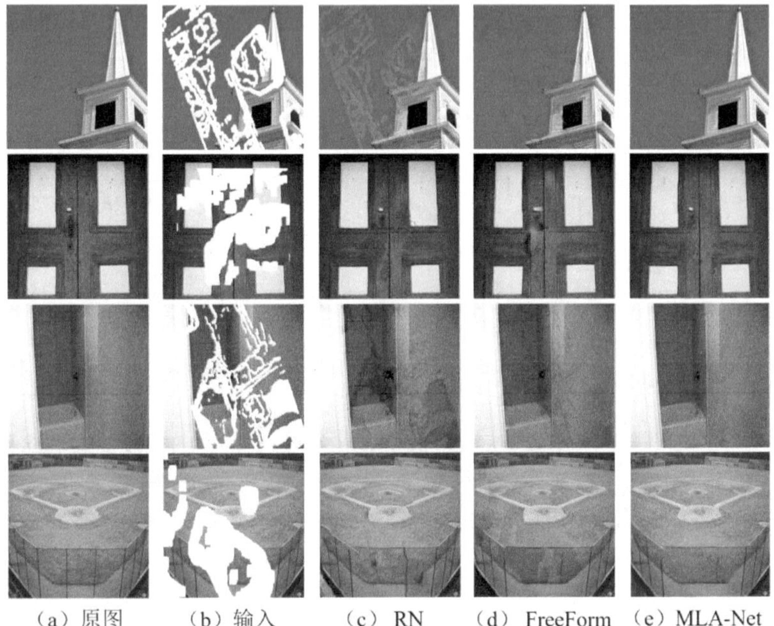

图 5.10　在 256 × 256 的 Places2 数据集下对比 MLA-Net 与修复算法 FreeForm 和 RN

Fig 5.10　Comparison with FreeForm and RN on Places2 dataset（256 × 256）

图 5.11　在 256 × 256 的 CelebA-HQ 数据集下对比 MLA-Net 与修复算法 FreeForm、DF-Net 和 RFR

Fig 5.11　Comparison with FreeForm，DF-Net and RFR on CelebA-HQ dataset（256 × 256）

图 5.12　在 256 × 256 下的 FFHQ 和 AFHQ 数据集的修复结果

Fig 5.12　Face inpainting on FFHQ and AFHQ datasets（256 × 256）

图 5.13　在 256 × 256 的 Paris Streetview 数据集下对比 MLA-Net 与修复算法 RFR 和 MEDEF

Fig 5.13　Comparison with MEDFE[39] and RFR[130] on Paris dataset（256 × 256）

表 5.4　在 256 × 256 的 CelebA-HQ 数据集下对比 MLA-Net 与其他修复算法

Table 5.4　Comparison between MLA-Net and other inpainting methods on CelebA-HQ dataset（256 × 256）

评价指标	丢失区域	RFR	DF-Net	FreeForm	MLA-Net
PSNR ↑	（0.01，0.1]	38.973	38.129	37.300	39.097
	（0.1，0.2]	32.883	31.799	31.648	33.029
	（0.2，0.3]	29.564	28.357	28.474	29.793
	（0.3，0.4]	27.062	25.787	26.057	27.314

续表

评价指标	丢失区域	RFR	DF-Net	FreeForm	MLA-Net
PSNR ↑	(0.4，0.5]	25.051	23.755	24.144	25.380
SSIM ↑	(0.01，0.1]	0.9940	0.9926	0.9920	0.9942
	(0.1，0.2]	0.9812	0.9756	0.9761	0.9818
	(0.2，0.3]	0.9623	0.9503	0.9538	0.9646
	(0.3，0.4]	0.9356	0.9146	0.9239	0.9405
	(0.4，0.5]	0.9011	0.8701	0.8871	0.9104
FID ↓	(0.01，0.1]	0.8025	0.8958	1.1161	0.7970
	(0.1，0.2]	2.0739	2.2871	2.7535	1.9718
	(0.2，0.3]	3.8382	4.4106	4.7423	3.3984
	(0.3，0.4]	5.9401	7.0377	7.2623	4.9156
	(0.4，0.5]	8.3729	9.8626	9.9521	6.8813
LPIPS ↓	(0.01，0.1]	0.0091	0.0101	0.0126	0.0082
	(0.1，0.2]	0.0235	0.0279	0.0325	0.0217
	(0.2，0.3]	0.0419	0.0510	0.0565	0.0388
	(0.3，0.4]	0.0728	0.0785	0.0844	0.0604
	(0.4，0.5]	0.0925	0.1105	0.1156	0.0869

注：↑：指标值越高越好。↓：指标值越低越好。

（2）在512×512图像中的验证

为了说明MLA-Net在512×512图像中的性能，本章所提修复算法在数据集Places2和FFHQ上进行了评估。修复结果如表

5.5所示，所提出的MLA-Net可以在PSNR和SSIM上获得更好的结果，即在像素域和图像结构的恢复中获得更加准确的结果。而CO-MOD[77]获得了更低的FID和LPIPS，即从深度特征的判断出发，具有更好的视觉效果。但是在对修复结果的主观质量进行观察时发现，在只关注视觉质量时，可能会导致太多没必要的纹理或者图像内容。如图5.14、图5.15和图5.16所示。在图5.14的最后一列，CO-MOD在山顶生成了一棵树。虽然主观上看修复图像是合理的，但生成物体的大小却与现实不符。除此之外，图5.15和图5.16的人脸修复中，面部也出现了过多的皱纹。比如图5.16中，CO-MOD算法修复的是小男孩面容，却出现了老年人的皱纹。

5.6.5 去除遮挡物

目标去除是图像修复中的一个重要应用，当进行遮挡物去除时，其目标是保证遮挡物所在区域与周围环境保持一致。图5.17中展示了一些遮挡物去除的修复结果，并将其与FreeForm、DF-Net和PEN-Net进行了比较。图中的结果表明，所提出的MLA-Net能够自然、真实地去除自然图像和人脸图像中的一些不必要的物体，例如照片中的游客和人脸图像中的帽子。

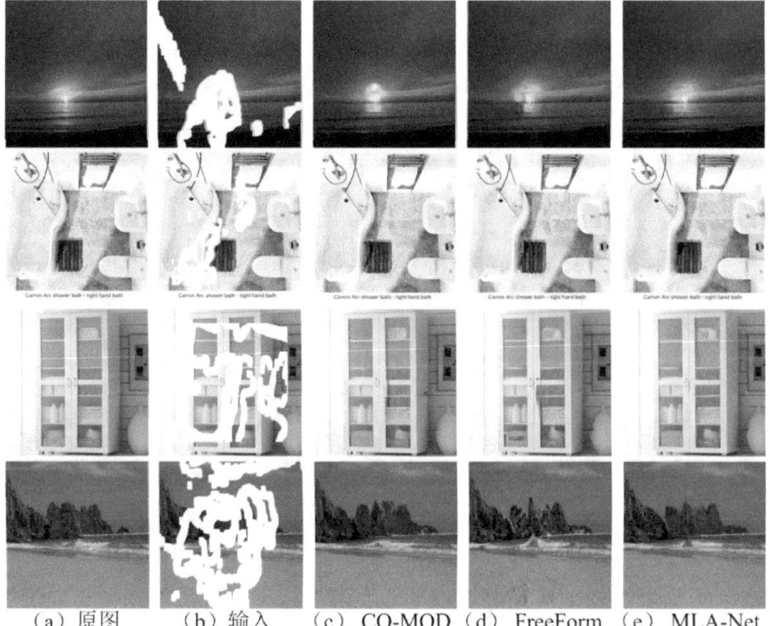

图 5.14 在 512 × 512 的 Places2 数据集下对比 MLA-Net 与修复算法 CO-MOD 和 FreeForm

Fig 5.14 Comparison with CO-MOD [77] and FreeForm [71] on Places2 dataset (512 × 512)

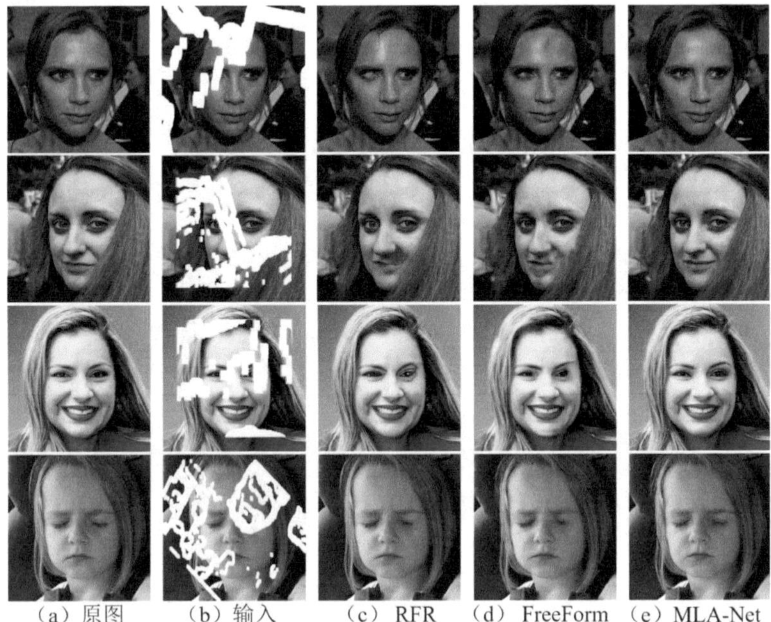

图 5.15　在 512 × 512 的 FFHQ 数据集下对比 MLA-Net 与修复算法 RFR[130] 和 FreeForm[71]

Fig 5.15　Comparison with RFR [130] and FreeForm [71] on FFHQ dataset （512 × 512）

图 5.16 在 512 × 512 的 FFHQ 数据集下对比 MLA-Net 与修复算法 CO-MOD[77]

Fig 5.16 Comparison with CO-MOD[77] on FFHQ dataset（512 × 512）

表 5.5 在 512 × 512 的数据集 Places2 和 FFHQ 上的修复结果

Table 5.5 MLA-Net results on Places2 and FFHQ datasets（512 × 512）

	测试集	训练集	算法	PSNR ↑	SSIM ↑	FID ↓	LPIPS ↓
自然图像	Places2	Places2	CO-MOD	25.437	0.8699	1.0315	0.0997
			FreeForm	25.553	0.8747	2.4754	0.1044
			MLA-Net	26.735	0.8918	2.2901	0.1006

续表

	测试集	训练集	算法	PSNR ↑	SSIM ↑	FID ↓	LPIPS ↓
人脸图像	FFHQ	FFHQ	CO–MOD MLA–Net	29.666 30.798	0.9283 0.9396	0.8157 1.0659	0.0629 0.0631
		CelebA–HQ	RFR FreeForm MLA–Net	29.838 28.822 30.254	0.9194 0.9083 0.9339	4.4537 3.7692 1.6546	0.0826 0.1072 0.0736

注：↑：指标值越高越好。↓：指标值越低越好。

图 5.17　在 256 × 256 的 Places2 和 CelebA-HQ 数据集下遮挡物去除结果

Fig 5.17　Removing occlusions on place2 and CelebA-HQ datasets（256 × 256）

5.7 本章小结

本章提出了基于空间相似度的多层并行增强修复算法MLA-Net，通过建立层内特征块以及多层特征之间的联系，增强特征的表征能力。在MLA-Net中，设计了多层并行金字塔重建结构PRS对不同尺度特征的解码和融合，将细节纹理嵌入到特征结构信息中。对于PRS中的每一层，为了保证修复区域和已知区域的纹理连续性和视觉一致性，设计了基于空间相似性的注意力机制SSA，通过相似度加权的已知区域空间信息辅助修复缺失区域。在计算相似度时，为了避免因为平均对待特征中重要和不重要区域而导致的纹理平滑，SSA引入了空间图强调特征中重要的纹理和结构，从而改善修复结果的视觉连通性和纹理一致性。随后，这些经过修复解码的多层特征和它们对应的重建图像被进一步地融合，生成最终的修复结果。所提出的MLA-Net在建筑物图像集、脸部图像集和自然图像集中进行了评估验证。从实验结果可以看出，MLA-Net在视觉效果和内容准确性上都展现出了优越性。

⑥ 图像内部空间和外部语义引导下的多元生成修复算法

前几章对人脸图像、自然图像等进行了修复，并且在修复过程中考虑了内容准确性和视觉连通性。但这些算法只能为受损图像生成一个修复结果。然而图像修复是一项高度依赖主观视觉的任务，不同的人对受损图像有自己的解读。因此，单一的修复结果很难满足不同人群的多元化需求。为了在修复准确性的基础上实现结果的多样性，本章提出了图像内部空间和外部语义引导下的多元生成修复算法（self-synthesis and Instance-awared Diverse Generative Inpainting Network，DGI-Net）实现修复结果的多样性。该网络将内容修复和结果多样性分为两个阶段：基于块匹配的自修复阶段和参考信息下多样性生成阶段。在自修复阶段中，将所有已知区域的特征块进行加权计算，并引入到未知区域中，会由于引入不相关的已知特征导致修复结果的模糊。因此，为了获得更多的细节信息，除了特征块以外，还通过图像块匹配机制为缺失区域引入最相似的已知图像块，增强修复特征的表征能力。而多样性生成阶段则为初步修复的特征引入同类型完整图像作为参考信息，并依据其参考图像的不同，实现修复结果的多样性。在CelebA-HQ和Places2数据集上的实验表明，DGI-Net可以在实现多样性的同时，保证视觉质量和语义准确性。

6.1 引言

早期通过纹理合成进行图像修复的方法[96，131]，趋向于用已知区域中最相似的样本块填充未知区域。然而，当缺失区域与可用区域内容和纹理完全不同时，这些方法得到的结果在修复内容精度和视觉质量上都不理想。为了引入离缺失区域较远的空间信息，一些图像修复网络开始对已知区域特征进行分块，并通过相似度加权等方法，将已知区域信息引入到未知区域中[71，75，76，83，132]。例如，Yang等人[75]在多尺度下的修复网络中，将未知区域的特征分块，与已知区域中最相似的特征块进行匹配，并通过损失函数，对其进行匹配和约束。然而，损失函数的方法，并没有直接将空间信息引入到网络训练的过程中。随后，Yu等人[76]提出的基于上下文的注意力机制，将已知区域的特征块作为卷积滤波器，通过余弦相似度为已知区域信息加权，之后再引入到缺失区域中。虽然这些方法可以有效地将空间信息直接引入到待修复区域中，改善修复区域的纹理细节，但在这过程中全部已知区域的特征块都参与了相似度加权，可能会引入不相关的信息，从而导致模糊的恢复结果。针对上述局限性，本章在特征块加权基础上，将传统的样本块匹配方法与深度学习网络相结合，提出了一个基于图像块匹配方法，挑选最相似的图像块信息，辅助网络生成，更加具有视觉连通性的修复结果。

此外，考虑到图像修复是一项高度依赖于主观视觉的任务，于是研究者们提出了可以生成多元修复结果的修复网络[79–83，133，134]。比如，Zheng等人[83]将GAN网络和变分自编码器（Variational AutoEncoder，VAE）[133]结合起来实现多元图像修复。Liu等人[81]提出了基于概率多样性，实现多元修复的网络模型（Probabilistic Diverse GAN，PD–GAN）。以及Peng 等人[82]通过矢量量化VAE模型（Vector Quantised–variational AutoEncoder，VQ–VAE），从结构到纹理逐步形成多样的修复结果。虽然这些方法一定程度上实现了生成多个修复结果，但是它们将缺失内容的生成和多样性的实现混在一起进行，它对图像修复的准确性有一定的影响。因此，本章提出了图像内部空间和外部语义引导下的多元生成修复网络DGI–Net，该网络将内容修复和多样性生成分为两个阶段。具体而言，在DGI–Net中设计了一个基于块匹配的自修复阶段来初步填充缺失区域。在这个阶段中，通过为受损图像的缺失区域和已知区域建立内部联系，从而修复和优化缺失区域中的特征，以引入更多的细节或纹理信息。在参考信息下的多样性生成阶段中，首先将包含完整语义信息的图像作为实例来约束修复结果，使其在语义上更接近真实的图像。与此同时，还增加了随机向量来增加修复结果的多样性，使得在同一实例下，也可以产生不同的修复结果。

总得来说，本章的主要贡献点为：（1）提出了一个图像内部空间和外部语义引导下的多元生成修复网络，将图像的修复和多样性生成划分为两个阶段：基于块匹配的自修复阶段和参考信息下多样性生成。该网络使得在生成多个修复结果的同时，也能保证图像修复的准确性。（2）在基于块匹配的自修复阶段，在考虑特征层面上样本块注意力机制的同时，还提出了一个基于相似度的图像块匹配机制（Similarity based patch Matching Strategy，SPMS）。它在网络训练阶段，直接引入了图像级的空间信息，以优化训练特征的细节信息。（3）在参考信息下多样性生成阶段，为修复网络引入具有完整语义的实例图像，并根据实例信息的不同，引导修复网络生成多样化的修复结果。

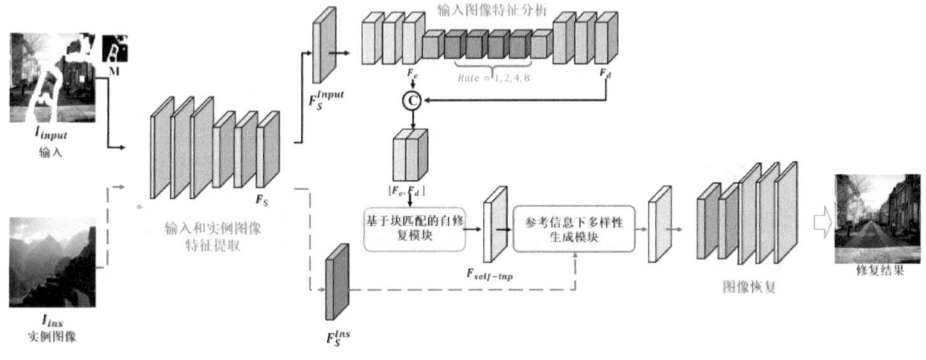

图 6.1　DGI-Net 的网络结构

Fig 6.1　overview of DGI-Net

6.2 多元生成修复网络结构

本章提出了在图像内部空间和外部语义引导下的多元生成修复网络DGI–Net，该网络由基于块匹配的自修复阶段和参考信息下多样性生成两个阶段组成。如图6.1所示，在DGI–Net中，从训练集中随机获取的完整实例图像I_{ins}，与受损图像一同输入到网络中I_{input}。然后网络通过一系列的卷积层，对I_{ins}和I_{input}分别进行特征提取，从而得到包含浅层纹理或细节的深度特征F_S^{ins}和F_S^{input}。其中，F_S^{input}是受损图像的特征，而F_S^{ins}是实例图像相对应的特征。在输入图像特征分析模块中，为了充分地分析图像在更深层次的语义和结构特征，进一步通过空洞率为1 、2 、4、8

的空洞卷积，从小的感受野到大的感受野，逐步地去修复和预测缺失的图像内容。根据图6.1，编码特征F_e和空洞卷积后的解码特征F_d连接起来，作为基于块匹配的自修复阶段的输入。其中，相对于F_d，F_e包含了更多已知区域的细节；而F_d经过一系列的空洞卷积后，其丢失区域中，包含了更多的预测信息。在这里，为了视觉的连通性和重建图像的准确率，设计了基于块匹配的自修复模块，用于分析图像中缺失区域和已知区域特征块之间的内在联系。而经过自修复模块后，特征$F_{self\text{-}inp}$进一步地与实例特征F_S^{ins}结合，一同输入到参考信息下多样性生成模块中，以在探索生成图像与实例图像之间的外部联系的同时，实现生成结果的多样性。

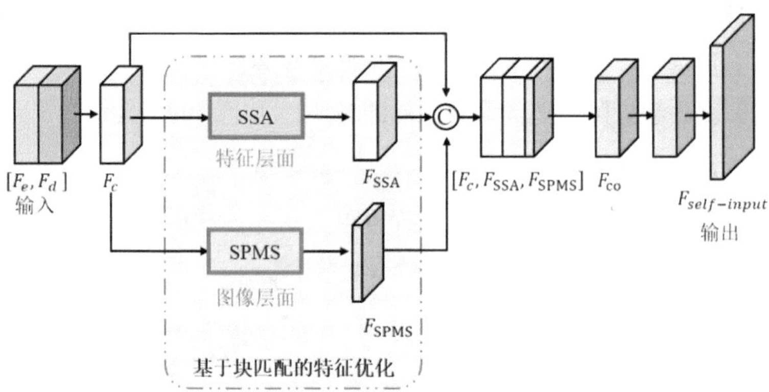

图 6.2　基于块匹配的自修复阶段
Fig 6.2　The stage of self-inpainting module

6.3 基于块匹配的自修复阶段

如图6.2所示，为了准确地恢复破损图像，设计了一个自修复模块。通过在特征块和图像块两个层面上，建立缺失区域和已知区域之间的内部联系来改进修复特征。这里，特征$[F_d, F_e]$被输入到自修复模块中，首先通过卷积操作，融合成特征F_c。随后，为了引入更多的细节信息，F_c经过基于空间相似度的特征块注意力机制SSA和基于相似度的图像块匹配机制SPMS两个分支，分别得到特征F_{SSA}和F_{SPMS}。其中，F_{SSA}的生成是在特征层面上，将已知区域特征引入到未知区域中。具体来说，延用了第五章提出的注意力机制，通过相似度为每个已知的特征块加权，最终将已知区域特征引入到未知区域中。而F_{SPMS}的生成，则是延用了传统图像修复算法中基于样本块的思想，在神经网络中通过相似度为缺失区域选择最相似的图像块，将重建的图像信息引入到未知区域中。随后，F_c与F_{SSA}、F_{SPMS}相结合，并通过一系列的卷积操作进行信息融合。该过程可以表示为公式6–1：

$$F_{self\text{-}inp}=f([F_c, F_{SSA}, F_{SPMS}]) \tag{6-1}$$

其中，$f(\cdot)$代表卷积层处理，而得到的特征$F_{self\text{-}inp}$，是自修复模型的输出。由于F_{SSA}的获取在第五章中有详细的介绍，所以这里将着重介绍图像块匹配机制特征F_{SPMS}的获取。

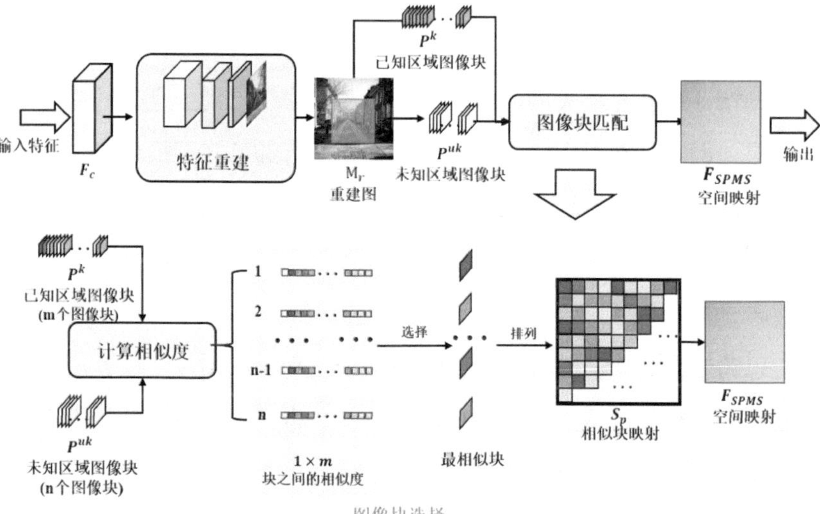

图 6.3 基于内容的特征块匹配机制的结构

Fig 6.3 The structure of SPMS

6.3.1 基于相似度的图像块匹配机制

在传统的基于纹理合成的图像修复网络中，倾向于将相似的或者相关的图像块直接复制引入到缺失区域中，以保证在纹理细节上的修复。而基于深度学习的图像修复工作中，Yang等人[75]通过损失函数将缺失区域中的特征块与最相似的特征块进行比较，以约束生成的内容更加接近相似块。然而，它在训练过程中，很难将空间信息直接嵌入到缺失区域中进行网络优化。而Yu等人的方法[76]和Liu等人[132]的方法提出了基于特征块的注意力机制，它用余弦相似度为已知区域特征块进行加权，并用加权后的特征来填充缺失的内容。虽然这些工作都得到了良好的修复结果，但它们在引入已知特征块时，为所有的已知特征块进行了加权处理，并未进行特征选择，这有可能因为已知区域中不相关纹理的引入，导致生成结果的模糊或者纹理扭曲。针对这些局限性，设计了基于相似度的图像块匹配机制SPMS。本章将上述两类思路结合起来，并且受到传统的基于纹理合成图像修复算法的启发，为缺失区域选择最相似的图像，并将其直接引入到相应空间位置，对网络进行优化。

SPMS的结构图如图6.3所示，输入特征F_c首先通过一系列3×3的卷积层，生成初步的重建结果图M_r，如公式6-2所示：

$$M_r = f_{fr}(F_c) \tag{6-2}$$

其中，$f_{fr}(\cdot)$代表图6.3中的特征重建部分，得到的重建图M_r则被用来进行分块，并服务于后续在图像层面的块匹配。

随后，M_r被进一步分为了大小为$h\times h$的已知区域的图像块P^k和缺失区域图像块P^{uk}。本节设置h为3。此外，$P_i^k(x', y')$代表了中心元素为(x', y')的第i个已知图像块；$P_j^{uk}(x, y)$则代表了中心元素为(x, y)的第j个未知图像块。那么，$P_i^k(x', y')$和$P_j^{uk}(x, y)$的余弦相似度计算如下所示：

$$S_{i,j}(x, y) = \frac{\sum_{b=1}^{n_p}[P_{i,b}^k(x', y') \times P_{j,b}^{uk}(x, y)]}{\|P_i^k(x', y')\| \cdot \|P_j^{uk}(x, y)\|} \tag{6-3}$$

假设M_r中包含了m个已知区域的图像块，n个未知区域的图像块。n_p为每一个图像块包含的像素个数。$S_{i,j}(x,y)$则代表了中心元素为(x,y)的第j个未知图像块$P_j^{uk}(x,y)$与第i个已知图像块$P_i^k(x',y')$的相似度。当第j个未知区域特征块$P_i^k(x',y')$在与所有m个已知区域的特征块进行相似度计算后，得到一个大小为$1\times m$的相似度向量$S_j(x,y)=\{S_{1,j}(x,y),\cdots,S_{i,j}(x,y),\cdots,S_{m,j}(x,y)\}$在后续描述中，简单地以$S_j$代表。那么，对于$n$个未知区域图像块，经过相似度计算后可以得到$n$个大小为$1\times m$的相似度向量$\mathrm{S}=\{S_1,\cdots,S_j,\cdots,S_n\}$。

根据这些相似向量，为M_r中每一个未知区域的图像块选择一个最相似的已知区域块，将其引入到相应未知中指导缺失区域的内容修复。由于本章中的网络既针对规则区域又针对不规则缺失区域进行修复，难以通过分块来明确界定已知区域的特征块P_r^k和P_r^{uk}未知区域特征块。因此本章中对于所有的特征块，都通过特征匹配的方式找到最相似的已知区域图像块。随后，将选择好的相似块进行重新排列，并将相似的特征块放置在相对应的位置，形成一张大小为$(h\times w_r)\times(h\times h_r)$的相似块映射图$S_P$。其中，$w_r\times h_r$为重建图$M_r$的大小。举例来说，对于缺失区域像素$(x,y)$，先找到以它为中心的特征块$P_r^{uk}(x,y)$，然后用它与已知区域块进行对比，从而选择出与它最相似的特征块$P_s(x,y)$，然后再用这个3×3的特征块代替特征元素(x,y)，将这个块重新排列进相似块映射图中的第x行、第y列的地方。随后，通过卷积操作对应分析每个特征元素与整个相似特征块之间的关系，选择3×3的卷积核，以及步长（Stride）为3的操作，使得卷积核每次操作都正好覆盖一个相似块。通过卷积的操作寻找相似块P_s（x，y）和像素（x，y）之间的关系，从而将$h\times h$的块整合为一个元素值，并置于对应位置，得到相应的特征元素（$\hat{x}$，$\hat{y}$）。因此，整张S_P经过处理，得到如图6.3中大小为$w_r\times h_r$的空间映射图F_{SPMS}。

为了说明基于块匹配自修复阶段的有效性，在图6.4中展示了特征的可视化结果。在图中，F_C、F_{SSA}、F_{SPMS}和F_{co}对应图6.2中的特征；M_r和S_p对应图6.3中的特征。其中，F_C为自修复阶段中的输入特征，F_{SSA}为基于空间相似度的注意力机制SSA之后，在未知区域引入相似度加权的已知特征块的结果。并且为了验证基于相似度的图像块匹配SPMS的有效性，F_{SPMS}、M_r和S_p被提取出来。这里，M_r用于图像块匹配的重建图像，S_p为块匹配后，包含了最相似块信息的映射结果。F_{SPMS}为S_p被进一步分析和优化后得到的特征。即，F_{SPMS}为本章所提出基于相似度的图像块匹配机制下所得结果。最终，F_C、F_{SSA}、F_{SPMS}三者融合后，得到特征F_{co}。其中不光包含了的相似度加权后的已知区域特征信息，还包含了图像块匹配后最相似的图像块信息。从图6.4中可以看出，相比于输入特征F_c，F_{co}在图像表征能力上明显增强。

图 6.4 基于块匹配的自修复的特征可视化：F_c、F_{SSA}、F_{SPMS}和F_{co}对应图6.2中的特征；M_r和S_p对应图6.3中的特征

Fig 6.4 Feature visualization of self-inpainting module: F_c, F_{SSA}, F_{SPMS} and F_{co} correspond to the features in Fig. 6.2. And M_r and S_p correspond to the features in Fig. 6.3

6.4 参考信息下多样性生成阶段

在参考信息下多样性生成阶段，引入了包含完整语义信息的现实图像作为参考实例，通过建立修复图像特征与参考实例图像特征之间的外部联系，以生成修复结果的多样性。如图6.5所示，特征多样性的生成包含了语义信息编码和语义融合两部分。首先通过语义编码模块中一系列的卷积操作，对特征进行分析和整

理，提取出其中的语义信息。该过程可以表示为公式6–4：

$$V = f_{se}(F) \tag{6–4}$$

其中，F分别为初步修复好的受损特征$F_{self\text{-}inp}$和它相应的参考实例F_S^{ins}。而经过语义编码模块$f_{se}(\cdot)$，$F_{self\text{-}inp}$和F_S^{ins}被分别提取和编码为特征$V_{self\text{-}inp}$和V_{ins}。随后，$V_{self\text{-}inp}$和V_{ins}再与随机矩阵V_{rand}做如下结合，以实现特征的多样性：

$$V_d = V_{self\text{-}inp} + V_{ins} + V_{rand} \tag{6–5}$$

其中，V_d为生成的多样性特征，它的多样性首先依赖于随机的完整实例图像特征V_{ins}。随后V_{rand}的引入，则是当实例图像相同的情况下，也能生成不同的

修复结果。V_d通过几个卷积层，被进一步地解码和重构，从而得到具有多样性的修复特征F_{sf}。最后，语义融合结果F_{sf}进一步地与实例特征F_S^{ins}融合得到如下结果：

$$F_d = F_S^{ins} + F_{sf} \tag{6–6}$$

其中，F_d就是所得到的具有多样性的特征，它的多样性不止依赖于随机实例图像特征F，也依赖于随机矩阵V_{rand}。

图6.6展示了特征的可视化结果。其中$F_{self\text{-}inp}$、F_{sf}和F_d分别对应于图6.5中的特征。$F_{self\text{-}inp}$为上一阶段基于块匹配的自修复结果。F_d为与实例图像的语义融合后的解码特征。F_d是在语义融合后再加入实例图像的空间信息的特征。从图中可以看出，在与不同实例图像进行融合后，F_{sf}和F_d可以呈现出不同的变化，从

而生成具有多样性的修复结果。

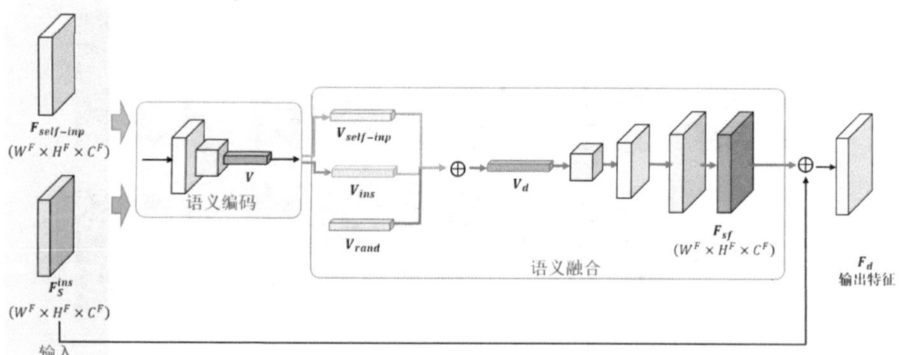

图 6.5 参考信息下多样性生成阶段的结构

Fig 6.5 The structure of reference-based diverse generation

6.5 损失函数设计

在本节中，用I_{in}来表示DGI-Net的输入，其对应的实例图像为I_{ins}，掩码矩阵为M。M是一个二进制矩阵，其中缺失区域中的像素为1，已知部分为0 。I_{ins}则是从训练集中随机获取的完整实例图像。I_{gt}是原始图像，I_{out}是DGI-Net的最终修复结果。在这里，损失函数主要包含了两方面：内容重构和多样性实现。

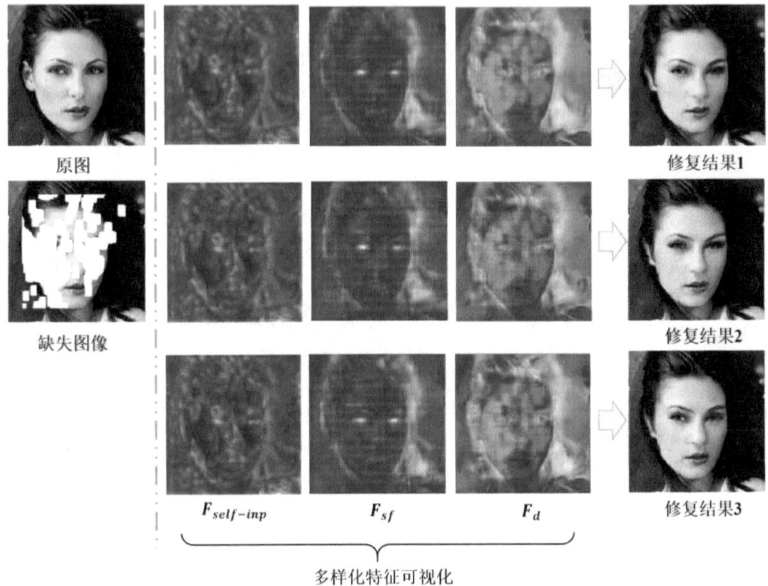

图 6.6 参考信息下多样性生成阶段的特征可视化：$F_{self\text{-}inp}$、F_{sf}和F_d分别对应于图6.5中的特征

Fig 6.6 The visualization of features in reference-based diverse generation: $F_{self\text{-}inp}$, F_{sf} and F_d correspond to the features in Fig. 6.5

在内容重建中，将L_1和L_2引入到损失函数中去表示I_{gt}和I_{out}的像素级差异：

$$
\begin{aligned}
L_1 &= \mathbb{E}(\| I_{out} - I_{gt} \|_1) \\
L_2 &= \mathbb{E}(\| I_{out} - I_{gt} \|_2)
\end{aligned}
\tag{6-7}
$$

其中，$\mathbb{E}(\cdot)$代表平均值，而$\|\cdot\|_1$和$\|\cdot\|_2$分别代表了1范数和2范数。除此之外，在自修复阶段中，为了在图像层进行相似块匹配，首先在基于相似度的局部块匹配机制中进行了如下的图

像重建：

$$L_{pm} = \mathbb{E}(\| M_r - I_{gt}^{w_r \times h_r} \|_2) \tag{6-8}$$

其中，M_r如图6.2所示，是局部块匹配机制中的重建图像，而$I_{gt}^{w_r \times h_r}$是大小为$w_r \times h_r$的原始图像。w_r和h_r分别对应M_r的宽和高，在本章中，$w_r = \frac{W}{4}$，$h_r = \frac{H}{4}$。W和H分别代表了输入图像的宽和高。综上所述，关于内容重建，其损失函数可以计算如下：

$$L_{cr} = \lambda_1 L_1 + \lambda_2 L_2 + \lambda_{pm} L_{pm} \tag{6-9}$$

其中，为了平衡L_1、L_2和L_{pm}，λ_1、λ_2和λ_{pm}的值分别为4、1、1。

在多样性实现中，为了重建结果的多样性，本章为图6.5的$V_{self\text{-}inp}$和V_{ins}加入了交叉熵函数，使其在数据分布上更加接近引入的实例图像，从而增加其生成多样性。交叉熵公式计算如下：

$$L_{cross\ entropy} = -\sum_{i=0}^{n} V_{ins}(i) \log[V_{self\text{-}inp}(i)] \tag{6-10}$$

其中，n是$V_{self\text{-}inp}$的大小，$n = h_v \times w_v \times c_v$。

除此之外，本章使用了SN–PatchGAN[71]中的损失函数hinge loss来实现判别器和生成器的对抗过程。其中，生成器和判别器的损失函数L_G和L_D如下所示：

$$L_G = \mathbb{E}_{z \sim P(z)}\{D[G(z)]\} \tag{6-11}$$

$$L_D = -\mathbb{E}_{I_{gt} \sim P_{data}}\{min[0, -1 + D(I_{gt})]\} + \mathbb{E}_{I_{in} \sim P_g}\{min[0, -1 - D(G(I_{in}))]\} \tag{6-12}$$

其中，P_{data}和P_g分别代表了真实数据分布和生成结果的数据分布。

综合所有上述损失项，DGI–Net的损失函数可以表示为：

$$L=\lambda_{cross\_entropy}L_{cross\_entropy}+\lambda_G L_G+\lambda_{cr}L_{cr} \quad (6\text{–}13)$$

其中，λ_{cr}，$\lambda_{cross\_entropy}$ 和λ_G分别取10、0.1和0.1。根据损失函数L可知，L_{cr}的设计是为了约束重建图像的内容得到更准确的结果；$L_{cross_entropy}$为了实现生成结果的多样性，L_G则是对输出图像的数据分布进行约束，使其更贴近原始图像。

6.6 实验结果与分析

本节首先介绍了实验的细节以及一些具体的网络设置。除此之外，为了验证DGI–Net的有效性，对DGI–Net中的各个模块进行了分析与评估，其中包括了基于块匹配的自修复模块和参考信息下多样性生成模块。除此之外，还和近几年的图像修复算法进行了主客观性能对比，从而说明DGI–Net相比其他网络，在主客观评价中具有一定的优越性。

6.6.1 实验设置

本章的算法在图像大小为256×256的自然图像数据集Places2和人脸图像数据集CelebA–HQ上进行了大量的实验。其中，Places2数据集用的是官方划分的训练集和验证集。而对于CelebA–HQ，则使用了28000幅图像作为训练集，而其他的2000

幅图像用作测试集。并且本章所提出的修复算法不仅在不规则掩码数据集[65]上进行了测试，同样也在规则的缺失区域中，验证了DGI-Net的修复性能。

该网络在NVIDIA Titan Xp（12GB）设备上进行训练和测试，设置网络学习率为0.0001。除此之外，网络使用了β_1和β_2分别为0.5和0.999的Adam算法[128]进行优化。对于Places2和CelebA-HQ数据集的模型，大约需要4天和2天的训练时间。

6.6.2 基于块匹配的自修复

在本章提出的DGI-Net中为了达到更好的视觉效果，首先设计了基于块匹配的自修复模块。它以样本块为处理对象，从特征级和图像级两方面出发进行处理，从而保证修复结果的纹理连续性和视觉连通性。在特征级中，延用了第五章中的基于空间相似度的注意力机制SSA，通过对已知区域特征块进行相似度加权，将其引入到未知区域中。而图像层面上的块匹配，自修复模块中提出了基于相似度的图像块匹配机制，为未知区域匹配其中最相似的已知图像块。为了证明所提出的自修复模块的有效性，在表6.1中对比了未添加块匹配机制的结果，仅添加特征块加权的结果（SSA）和从特征级到图像级都引入块匹配（SSA+SPMS）的修复结果。这里，MIS（Modiied Inception Score）是近几年由zhao等人[79]提出的，通过先验的分类模型判断GAN网络性能的评价指标。在该指标中，更高的MIS值往往意味着GAN网络生成了视觉质量更好的图像。从表中可以看出，当逐步地引入相似度加权后的特征块和挑选出的最相似图像块之后，可以得到更低的FID 、LPIPS，以及更高的MIS值。此外，还在图6.7中展示了引入块匹配机制后的结果，从图中可以看出，加入图像相似块匹配后，修复结果在纹理和细节上，都有了很大的改善。

表 6.1　SSA 和 SPMS 的有效性
Table 6.1　E 伍 ciency of SSA and SPMS

	无块匹配机制	SSA	SSA+SPMS
MIS ↑	0.0185	0.0207	0.0208
FID ↓	8.0745	7.7168	7.1498
LPIPS ↓	0.0679	0.0630	0.0620

注：↑：指标值越高越好。↓：指标值越低越好。

6.6.3 与现有方法的对比分析

为了评估DGI-Net的修复性能，该算法在Places2和CelebA-HQ数据集上进行了验证，并且从规则缺失区域和不规则缺失区域两方面来说明所提出的DGI-Net的有效性。

（1）针对规则缺失区域修复的有效性

在本节中，针对于256 × 256的训练图像和测试图像，丢掉位于图像中间部位128 × 128的图像内容，并通过所提出的修复网络DGI-Net对其进行恢复，并且将最终修复结果与同样能生成多种修复结果的算法网络PIC[78]和GDS[82]进行了比较。由于本节所提出的DGI-Net与对比算法PIC[78]和GDS[82]均为生成多个修复结果的图像修复算法，所以这里为每一个受损图像生成5个修复结果并求其平均值，得到如表格6.2。表格中涉及到的对比算法结果，是通过对PIC[78]和GDS[82]公布的先验模型来进行测试得到的。对比结果如表所示，与算法PIC[78]和GDS[82]相比，本章所提出的DGI-Net在实现多样性修复结果的同时，可以生成更加接近于原始图像的结果。除此之外，图6.8和图6.9展示了DGI-Net在修复多样性和准确性上的视觉效果。从图中可以看出，在生成多样性的同时，所提出的算法生成了更符合人眼特性的图像。

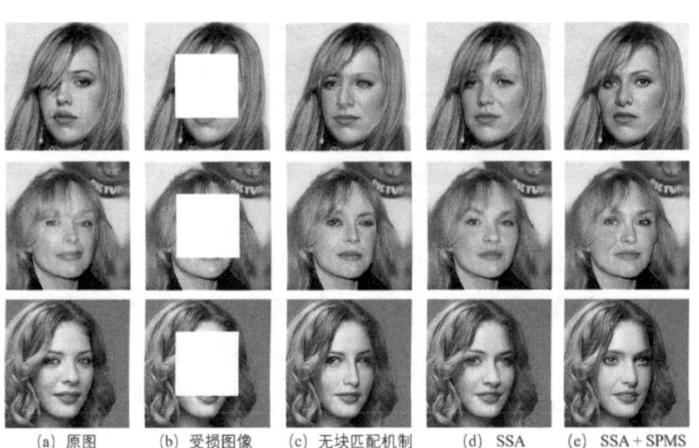

图6.7　在数据集CelebA-HQ上，引入SPMS的模型与未引入SPMS的结果对比

Fig 6.7　The results of models without SPMS (w/o SPMS) and with the proposed SPMS on CelebA-HQ

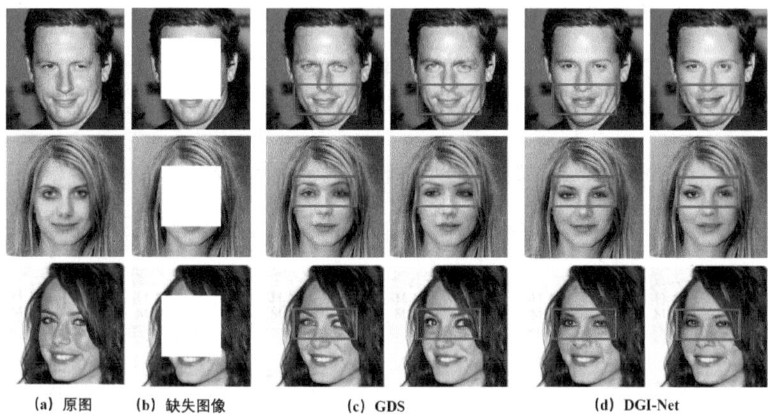

图 6.8　在数据集CelebA-HQ上，DGI-Net的生成结果与GDS的对比

Fig 6.8　The comparison of DGI-Net and GDS on CelebA-HQ

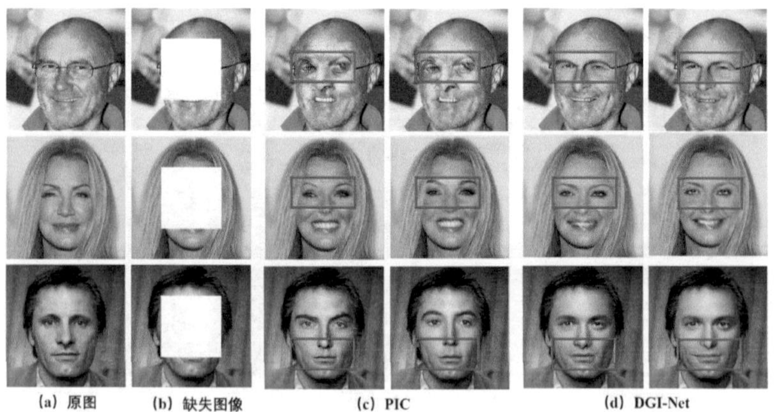

图 6.9　在数据集CelebA-HQ上，DGI-Net的生成结果与PIC的对比

Fig 6.9　The comparison of DGI-Net and PIC on CelebA-HQ

表 6.2　在数据集 CelebA-HQ 上，DGI-Net 与 GDS 和 PIc 的对比（规则缺失区域）
Table 6.2　The comparison of DGI-Net，GDS and PIc on CelebA-HQ（Regular missing region）

	PSNR ↑	SSIM ↑	l1 ↓	MIS ↑
PIc	24.2326	0.8704	0.0302	0.0210
GDS	25.0187	0.8901	0.0276	0.0218
DGI-Net	25.4971	0.8952	0.0251	0.0240

注：↑：指标值越高越好。↓：指标值越低越好。

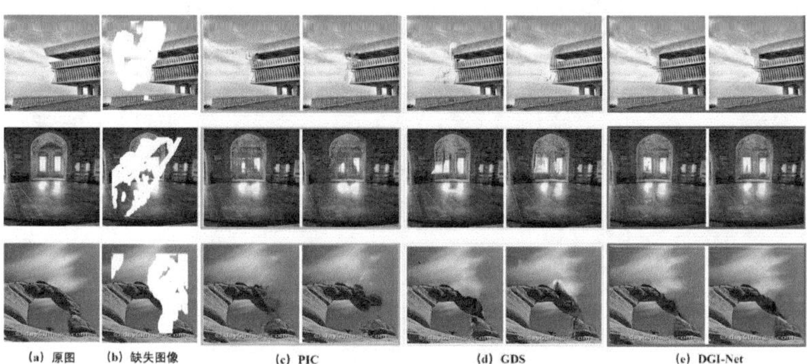

图 6.10　在 Places2 数据集上，DGI-Net 与其他多样性图像修复算法的对比
Fig 6.10　The comparison of DGI-Net with other pluralistic inpainting methods on Places2 dataset

（2）针对不规则缺失区域修复的有效性

图6.10和图6.11，分别是在Places2和CelebA-HQ数据集上的对比结果。这里，绿框、黄框和红色框分别代表了三个多样

生成算法的结果。其中，红色的实线框是DGI-Net的修复结果，绿色和黄色的虚线框则分别为对比算法PIC和GDS的结果。从图中看出，DGI-Net在不规则缺失区域上的修复，既可以满足视觉效果又可以得到生成结果的多样性。

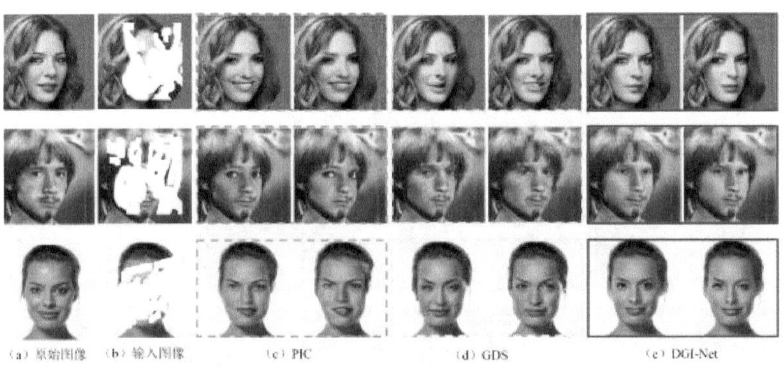

图 6.11　在CelebA-HQ数据集上，DGI-Net与其他多样性图像修复算法的对比

Fig 6.11　The comParison of DGI-Net with other pluralistic inpainting methods on CelebA-HQ dataset

6.7 本章小结

为了满足不同人对图像的不同理解，提出了图像内部空间信息和外部语义引导下的多元生成修复算法，生成多样化的修复结果。该算法主要包含了基于块匹配的自修复阶段和参考信息下的

多样性生成阶段，通过引入图像级的信息实现图像修复的准确性和多样性。在基于块匹配的自修复阶段中，提出了基于相似度的图像块匹配机制SPMS，从图像层面上建立已知区域和缺失区域之间的内在联系，通过优化未知区域的细节信息增强特征的表征能力。在参考信息下的多样性生成阶段中，同类型具有完整语义的图像作为实例图像被引入网络中，去探索修复特征与参考信息之间的外部联系。其中，自修复后特征和实例图像的语义信息被提取和融合，从而实现修复结果的多样性。最后，通过在公开数据集CelebA-HQ和Places2上实验，验证了DGI-Net在图像修复准确性和生成多样性上的有效性。

⑦ 超分辨率修复器 - 超分辨结合 Transformer 进行图像修复

7.1 引言

超分辨率（Super-Resolution，SR）修复技术是一种图像处理方法，旨在从低分辨率（LR）图像中生成高分辨率（HR）图像。这项技术在图像增强、医学影像、监控、卫星图像等领域中具有广泛的应用。超分辨率修复的基本原理是通过利用图像中的信息，尤其是纹理和结构，从低分辨率图像中还原缺失的高频信息。这一过程可以通过以下几个步骤来实现：1、图像金字塔，图像金字塔是图像的多尺度表达，包含了不同分辨率的图像。通过构建图像金字塔，可以从底层开始，逐渐获取图像的更高分辨率表示，为超分辨率修复提供基础。2、补偿运动信息，在一些情况下，图像可能由于相机或目标的运动而导致模糊。超分辨率修复技术可以通过对图像中的运动信息进行建模和补偿来提高图像的清晰度。3、插值和预测，插值是一种常见的超分辨率修复方法，通过在LR图像中插值像素来生成更高分辨率的图像。预测方法则通过学习LR和HR图像之间的关系，使用预训练的模型来进行图像修复。传统的图像采集设备限制了获取高分辨率图像的能力，这导致了许多场景下只能获得低分辨率的图像。超分辨率修复技术通过各种算法和模型，尝试通过从有限信息中恢复更多的细节，从而提高图像的清晰度和质量。一种常见的超分辨率修复方法是基于深度学习的方法，特别是卷积神经网络（CNN）。这些网络通过在大量高分辨率和低分辨率图像对上进行训练，学习图像之间的复杂映射关系。一旦训练完成，这些网络可以用于对新的低分辨率图像进行超分辨率修复。深度学习方法的优势在于其对非线性关系的建模能力，能够更好地捕捉图像中的复杂结构和纹理。另一方面，传统的基于插值的方法也是超分辨率修复的一部分。这些方法采用插值技术，如双线性插值或三次样条插值，通过对低分辨率图像进行插值来增加图像的尺寸。尽管这些方法计算简单，但通常无法捕捉到图像中的高级纹理和结构信息，因此在处理复杂场景时效果有限。在超分辨率修复技术中，一种特殊的应用是图像修复，即在图像中修复缺失或损坏的区域。这方面的研究主要包括对图像中缺失区域的内容进行合理推测和填充，使修复后的图像在视觉上保持一致性和自然性。近年来，一些先进的超分辨率修复技术在整合全局结构推理和局部纹理细化方面取得了显著的进展。例如，采用多阶段框架，先从全局结构层面进行推理，再逐渐细化局部纹理，通过超分辨率监督实现精准的图像修复。这种渐进式学习方法使得模型能够更好地理解图像的整体结构和局部特征，从而取得更高质量的修复效果。总体而言，超分辨率修复技术在图像处理中扮演着重要的角色，不仅提高了图像的清晰度和质量，还在医学、卫星图像分析、视频增强等多个领域展现了巨大的应用潜力。未来随着深度学习和其他相关技术的不断发展，超分辨率修复技术有望在更多领域取得更为突出的成果。

近些年的图像修复方法通过使用生成对抗网络（GAN）[157]取得了显著的改进。其中大多数的方法都是从高级语义特征中仅使用高分辨率（HR）监督来生成可信的结果。然而，由于大孔中丢失了丰富的细节，在保留HR空间中的结构相干性的同时，很难同时合成细节。此外，在基于补丁匹配的方法中，缺失区域内外的相关性在传递相关已知信息以生成语义一致纹理方面发挥关键作用。在本章中我们提出了一种超分辨率修复器，它继承了超分辨率（SR）和Transformer的优点，用于高保真图像修复。超分辨率修复器从低分辨率（LR）输入开始进行全局结构推理，并逐渐在HR空间中细化局部纹理，构成具有SR监督的多阶段框架。底层阶段用于恢复粗SR结果，提供结构信息作为外观先验，并与下一阶段更高分辨率的损坏图像相结合，为缺失区域提供可用的纹理。这种设计可以通过增加阶段从LR到HR分析图像，实现从粗到细的信息传播和细节细化。此外，我们提出了一个分层 Transformer（HieFormer）来对远距离上下文和孔洞之间的长期相关性进行建模。通过跨尺度的方式将其嵌入到紧凑的潜在空间中，我们可以确保可靠的相关纹理转换和鲁棒的外观一致性。实验结果表明，我们的方法相对于最近的最先进的方法具有一定的优越性。

图像修复专注于用逼真的细节和结构完成修复损坏图像中的缺失区域，已广泛应用于许多计算机视觉任务，如去除不需要的对象、重新定位和基于图像的渲染[136–142]。早期的方法假设已知区域与损坏图像中的缺失区域具有相似的内容。它们可以大致分为基于扩散的方法和基于补丁的方法。前一种方法[143–145]建议通过邻域外观的传播填充孔洞，该方法首先定义了一个扩散过程，规定了信息如何在图像中传播，这可以涉及到局部像素之间的相互作用，例如使用像素值的梯度、颜色相似性或纹理特征，然后通过应用定义的扩散过程，算法开始填充图像中缺失或受损的区域。这可以是单一的扩散过程，或是一系列迭代的扩散步骤，取决于算法的设计。为了确定何时停止扩散过程，算法需要定义一个收敛准则。这个准则可以是达到特定的像素值稳定性、梯度变化或其他图像质量指标。基于具体的应用和图像特性，算法可能涉及一些参数的调整以优化修复效果。在完成扩散过程后，可能需要进行一些后续处理步骤，以进一步改善修复结果的质量。然而，这些方法只考虑已知区域和缺失区域之间的边界像素，导致给大孔产生不合理的结构。相比之下，基于补丁的方法[136、141、146、147]搜索已知区域中的补丁并将它们与和缺失区域相似的补丁进行匹配。首先从图像中选择包含有用信息的补丁，这些补丁可以来自于图像中的相似区域，可以是局部结构、纹理或颜色相似的区域。然后定义补丁之间的相似性度量，使用已知区域的补丁信息来学习修复模型。最后将学到的修复模型应用于缺失或受损的区域。在修复过程完成后，可能需要进行一些后续处理步骤，以确保修复结果的平滑性和自然性。这些方法无法利用高级语义结构信息进行合理的重建。近年来，随着深度学习的广泛应用，图像修复领域得以快速发展。许多方法[148–155]将此任务视为条件图像生成，它使用类似UNet 的生成器合成缺失的内容，然后通过生成对抗训练将真实图像与完成的图像区分开来。早期的方法[148、149]是直接训练全卷积GANs，通过重构和对抗损失进行感知孔洞填充，这些方法的问题是通常会产生与已知区域不一致的扭曲结构，即修复的区域可能与周围已知区域不一致，导致合成图像不自然。为了减轻生成图像的外观不连贯性，后来的方法[151、136、158、159]，通过相似性比对，在受损斑块和已知相邻斑块之间进行补丁匹配，并根据已知的相似点推断孔洞像素。其他一些方法转向掩蔽并重新归一化卷积，然后使用部分卷积（PConv）[150、160、161]进行掩码更新步骤。尽管这些方法实现了合理的内容幻觉的改进，但它们的结果仍然包含伪影、模糊纹理和不合理的结构，特别是在大规模孔洞掩模中。一个重要的原因是，仅基于损坏图像和真实图像之间的高分辨率 (HR) 监督来从潜在紧凑特征中进行像素级合成是十分困难的。尽管编码的高级语义上下文有利于全局结构理解，但它们的连续下采样操作可能会使网络偏向低频分量并丢失重要的高频信息。事实上，对于图像恢复任务，更好的高频信息对于恢复现实细节具有重要意义。由于 HR 图像包含丰富的细节和复杂的纹理，因此在 HR 空间中确保结构连贯性的同时合理地修复缺失区域具有挑战性。一些两阶段方法[166、152、162]可以在一定程度上缓解这一问题，其中第一阶段用于进行粗略图像补全，第二阶段旨在将粗略预测细化为更好的图像。然而，直接在全分辨率输入上训练多个深度网络不可避免地涉及较高的计算成本。Zeng 等人[163]建议逐步学习从高级特征到先前低级特征的区域亲和力，并使用金字塔损失优化网络。然而，该方法在改进细粒度纹理之前未能充分利用中间重构外观。孔的大小随着图像分辨率的增加而增大，这可能给训练可行的图像生成网络带来重大负担。相比之下，在深度网络中，由于具有较大的感受野，从低分辨率（LR）输入中学习结构信息，比从高分辨率（HR）输入中学习结构信息更为有效[164]。

基于以上所述，本文提出了超分辨率修复器，在超分辨率（SR）任务的帮助下将全分辨率修复任务分解为全局结构推理和局部纹理细化。具体而言，超分辨率修复器以低分辨率（LR）

掩码图像作为输入，提取其高级语义上下文信息，然后学习超分辨率（SR）函数以虚构其结构，并关注更高分辨率的空间。生成的SR结果进一步被用作外观先验，用于引导后续的结构不规则校正和纹理补充。通过从LR到HR空间的逐步重建，我们确实可以构建一个具有SR监督的多阶段从粗到细的框架。然而，由于已知区域高频信息的损失，简单地将上采样后的图像传输到下一阶段可能会导致模糊的重建。为解决这个问题，在每个更高分辨率的阶段，我们将先前的SR结果与当前生动的掩码图像配对作为输入，以弥补丢失的信息，这也可以促进在更大图像分辨率上更好地全局结构理解。

另一方面，缺失区域与其周围区域之间的相关性对生成结构一致的纹理起到至关重要的作用。受到Transformer[165、166]用于远程依赖关系建模的强大能力的启发，在我们的超分辨率修复器中，设计了分层Transformer（HieFormer），其中包含多个Transformer层，以模拟跨多个阶段的远程上下文和孔洞之间的长期相关性。在每个阶段，一个Transformer层将空洞和已知补丁作为查询和关键信息，学习它们之间的相关性，并从所有候选的缺失区域中选择最相似的一个进行转换。通过跨尺度的方式将HieFormer嵌入到紧凑的潜在空间中，我们的模型可以对纹理的进行改进并更新缺失区域。

综上所述，本文的主要贡献如下：

（1）我们提出了一种有效的图像修复网络，即超分辨率修复器，它继承了超分辨率（SR）和Transformer的优点，用于虚构高保真度的纹理。

（2）我们通过将全分辨率修复任务分解为全局结构推理和局部纹理细化，并结合渐进式SR技术，来解决大规模孔洞修复任务。

（3）我们设计了HieFormer，用于从LR到HR图像域远程上下文和孔洞区域之间的长期相关性的建模，可以显著增强生成的纹理的语义一致性。

（4）通过在公共基准数据集上进行去除实际物体的实验，证明了我们的方法相对于最先进的图像修复算法有优越性。

7.2 图像修复的方法

7.2.1 传统的基于补丁的图像修复

基于补丁的修复方法[136、141、167、170]即从已知区域中搜索、复制相似的补丁，并将其重新对齐到缺失的区域。Criminisi等人[136]提出了最佳优先算法来确定目标区域中补丁的填充优先级，然后将源区域的相似纹理和结构传播到目标区域。即：首先将目标区域的像素划分为一系列块（patch），计算每个块的填充优先级，然后选择具有最高填充优先级的块，该块的内容将被从已知区域传播到目标区域，将已知区域中与所选块相似的块传播到目标区域，并根据它们的相似性进行调整。最后更新目标区域的填充优先级，重复选择和传播步骤，直到目标区域被完全填充。该算法的特点是通过最佳优先的方式填充图像，利用相似块的传播来实现语义一致的纹理填充。Barnes等人[141]提出了PatchMatch算法，该算法计算了配对图像或两个不相交图像区域之间的最近邻域，并为基于块的图像合成（包括修复）实现快速最近邻匹配。具体过程为：首先随机初始化目标区域的每个像素的最近邻块，然后迭代地更新每个像素的最近邻块，并选择最相似的块，重复迭代直到收敛，传播已知区域的相似块到目标区域，并根据相似性进行调整，最后使用已知区域的相似块填充目标区域。该算法的特点是通过快速最近邻匹配实现高效的图像合成，包括图像修复。Huang等人[169]将已知区域分割成平面，并发现这些平面内的平移规律，以约束缺失区域中的搜索空间。具体过程为：首先将已知区域分割成平面，其中每个平面具有相似的纹理和结构，然后发现每个平面内的平移规律，约束在缺失区域中的搜索空间，最后利用平面分割和平移规律填充缺失区域。该算法的特点是通过减小搜索空间，提高图像修复效果。Zhou等人[171]将掩码图像分解成一组小块，然后将这些块向量化并组合成单个矩阵，通过基于稀疏矩阵补全的方法填充这些向量中的缺失像素，最后将这些块重新组合以重建原始图像。该算法的特点是通过向量化和矩阵操作进行有效的图像修复。Zhou等人[172]使用类似的方法有效地提高了对损坏的电光图像进行自动目标识别的性能。Liu[173]等人提出利用图像规律统计来提取损坏图像的主导结构，基于这些结构，估计并组合单应性变换以修复缺失的区域。

7.2.2 生成图像修复

生成图像修复方法通常使用生成对抗网络（GAN）[157]来预测图像缺失部分的像素。名为Context Encoder[148]的开创性工作训练一个具有对抗性损失和重建损失的编码器-解码器网络，以直接恢复缺失的区域。Yang[158]等人提出了一种对全局图像内容和局部约束进行联合建模以产生缺失区域的方法。Iizuka等人[149]利用全局和局部上下文鉴别来识别全局场景一致性，同时确保生成的补丁的局部一致性。Yan等人[159]在UNet架构中引入了一个移位连接层，将已知区域的编码器特征传输到解码器中的缺失部分。Song[174]等人通过衡量孔洞内外的神经块之间的相似性，并用边界上最相似的块替换孔洞内的每个神经块来实现孔洞的填充。还有一些工作[151]、[175]遵循类似的思路，提出了基于补丁的上下文注意机制，学习从已知区域补丁传播特征信息以预测缺失区域补丁。Liu等人[176]引入了一致的语义注意层（CSA），它不仅在特征级别上对已知和缺失区域之间的关系进行建模，还考虑了生成的相邻补丁之间的空间一致性。结构知识[177-179]或边缘先验[162]也可以为补全结构相干图像提供有用的辅助信息。例如，Ren等人[177]提出从保留边缘的平滑图像中重建全局结构，然后通过纹理生成器合成高频细节。Nazeri等人[162]提出EdgeConnect，首先虚构缺失区域的边缘，然后基于先前虚构的边缘填充缺失区域。此外[180]和[181]认为修复的解决方案是多种多样的，并提出了基于变分自动编码器（VAE）架构的多元修复方法[182]，它可以提供多个完整的图像。

7.2.3 渐进式图像修复

在图像修复任务中，渐进式学习是一种有效的方法，渐进式学习已经在各种图像处理任务中得到了广泛应用[183–185]，其中包括许多图像修复任务[163、186–188]。Hong等人[187]提出了一种简明的深度融合网络 —— DFNet, DFNet在解码器层提供了从低分辨率到高分辨率的渐进式重建和平滑融合。Yi等人[188]首先采用一个粗略的网络，在下采样的LR图像中虚构出粗略的缺失内容，然后对LR预测进行上采样，并利用基于上下文残差注意机制的细化网络来改进其纹理。Jin等人[189]通过 SR 监督在更高分辨率的空间上粗略地完成掩模图像，并将重建的 HR 图像传输到细化网络进行纹理增强，最终结果是通过将输出缩小到原始分辨率而产生的。Wan[190]等人以HR掩码图像为输入，使用基于Transformer的架构重建和采样多个LR完成结果，然后利用具有编码器-解码器网络的LR上采样来进一步补充细节纹理。本章提出的超分辨率修复器采用了多阶段框架，将全分辨率修复任务分解为具有

SR监督的全局结构推理和局部纹理细化。它在第一阶段恢复粗略的SR结果，提供一致的结构信息作为外观先验，然后将其与下一阶段的更高分辨率的损坏图像相结合，实现了从粗到细的信息传播和细化。此外，利用所提出的 HieFormer，网络可以跨多个尺度对缺失区域内部和外部的补丁之间的相关性进行建模，整个过程以渐进式方式实现图像修复，特点是通过采用不同分辨率的图像输入和逐步的修复过程，实现对图像的渐进式优化。

7.2.4 图像超分辨率

图像超分辨率（SR）是指从低分辨率（LR）输入中恢复高分辨率（HR）图像的过程。受卷积神经网络（CNN）在计算机视觉中的强大能力的启发，许多基于CNN的方法取得了显著的进展。早期的方法[191–194]是首先对LR图像进行上采样操作，然后将这些上采样的低质量HR图像输入网络进行细节优化。一些方法[195–198]以原始LR图像作为输入，直接学习LR到HR的映射以进行SR重建。LapSRN [183]是从LR图像中提取特征，并在一个前馈网络中逐步生成多个中间SR预测。由于SR技术可以在保留LR输入中生动细节的同时重建HR图像，因此它可以轻松用于图像修复，为缺失区域生成逼真的纹理。在本章中，我们在超分辨率修复器中将图像SR与图像修复结合起来，逐渐恢复从LR到HR空间的全局结构和局部细节，从而引导网络生成语义上合理的结果。

7.2.5 低级别视觉 Transformer

Transformer的概念首次在自然语言处理（NLP）中引入[199]。它是一种基于自注意力机制的新架构，用于对输入序列元素之间的远程距离关系进行建模。最近，基础Transformer[199]及其变体已成功应用于计算机视觉领域，如目标检测[200]、图像分类[201]和其他低级任务[165、166、190、202]。Yang等人[200]提出一种纹理Transformer网络，该网络利用注意机制从参考图像中传输相关纹理，用于图像超分辨率处理。Zeng等人[166]设计了一个基于多尺度补丁注意力的时空Transformer，该Transformer在时空维度上沿着空间和时间搜索所有帧的相关补丁，以填充视频修复中的缺失区域。Yu等人[203]提出了一种双向自回归Transformer，称为BAT–Fill，该Transformer以自回归方式对缺失区域的上下文信息进行双向建模，用于生成多样化的修复结果。在这项工作中，我们研究了Transformer结构对于相关纹理转换的有效性，并进行了仔细的修改以获得更合理的重建。

7.3 总体结构

我们提出的超分辨率修复器的整体架构如图7.1所示。超分辨率修复器从低分辨率（LR）输入开始进行全局结构推理，并逐渐在高分辨率（HR）空间中细化局部纹理，构成了一个具有

SR监督的多阶段由粗到细的框架。如图7.1所示，我们以1–2–4的设置（3个阶段）为例进行说明，其中术语1、2和4表示图像下采样和上采样的比例。本工作的目标是从HR和LR损坏的输入中生成具有语义一致结构的高质量图像。

如图7.1所示，从LR输入开始进行全局结构推理，逐步在HR空间中细化局部纹理，构成一个具有SR监督的多阶段框架。HieFormer包含多个Transformer层，被嵌入到紧凑的潜在空间中，用于在多个阶段间对远距离上下文和孔洞之间的长期相关性进行建模。

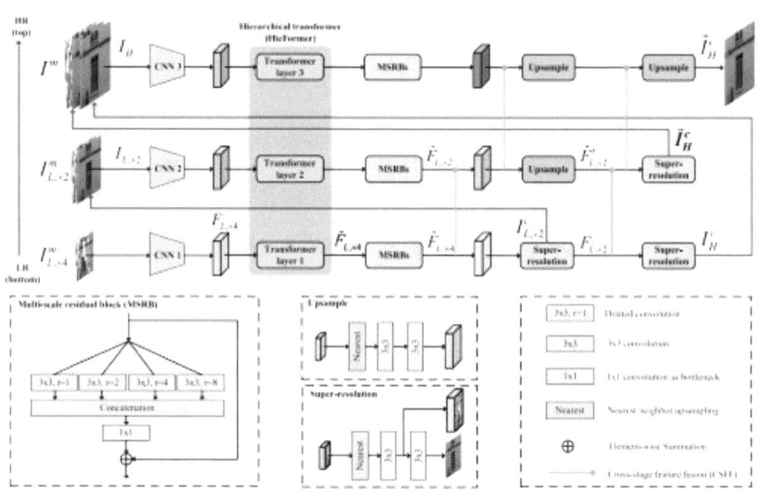

图7.1　超分辨率修复器的架构

Fig7.1　Pipeline architecture of the proposed SRInpaintor

7.3.1 超分辨率引导修复网络

（1）全局结构理解

给定一个掩码图像$I^m = R^{H\times W\times 3}$，首先对它进行下采样获得尺寸为$\frac{H}{4}\times\frac{W}{4}\times 4$的LR输入$I^m_{L,\times 4}$，其中H和W分别是RGB图像$I^m$的3个通道的高度和宽度。在底层，网络将$I^m_{L,\times 4}$作为输入，并使用CNN来学习高级语义$F_{L,\times 4}$。这个过程可以表述为：

$$F_{L,\times 4} = C_{L,\times 4}\left(I^m_{L,\times 4}\right) \tag{7-1}$$

$C_{l,\times 4}$表示用于特征提取的卷积函数。然后使用一个Transformer层来对缺失区域内外的补丁之间的关联性进行建模，并从已知区域传输相关纹理。

$$\widetilde{F}_{L,\times 4} = T_{L,\times 4}\left(F_{L,\times 4}\right) \tag{7-2}$$

$\widetilde{F}_{L,\times 4}$是由变换函数$T_{L,\times 4}$产生的特征。如图7.1所示，级联的多尺度残差块（MSRB）由多个扩张卷积层组成，进一步利用$M_{L,\times 4}$聚合不同感受野下的上下文信息，具体如下：

$$\widehat{F}_{L,\times 4} = M_{L,\times 4}\left(\widetilde{F}_{L,\times 4}\right) \tag{7-3}$$

获得的特征$\widehat{F}_{L,\times 4}$通过SR模块产生HR特征$F_{L,\times 2}$和相应的比例因子为2的SR图像$I^c_{L,\times 2}$

$$I^c_{L,\times 2}, F_{L,\times 2} = SR_{\uparrow 2}\left(\widehat{F}_{L,\times 4}\right) \tag{7-4}$$

其中$SR_{\uparrow 2}$表示2×特征和放大图像的SR函数。

由于具有大的感受野和超分辨率技术的优势，我们能够有效地恢复LR输入的全局结构。图7.2中展示了中间结果的示例。我们计算Sobel梯度图（图7.2(c)和7.2(d)）来描述给定图像的纹理。正如我们所看到的，× 2的超分辨率结果在填充内容（红色矩形）与其周围区域之间显示出良好的结构一致性。

如图7.2所示，图7.2–(a) 是下采样的 ×4 LR 掩码图像；图7.2–(b) 是第一个SR模块生成的 ×2 SR 图像；图7.2– (c) 和7.2–(d) 分别描述了观察通过Sobel梯度图提取得到的图像(b) 和(a)的纹理。红色和粉色矩形分别表示孔洞区域和已知区域的补丁。

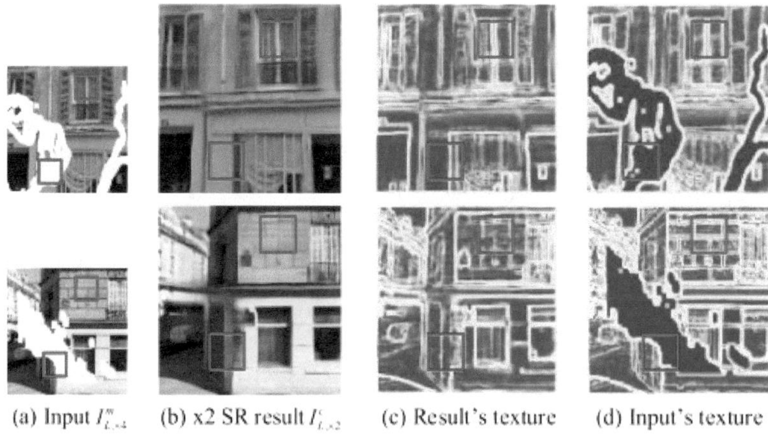

图7.2　底层阶段的两个中间结果示例图

Fig 7.2　Twmples of the intermediate results in our bottom stage

（2）本地纹理细化

接下来，我们将目光转向中间阶段。然而，如图7.2所示，由于下降采样输入的高频损失，我们可以看到重建的超分辨率图像不能很好地显示已知区域（粉色矩形）中的细粒度细节。因此，直接将粗略结果用于纹理细化是不够理想的，这可能导致后续阶段的重建变得模糊。为解决这个问题，我们通过连接SR图像$I^{c}_{L,\times 2}$和掩码图像$I^{m}_{L,\times 2}$形成输入$I_{l,\times 2}$。

$$I_{L,\times 2}=Concat\left(I^{c}_{L,\times 2},I^{m}_{L,\times 2}\right) \tag{7-5}$$

其中$I^{m}_{L,\times 2}$是通过使用比例因子2对原始HR图像I^{m}进行下采样而产生的。与底层类似，$I_{L,\times 2}$通过CNN、Transformer层和MSRB进行紧密的特征提取、转换和增强。

$$\widehat{F}_{L,\times 2}=M_{L,\times 2}\left(T_{L,\times 2}\left(C_{L,\times 2}\left(I_{L,\times 2}\right)\right)\right) \tag{7-6}$$

其中$C_{L,\times 2}$、$T_{L,\times 2}$和$M_{L,\times 2}$代表每一步对应的函数。然后，我们在两个阶段之间进行跨阶段特征融合（CSFF），结合不同尺度的特征来丰富特征表示。

在图7.1中，级联MSRB之后有一个上采样模块，用于将特征$\widehat{F}_{L,\times 2}$调整为分辨率$I^{m}_{L,\times 2}$。出现这种情况是因为我们在“CNN2”中合并了步幅为2的下采样层来学习高级语义。如图7.1所示，我们通过SR模块进一步对上采样特征$\widehat{F}^{l}_{L,\times 2}$进行超解析，以获得一个更精细的HR图像，该图像$\widetilde{I}^{c}_{H}$是和$I^{gt}$一样大。

（3）分辨率纹理细化

在最后的顶部阶段，除了HR掩码图像I^{m}之外，我们还采用来自中层和底部阶段的粗略HR重建作为输入。因此，在底层，我们附加另一个 SR 模块（见图 7.1）学习LR图像$I^{m}_{L,\times 4}$与HR地面实况图像I^{gt}之间的 ×4映射函数，得到HR的粗略图像I^{c}_{H}。通过这种方式，最终HR纹理细化的融合输入I_H可以通过以下方式获得：

$$I_H = Concat\,(I^{m}, I^{c}_{H}, \tilde{I}^{c}_{H}) \tag{7-7}$$

由于此阶段根据全分辨率输入重建最终图像，因此不需要额外的 SR 模块来学习 LR 到 HR 映射。在尾部，采用两个具有 CSFF 的上采样模块来逐渐生成 HR 特征并重建最终图像I^{c}_{H}。

（4）分析

提出的SR引导修复网络，即超分辨率修复器，采用了一个多阶段框架，遵循渐进SR技术的原则，以由粗到细的方式逐渐虚构缺失像素（见图7.3）。不同阶段的中间SR结果可以捕捉不同尺度的图像统计信息，这些信息被用作外观先验，输入到下一阶段，以引导后续结构不规则性的修正和纹理的补充。因此，网络可以实现从LR到HR空间的全局结构和局部纹理的易学系统优化。表7.1说明了我们网络中CNN的架构，其中原始掩码图像的大小定义为256×256。正如我们所看到的，在“CNN 2”和“CNN 3”中有步幅卷积，用于执行特征下采样。这种设计旨在将图像上下文编码为一个紧凑的潜在空间，以在大图像分辨率下实现全局结构理解。

如图7.3所示，在我们的超分辨率修复器中，从 (b) 底部到 (c) 中等和 (d) 顶部的不同阶段产生的 SR 结果。我们可以看到，随着图像分辨率的提高，纹理和结构的连贯性变得更好。

(a) Masked image (b) Bottom stage I_H^c (c) Medium stage $\tilde{I}_H^c$ (d) Top stage $\hat{I}_H^c$

图 7.3 超分辨率修复器中不同阶段产生的 SR 结果

Fig7.3 SR results produced by different stages f in our SRInpaintor

表 7.1 超分辨率修复器中 CNNS 的架构，卷积核由内核大小 (k)、步长 (s) 和通道数 (c) 表述

	底部阶段	中间阶段	顶层阶段	激活函数
	Bottom stage	Medium stage	Top stage	Activation function
Layers	CNN 1 (k,s,c) / Size(H × W)	CNN 2 (k,s,c) / Size(H × W)	CNN 3 (k,s,c) / Size(H × W)	

0	$I^{m}_{L,\times 4}$/ 64 × 64	[$I^{c}_{L,\times 2}$，$I^{m}_{L,\times 2}$]/ 128 × 128	[I^{m},I^{c}_{H},I^{c}_{H}]/ 256 × 256	None
1	(7,1,64) / 64 × 64	(7,1,64) / 128 × 128	(7,1,64) / 256 × 256	ELU
2	(3,1,256) / 64 × 64	(3,1,256) / 128 × 128	(3,2,128) / 128 × 128	ELU
3	(3,1,256) / 64 × 64	(3,2,256) / 64 × 64	(3,1,128) / 128 × 128	ELU
4	(3,1,256) / 64 × 64	(3,1,256) / 64 × 64	(3,2,256) / 64 × 64	ELU
5	(3,1,256) / 64 × 64	(3,1,256) / 64 × 64	(3,1,256) / 64 × 64	ELU

H和W表示输出特征的高度和宽度。我们将全分辨率掩码图像定义为大小为256 × 256。

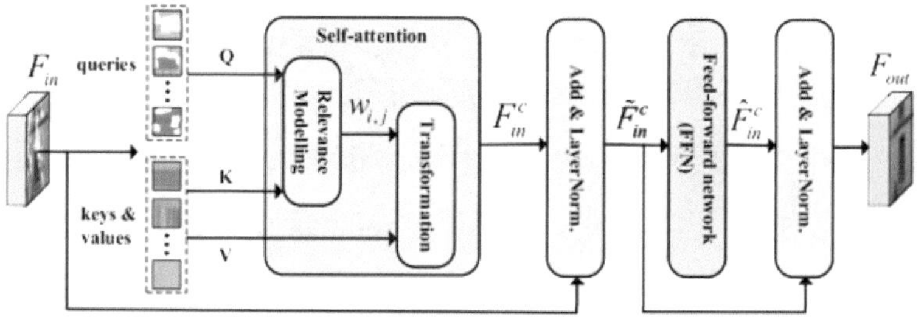

图 7.4　HieFormer 中 Transformer 层的架构，前馈网络由两个带有 ReLU 的线性变换层组成

Fig7.4　Architecture of the transformer layer in HieFormer, where the feedforward network consists of two linear transformation layers with a ReLU

7.3.2 分层 Transformer

分层Transformer（HieFormer）旨在以跨尺度方式对远程上下文之间的长期相关性和空缺进行建模，其中包含嵌入到每个阶段的紧凑潜在空间的多个Transformer层（见图7.1）。在本小节

中，我们主要介绍HieFormer的关键组件，即Transformer层的详细信息，该组件的详细架构见图7.4。

1）相关性建模：给定形状为 $h \times w \times c$ 的输入特征 F_{in}，我们使用一个孔洞掩码将其分为两个部分：一个未知区域（query Q）和一个已知区域（Key K 和 Value V）。在我们的方法中，我们首先将 Q 和 K 分解为相应的块，分别表示为 N_q 和 N_k。对于第 i 个大小为 $p \times p$ 的块 q_i，我们对这两个块之间的相关性进行建模，在 K 中搜索大小为 $p \times p$ 的最相关块。

$$s_{i,j} = \langle \frac{q_i}{\| q_i \|}, \frac{k_j}{\| k_j \|} \rangle \tag{7-8}$$

其中，K_j 表示 K 中的第 j 个块。相关性 $s_{i,j}$ 通过余弦相似度（归一化内积）进行衡量。我们通过softmax 函数进行缩放以获得注意力分数，该分数作为 q_i 的变换权重 $w_{i,j}$。

$$w_{i,j} = \frac{exp(\lambda * s_{i,j})}{\sum_{n=1}^{N_p} exp(\lambda * s_{i,n})} \tag{7-9}$$

其中，λ 是缩放 softmax 函数的尺度参数。在实验中，我们设定 $\lambda = 10$。

2）变换：在对所有候选块的相关性进行建模之后，我们从 V 中提取相关块。查询块（即孔块）的输出通过以下加权求和得到：

$$f_i = \sum_{j=1}^{N_k} w_{i,j} v_j \tag{7-10}$$

其中，v_i 表示 V 中的第 j 个块，f_i 是结果块。在对所有块进行这样的注意力变换后，我们可以获得一个新的完成特征F_{in}^{c}，其空间大小为 $h\times w\times c$，然后将其添加到输入特征F_{in}中，如7-11所示：

$$\widetilde{F}_{in}^{c}=LN\left(F_{in}+F_{in}^{c}\right) \tag{7-11}$$

其中，F_{in}是经过层标准化操作LN后的残差和特征。接下来，如图7.4所示，我们使用一个由两个1×1卷积层组成的前馈网络（FFN），其中包含一个 RELU 激活函数[204]，以执行线性变换。

$$\widehat{F}_{in}^{c}=\mathscr{FFN}\left(\widetilde{F}_{in}^{c}\right)=W_2\left(ReLU\left(W_1\widetilde{F}_{in}^{c}\right)\right) \tag{7-12}$$

其中，W_1和W_2是在 FFN 中两个层学到的权重。为简化符号，省略了偏置项。最后，我们将前述的残差特征$\widetilde{F}_{in}^{c}$和$\widehat{F}_{in}^{c}$结合在一起，然后对它们进行层标准化。

$$F_{out}=LN\left(\widetilde{F}_{in}^{c}+\widehat{F}_{in}^{c}\right) \tag{7-13}$$

其中F_{out}的形状为 $h\times w\times c$，表示完整Transformer层的输出特征。整个过程在算法1中进行了说明。

Algorithm 1: The Process of transformer layer.

Input: Extracted feature F_{in} and hole mask M

Output: Transformed feature F_{out}

1: Relevance Modelling

2: Decompose F_{in} into **Q,K**, and **V** according to M

3: Extract patches from **Q** and **K** with a size of p × p

for i = 1 → n**do**

Use(8) to calculate the in−between relevance $s_{i,j}$

Obtain attention score $w_{i,j}$ using(9)

end for

Transformation

for j = 1 → n**do**

Extract relevant patch v_j from **V**

Transfe v_j to q_i by weighted summation, produce $\boldsymbol{f}_i$

end for

Generate completed feture F_{in}^{c}

End Transformation

Add & LayerNorm

$\widetilde{F}_{in}^{c} \leftarrow LN\,(F_{in} + F_{in}^{c})$

Feed−forward

Use(12) to perform linear transformation,resulting in

Add & LayerNorm

$F_{out} \leftarrow LN\left(\widetilde{F}_{in}^{c} + \widehat{F}_{in}^{c}\right)$

return Output feature F_{out}

3) 总结：提出的Transformer层可以有效地对已知和未知区域之间的相关性进行建模，以进行相关纹理变换。通过在多个阶段堆叠Transformer层，我们可以形成一个分层Transformer

（HieFormer），该模型学习用于生成结构一致的纹理的多尺度空间变换。此外，由于在每个阶段上操作小尺寸特征图，可以显著降低二次计算复杂性，提高了算法的时效性。

7.3.3 损失函数

1) 重构损失：设I^{gt}为观察到的HR不完整图像I^{m}的真实图像。我们联合优化所有 S 阶段，以在 SR 监督下训练超分辨率修复器。在第s个阶段，假设有T×2个 SR 模块用来将相应的输入进行超分辨率处理，以得到目标 HR 图像，具体的损失函数可以被定义为：

$$\zeta_{sr}^{s}=\sum_{l=1}^{T}\left|\| I_{t}^{c}-I_{t}^{gt}\|_{1}\right. \tag{7–14}$$

其中，I_t^{gt}表示下采样的真实图像。I_t^{c}是通过第 t 个 SR 模块获得的超分辨率图像。I_t^{gt}和I_t^{c}具有相同的空间分辨率。因此，我们多阶段框架的总体重构损失可以描述为：

$$L_{sr}=\sum_{s=1}^{S-1}\zeta_{sr}^{s}+\|\widehat{I}_{H}^{c}-I^{gt}\|_{1}=\left(\sum_{s=1}^{S-1}\sum_{t=1}^{T}\| I_{t}^{c}-I_{t}^{gt}\|_{1}\right)+\|\widehat{I}_{H}^{c}-I^{gt}\|_{1} \tag{7–15}$$

其中，s 是所有 S 个阶段中的阶段编号。正如在第 3.1 节中提到的，我们从第1阶段到第S–1阶段进行渐进式SR，其中最终阶段负责完整分辨率的纹理细化。

2) 对抗损失：我们额外采用 SNPatch–GAN 和铰链损失来优化顶层的全分辨率阶段。因此，鉴别器的对抗损失可以被定义为：

$$
\begin{aligned}
L_D = {} & \mathbb{E}_{I^{gt}\sim\mathbb{P}_{data}(I^{gt})}\left[LReLU\left(1\text{-}D(I^{gt})\right)\right] \\
& +\mathbb{E}_{I_H\sim\mathbb{P}_{I_H}(I_H)}\left[LReLU\left(1+D\left(G(I_H)\right)\right)\right] \\
L_G = {} & \text{-}\mathbb{E}_{I_H\sim\mathbb{P}_{I_H}(I_H)}\left[D\left(G(I_H)\right)\right]
\end{aligned}
\tag{7-16}
$$

其中，G 表示最终全分辨率阶段的生成器，D 是 SN-PatchGAN 的判别器。IH 是式（7）中的串联输入。LReLU 表示 LeakyReLU 激活函数。

我们的超分辨率修复器是完全受监督的，并通过优化上述重构损失和对抗损失的组合进行训练。

$$
L = \alpha_1 L_{sr} + \alpha_2 L_G \tag{7-17}
$$

其中，$\alpha_1 = 1$ 和 $\alpha_2 = 0.1$ 是在我们的实验中用于重构损失和对抗损失的权衡参数。

7.4 实验环境

7.4.1 实施细节

我们网络中CNN的参数如表7.1所示。这里，我们只提供多尺度残差块（MSRBs）、SR模块和上采样模块的参数设置。具体而言，每个阶段有4个MSRBs，每个MSRB由4个并行的3×3扩张卷积组成，具有不同的扩张率（1、2、4、8），通过串联操作进行组合，其中每个层有256个滤波器。此外，进一步使用1×1卷积层来集成接收到的特征。对于SR模块，我们首先使用最近邻插值将LR特征上采样，然后使用两个3×3卷积层，接着是tanh函数，用于重构目标SR图像。上采样模块由最近邻插值操作和2个用于特征上采样的级联3×3卷积组成。

7.4.2 数据集

我们在三个基准数据集上进行实验：CelebA-HQ[205]、Places2（Places365-standard）[206]和 Paris StreetView[207]，分别以定量和定性两种方式展示提出的网络的有效性。CelebA-HQ 数据集是一个高质量的人脸数据集，包含30,000张图像，其中27,000张图像被随机抽样作为训练集，另外的3,000张用于测试。Places2 数据集是包含365个自然场景类别的集合，包含超过8,000,000张图像。我们首先在每个类别随机选择100张图像，共计36,500张，创建一个训练集。然后，采用相同的方法从剩余的数据中每个类别选择10张图像，从而得到3650张用于测试。Paris StreetView 数据集关注巴黎的街景，包含14,900张训练图像和100张测试图像，我们在实验中遵循其原始划分。

7.4.3 设置

训练：我们使用 Adam 优化器[208]，其中 β=0.5 和β2=0.999。网络训练了800K次迭代，学习率固定为10^{-4}，批量大小为8。在训练过程中，为每个批次分配一个自动生成的具有任意孔洞的掩码。我们的模型使用Tensorflow v1.13实现，并在TITAN RTX GPU上进行训练。

测试：为了评估所提方法的有效性，我们在常规和不规则孔洞上进行实验。常规孔洞通过使用大小为128×128的矩形掩码覆盖图像的中心像素来实现。不规则掩码由Liu等人提供，根据缺失区域与整个图像的比例被分为6类（例如，0–0.1，0.1–0.2等）。

7.4.4 比较方法

我们将我们的超分辨率修复器与以下最近的图像修复方法进行比较。

1) CA[151]：一个采用上下文注意力的两阶段框架，用于对上下文信息和缺失区域之间的关系进行建模。

图像修复技术（Content–Aware Image Inpainting）是计算机视觉领域中一项关键技术，旨在通过智能地填充、修复或还原图像中的缺失或损坏区域，使修复后的图像在视觉上保持自然、一致且真实。CA技术的目标是以内容感知的方式，根据图像的上下文和语义信息，合成与周围环境一致的细节和结构，从而消除缺陷并提高图像质量。其中一种经典的CA图像修复方法是基于深度学习的方法，特别是卷积神经网络（CNN）。这类方法通过对大量图像的训练，学习图像之间的复杂映射关系，使网络能够准确地预测缺失区域的像素值。深度学习技术的引入使得修复模型能够更好地理解图像的高级语义特征和结构信息，从而在缺陷区域生成更加真实和一致的内容。这样的方法通常通过端到端的训练来实现，以最大程度地提高修复模型的泛化能力。另一方面，CA技术中也存在许多基于传统计算机视觉和图像处理技术的方法，例如基于补丁匹配的方法。这类方法通过在图像中搜索相似的局部补丁，将其复制到缺失区域以进行修复。一些方法甚至利用最佳优先算法来确定对哪些区域首先进行修复，以达到更好的修复效果。这种基于补丁的方法注重局部信息的一致性和相似性，通过有效的匹配和复制操作实现图像的局部修复。近年来，CA技术中的渐进学习方法也得到了广泛应用。这种方法通过分阶段地进行图像修复，先从全局结构层面进行推理，然后逐渐细化局部纹理，以实现精准而逼真的图像修复。这种渐进学习方法使得模型能够更好地理解图像的整体结构和局部特征，从而取得更高质量的修复效果。在CA图像修复技术中，对于不同类型的缺陷和损伤，研究者们提出了各种不同的模型和方法。例如，对于自然场景中的图像，研究者们通常关注于如何合成与周围背景相协调的纹理和结构。而在人脸或物体图像中，更加注重对细节和边缘的准确修复，以确保修复后的图像在视觉上更具真实感和自然感。综合而言，CA图像修复技术在多个领域都具有广泛的应用前景，从医学影像的恢复到卫星图像的修复，再到数字艺术和摄影后期处理，都能发挥其独特作用。未来，随着深度学习和相关技术的不断进步，CA技术有望在图像修复领域取得更为显著的成就，为各种应用场景提供更高质量的图像修复服务。

2) PICNet[180]：一个生成图像补全多样解决方案的双通道网络。

图像修复技术中的PICNet（Progressive Image Completion Network）是一种基于深度学习的先进方法，专注于高效而准确地完成图像中的缺失区域。PICNet采用渐进式图像合成的策略，通过逐渐增加分辨率的方式，从全局到局部逐步完成图像。其主要特点在于引入了双通道网络，以生成不同的解决方案，从而提高修复结果的多样性。PICNet的工作流程可以分为两个关键阶段。首先，采用全局路径来理解整体结构，然后通过局部路径逐渐细化图像的纹理信息。这种分阶段的策略使得PICNet能够在全局和局部同时优化，更好地平衡结构一致性和细节准确性。此外，PICNet使用了双通道的网络结构，分别对全局和局部信息进行建模，从而在图像合成中获得更高的灵活性。在训练PICNet时，研究者们注重了数据集的选择和模型的多样性。PICNet在训练阶段通过引入多样性的图像样本和缺失模式，提高了模型的泛化性能。此外，PICNet还采用了自适应的损失函数，根据缺失区域的大小和特征进行动态调整，以更好地适应不同的修复任务。与传统的图像修复方法相比，PICNet在修复大尺寸缺失区域时具有更好的性能。其双通道网络结构使得生成的图像更加自然，更具真实感。在定量评估中，PICNet在各种图像修复任务中都取得了优越的结果，包括噪声、模糊和大面积缺失等情况。总体而言，PICNet的渐进式图像合成和双通道网络结构使其在各种复杂情境下都表现出色。PICNet不仅提高了修复效果的质量，还在图像修复领域取得了显著的进展，为未来图像处理和计算机视觉领域的研究提供了有力的参考。

3) GC[152]：使用门控卷积学习动态特征选择的方法。

图像修复技术中的GC（Gated Convolution）是一种基于深度学习的先进方法，专注于通过引入门控卷积机制来提高图像修复的性能。GC网络的核心思想是在卷积层中引入门控单元，以有效地学习和保留图像的重要信息，从而在修复过程中更好地捕捉结构信息和纹理细节。GC的独特之处在于其能够自适应地学习不同区域的特征表示，从而实现更加精确和细致的图像修复。GC网络的设计采用了分层的结构，旨在从全局到局部逐步理解和修复图像。首先，通过全局路径，GC网络能够捕捉整体结构和上下文信息，为后续的修复提供基础。然后，通过引入门控卷积机制，GC网络在局部路径中进一步细化图像的纹理信息，使得修复结果更具真实感和细节。在训练GC网络时，研究者们注重了数据集的选择和模型的优化。GC通过大量的图像样本进行训练，其中包括各种不同的损伤和缺陷情况，以提高网络的泛化性能。此外，GC网络还采用了自适应的学习率和正则化策略，以避免过拟合和提高网络的稳定性。相对于传统的图像修复方法，GC在修复大尺寸缺失区域时表现出色。其门控卷积机制能够有效地筛选并保留有助于图像修复的关键信息，从而提高了修复结果的准确性和自然度。在多个图像修复任务的定量评估中，GC网络都取得了优越的结果，显示了其在各种场景下的鲁棒性和性能优势。总体而言，GC的门控卷积机制为更好地捕捉图像信息提供了有效手段。GC网络的结构设计和训练策略使其成为图像修复领域的一项重要成就，为图像处理和计算机视觉领域的发展提供了有益的经验和启示。

4) PEN-Net[163]：由多尺度金字塔损失监督的金字塔上下文编码器网络。

图像修复技术中的PEN-Net（Pyramid-Context Encoder Network）是一种先进的深度学习方法，专注于采用金字塔上下文编码器网络进行图像修复，以实现对缺失或损坏区域的高质量重建。PEN-Net的核心思想在于通过引入金字塔上下文编码器以多尺度的方式来捕获图像的全局和局部上下文信息，从而提高修复结果的准确性和细致度。PEN-Net的网络结构包括多个金字塔上下文编码器模块，每个模块负责处理不同尺度的上下文信息。这种多尺度的设计使得PEN-Net能够在全局和局部层面更好地理解图像的语义结构，并将这些信息有效地整合到修复过程中。此外，PEN-Net还引入了特定的上下文编码器，通过对周围上下文的编码提高对缺失区域的理解和填充。在PEN-Net的训练过程中，研究者们注重了数据集的选择和模型的优化。PEN-Net通过在大规模的图像样本上进行训练，以涵盖各种图像损伤和缺陷情况，从而提高网络的泛化性能。此外，PEN–Net还采用了自适应的学习率和正则化策略，以避免过拟合并提高网络的鲁棒性。与传统的图像修复方法相比，PEN–Net在处理复杂场景和大尺寸缺失区域时表现出色。其金字塔上下文编码器网络充分利用多尺度信息，使得修复结果更具全局一致性和细节清晰度。在多个图像修复任务的定量评估中，PEN–Net展现出了显著的性能优势，显示了其在图像修复领域的领先地位。总体而言，PEN–Net的金字塔上下文编码器网络的引入为更好地理解和恢复图像信息提供了强大的工具。PEN–Net的设计理念和训练策略使其在图像处理和计算机视觉领域取得了显著的成就，为图像修复技术的发展和应用提供了重要的参考。

5) DFNet[187]：提供预测和已知内容之间平滑融合的生成深度融合网络。

DFNet（Deep Fusion Network）是一种先进的图像修复技术，其核心思想是引入深度融合网络以实现对图像缺失或受损区域的渐进式重建。DFNet采用了创新性的多尺度监督机制，通过逐渐重建不同分辨率的图像来优化修复过程，从而在全局和局部层面提高图像修复的准确性和自然度。DFNet的网络结构包含融合块，这些块被嵌入到解码器层中，用于渐进式地生成不同分辨率的图像。这种渐进式的设计使得DFNet能够更好地理解图像的多尺度特征，有助于恢复复杂场景和细节。DFNet的训练过程中，采用了多阶段监督学习，通过逐渐生成不同分辨率的图像来引导网络学习更丰富的语义信息，并避免了传统方法中可能存在的信息丢失问题。在DFNet的训练和优化方面，研究者们注重了损失函数的设计和模型参数的调整。DFNet采用了一种平衡了重建和对抗损失的损失函数，以确保修复结果既保持了原始图像的结构一致性，又具有自然的外观。此外，DFNet还通过对网络参数进行仔细的调整，提高了模型的收敛性和泛化性能。DFNet在多个图像修复任务的实验中取得了显著的成果。其渐进式修复机制使得修复结果更具有层次感和真实感，特别适用于处理复杂场景和大尺寸缺失区域。在与传统图像修复方法和其他深度学习方法的比较中，DFNet在定量和定性上都展现出了卓越的性能，证明了其在图像修复领域的领先地位。总体而言，DFNet的渐进式、多尺度的设计理念为更好地捕捉和还原图像信息提供了创新的解决方案。DFNet在图像修复领域的研究和应用中取得了显著的突破，为图像处理技术的发展和实际应用提供了有力的支持。

6) MEDFE[179]：一种用于图像修复的具有特征均衡的相互编码器–解码器。

MEDFE（Mutual Encoder–Decoder with Feature Equalization）是一种先进的图像修复技术，其核心创新在于引入了相互编码器–解码器结构和特征均衡机制，旨在更有效地捕获图像中的语义信息、提高修复质量并保持图像细节的自然性。MEDFE的网络结构包含相互编码器和相互解码器，这两者之间通过特征均衡模块相互连接。这种设计使得网络能够在编码器和解码器之间进行信息交流和平衡，更好地理解图像的全局和局部特征。特征均衡模块的引入进一步增强了对不同尺度特征的感知能力，有助于提高修复效果的全面性和准确性。在训练过程中，MEDFE采用了多阶段的监督学习策略，逐步生成更高分辨率的图像。这种渐进性的训练机制有助于网络更好地学习图像的多尺度特征，避免了传统方法中可能出现的信息丢失问题。此外，MEDFE还关注了损失函数的设计，通过平衡重建损失和对抗损失，以及特征均衡模块的引入，提高了网络在各种图像修复任务中的性能。在实验中，MEDFE在多个图像修复任务中展现出了卓越的性能。其相互编码器–解码器结构和特征均衡机制在不同场景和缺陷图像中表现出色，特别是在处理大尺寸缺失区域和复杂图像结构时。与传统图像修复方法和其他深度学习方法相比，MEDFE在定量和定性上都取得了令人瞩目的成果，证实了其在图像修复领域的领先地位。综合而言，MEDFE的相互编码器–解码器结构和特征均衡机制为更全面、准确地还原损坏图像提供了有效的解决方案。MEDFE的成功应用为图像修复领域的研究和实践带来了新的启示，为图像处理技术的发展和应用提供了有力的支持。

7) ICT[190]：基于Transformer的多样图像修复框架。

ICT（Transformer-based Diverse Image Inpainting）是一种先进的图像修复技术，其核心思想是采用Transformer架构实现对图像缺失区域的多样性修复。该方法通过引入Transformer的自注意力机制，能够更好地捕捉图像的全局和局部信息，从而提高修复效果的综合性和真实性。ICT首先使用自动编码器网络对输入图像进行特征提取和编码，然后通过Transformer架构对缺失区域进行多样性修复。与传统的图像修复方法相比，ICT采用了全新的Transformer-based策略，具有更强大的建模能力和更灵活的图像生成能力。该方法在生成图像时，注重保持图像的整体结构和语义信息，同时通过引入多样性生成机制，避免了修复结果的单一性。在ICT的设计中，关键的Transformer模块能够有效地捕捉不同尺度下的图像特征，并实现图像修复的精细化。通过在编码-解码过程中引入Transformer的多头自注意力机制，ICT能够更好地处理复杂的图像结构和纹理，取得在各种图像修复任务中的出色表现。此外，ICT注重对生成图像的多样性进行控制，通过引入条件变分自编码器（CVAE）等机制，实现对修复结果的随机性调控。这使得ICT生成的图像更具有艺术性和多样性，适用于不同场景和需求。在实验中，ICT在多个数据集上进行了充分验证，与其他图像修复技术相比，取得了令人瞩目的成果。在定量和定性评估中，ICT在图像修复领域展现出了显著的优势，尤其在处理大面积缺失和复杂纹理的图像中表现出色。

综合而言，ICT的基于Transformer的多样性修复策略为损坏图像的高质量修复提供了新的思路和有效的解决方案。ICT在图像修复领域的成功应用为推动图像处理技术的发展和应用提供了有力的支持。

8) BAT–Fill[203]：一种基于双向和自回归Transformer的多样化修复方法。

BAT–Fill（Bidirectional Autoregressive Transformer for Image Inpainting）是一种创新的图像修复技术，其核心思想是通过引入双向自回归Transformer实现对图像缺失区域的精准和多样性修复。相较于传统的图像修复方法，BAT–Fill在全局和局部上下文的建模中具有更高的准确性和效率。BAT–Fill首先通过自动编码器网络对输入图像进行特征提取和编码，然后通过双向自回归Transformer架构对缺失区域进行精准的重建。这一架构的关键在于其双向性，允许模型以正向和反向的方式同时学习并考虑到图像缺失区域的上下文信息，使得修复结果更加一致和真实。在BAT–Fill的设计中，自回归Transformer模块能够有效地捕捉不同尺度下的图像特征，实现对复杂图像结构和纹理的高效建模。通过引入注意力机制，BAT–Fill能够更好地理解图像的全局结构，同时在局部上下文中进行准确的缺失区域填充，实现了对图像细节的精细修复。此外，BAT–Fill注重对生成图像的多样性进行控制，通过引入条件变分自编码器（CVAE）等机制，实现对修复结果的随机性调控。这使得BAT-Fill生成的图像更具有艺术性和多样性，适用于不同场景和需求。在实验中，BAT-Fill在多个数据集上进行了全面验证，与其他图像修复技术相比，BAT-Fill在图像细节恢复、结构保持和多样性修复等方面表现出色。其修复结果不仅在定量评估中取得了优异成绩，而且在视觉上更加自然和真实。综合而言，BAT-Fill的基于双向自回归Transformer的修复策略为损坏图像的高质量修复提供了新的思路和有效的解决方案。BAT-Fill在图像修复领域的成功应用为推动图像处理技术的发展和应用提供了有力的支持。

9) HVQ-VAE[181]：一种采用分层VQ-VAE进行多样化图像生成的多解决方案修复方法。

HVQ-VAE（Hierarchical Vector Quantized Variational Autoencoder）是一种先进的图像修复技术，其独特的层次化向量量化变分自编码器结构使其在处理图像缺失和生成高质量修复图像方面具有显著的优势。该方法采用了先进的深度学习和自编码器技术，通过将图像信息编码成向量并进行向量量化，从而实现了对图像的高效表示和修复。HVQ-VAE的核心思想在于通过将图像信息映射到潜在向量空间，并使用向量量化技术对潜在空间中的向量进行聚类和量化。这种层次化的向量量化结构使得HVQ-VAE能够更好地捕捉图像中的复杂特征和纹理，从而实现对缺失区域的准确修复。与传统的自编码器相比，HVQ-VAE的潜在表示更具有层次性和结构性，能够更好地保留图像的全局和局部信息。在HVQ-VAE的训练过程中，通过引入层次化向量量化技术，模型可以自适应地学习图像中不同层次的特征表示，使得潜在表示更加紧凑而富有表达力。这有助于HVQ-VAE在处理不同类型的图像缺失和损坏时都能够取得良好的修复效果。通过对潜在表示的有效学习和量化，HVQ-VAE能够在保持图像结构和纹理一致性的同时，实现高效的图像修复。此外，HVQ-VAE还注重对生成图像的多样性进行控制，通过引入分层向量量化和变分自编码器的机制，实现对修复结果的随机性调控。这使得HVQ-VAE生成的图像更具有多样性和自然性，适用于不同场景和需求。在实验中，HVQ-VAE在多个公共数据集上进行了充分验证，展现了其在图像修复领域的卓越性能。其修复结果不仅在定量评估中表现出色，而且在视觉上更加真实和令人满意。总体而言，HVQ-VAE的层次化向量量化结构为图像修复任务提供了一种高效且具有表达力的方法。HVQ-VAE的成功应用为图像处理技术的发展提供了新的思路和解决方案。

为了进行公平比较，除了使用它们官方的预训练模型进行性能评估外，对于CA、PICNet 和MEDFE ，我们还通过设置与我们的超分辨率修复器相同的掩码重新训练这些模型，其结果也在表7.2和表7.3中给出。对于ICT 和BAT-Fill，由于GPU资源的限制，我们只提供它们的公开模型产生的结果。

表 7.2　基于 Celeba-HQ 数据集的定量研究结果）加粗文本代表最佳性能）

Metric	Mask	CA [16]	[16]	GC [17]	PICNet [45]		DFNet [52]	MEDFE [44]	BAT-Fill [68]	HVQ-VAE [46]	OURS
PSNR	0.0–0.1	33.72	37.15	37.8331.90	33.73	34.75	38.18	31.53	34.18	37.83	**39.14**
	0.1–0.2	28.04	30.96	28.60	30.55	30.09	31.87	29.80	30.98	31.97	**33.26**
	0.2–0.3	24.80	27.53	26.16	27.96	27.44	28.41	28.02	28.29	28.70	**29..91**
	0.3–0.4	22.42	25.04	24.28	25.75	25.31	25.86	26.00	25.98	26.26	**27.38**
	0.4–0.5	20.56	23.09	21.31	23.79	23.44	23.86	24.15	24.10	24.29	**25.41**
	0.5–0.6	18.05	20.05		20.34	20.14	20.63	20.50	20.80	20.99	**22.14**
SSIM ↑	0.0–0.1	0.982	0.991	0.993	0.986	0.984	0.993	0.977	0.987	0.993	**0.995**
	0.1–0.2	0.950	0.973	0.978	0.971	0.965	0.976	0.967	0.974	0.978	**0.983**
	0.2–0.3	0.905	0.945	0.955	0.948	0.940	0.951	0.950	0.953	0.956	**0.966**
	0.3–0.4	0.851	0.909	0.927	0.916	0.907	0.917	0.922	0.925	0.928	**0.943**
	0.4–0.5	0.787	0.865	0.893	0.874	0.862	0.874	0.886	0.890	0.893	**0.915**
	0.5–0.6	0.664	0.758	0.805	0.753	0.732	0.762	0.762	0.789	0.794	**0.835**
FID ↓	0.0–0.1	4.44	1.68	1.46	7.18	2.85	1.40	3.66	2.40	**0.62**	1.07
	0.1–0.2	10.60	2.55	3.48	8.84	4.97	3.25	4.30	3.06	**1.52**	2.35
	0.2–0.3	18.83	4.56	5.97	10.59	6.35	5.49	5.25	3.94	**2.57**	3.89
	0.3–0.4	28.23	6.94	8.52	12.51	8.12	8.22	6.88	5.04	**3.91**	5.70
	0.4–0.5	39.96	9.81	11.20	14.96	10.69	11.45	8.80	6.16	**5.25**	7.52
	0.5–0.6	52.45	15.19	15.49	18.41	19.35	16.10	15.30	8.29	**8.54**	10.69
LPIPS ↓	0.0–0.1	0.028	0.013	0.011	0.027	0.034	0.011	0.040	0.020	0.009	**0.008**
	0.1–0.2	0.065	0.035	0.029	0.043	0.058	0.029	0.045	0.030	0.024	**0.021**
	0.2–0.3	0.108	0.063	0.092	0.064	0.080	0.052	0.057	0.044	0.044	**0.037**
	0.3–0.4	0.153	0.095	0.137	0.089	0.106	0.080	0.078	0.062	0.068	**0.061**
	0.4–0.5	0.202	0.131	0.108	0.120	0.142	0.111	0.105	**0.086**	0.095	**0.086**
	0.5–0.6	0.266	0.197	0.161	0.183	0.219	0.167	0.177	**0.137**	0.155	0.139

注：↑表示越高越好，并且↓表示越低越好。*表示我们重新训练的模型产生的结果。

表 7.3　基于 Places 2 数据集的定量研究结果（加粗文本代表最佳性能）

Metric	Mask	CA [16]	CA* [16]	GC [17]	PICNet [45]	PICNet* [45]	DFNet [52]	MEDFE [44]	MEDFE* [44]	ICT [55]	BAT-Fill [68]	HVQ-VAE [46]	OURS
PSNR	0.0–0.1	31.59	33.24	35.16	33.20	33.65	34.38	34.12	30.24	32.15	35.66	34.60	**35.41**
	0.1–0.2	25.04	27.00	28.90	27.68	28.48	28.74	27.90	27.45	26.86	28.86	28.35	**29.14**
	0.2–0.3	21.69	23.68	25.40	24.73	25.65	25.54	24.42	24.99	23.63	25.06	24.87	**25.67**
	0.3–0.4	19.47	21.42	22.91	22.43	**23.45**	23.26	21.85	22.78	21.39	22.38	22.47	23.26
	0.4–0.5	18.03	19.73	21.00	20.58	**21.56**	21.48	19.86	20.96	19.63	20.33	20.57	21.41
	0.5–0.6	16.42	17.44	18.18	17.79	18.63	18.99	17.33	18.39	17.33	17.49	17.81	**18.68**
SSIM ↑	0.0–0.1	0.969	0.980	0.986	0.978	0.980	0.984	0.983	0.968	0.979	0.986	0.985	**0.987**
	0.1–0.2	0.905	0.938	0.956	0.942	0.950	0.954	0.947	0.944	0.938	0.954	0.951	**0.958**
	0.2–0.3	0.824	0.879	0.911	0.892	0.909	0.910	0.893	0.902	0.879	0.903	0.901	**0.916**
	0.3–0.4	0.734	0.808	0.854	0.823	0.853	0.855	0.821	0.841	0.806	0.833	0.838	**0.862**
	0.4–0.5	0.648	0.729	0.786	0.740	0.782	0.788	0.737	0.766	0.723	0.750	0.764	**0.799**
	0.5–0.6	0.522	0574	0.634	0.559	0.615	0.644	0.576	0.599	0.569	0.575	0.603	**0.654**
FID ↓	0.0–0.1	3.78	2.32	1.96	3.26	3.13	2.78	2.73	3.60	2.26	1.17	1.64	**1.50**
	0.1–0.2	9.92	6.37	4.58	7.73	7.85	6.20	7.93	6.19	5.87	**3.52**	4.44	4.04
	0.2–0.3	1762	11.61	7.64	13.13	14.17	10.29	15.93	10.63	11.01	**6.59**	8.23	7.36
	0.3–0.4	27.05	17.76	11.55	19.76	23.12	15.14	27.74	17.38	17.76	11.39	12.70	**11.24**
	0.4–0.5	37.17	25.72	16.31	27.63	36.29	21.43	42.62	27.41	27.52	16.28	18.73	**16.17**
	0.5–0.6	52.45	36.94	25.90	39.00	65.91	30.54	66.55	50.28	44.16	25.84	29.89	**25.77**
LPIPS ↓	0.0–0.1	0.037	0.026	0.016	0.035	0.038	0.026	0.022	0.042	0.023	**0.012**	0.017	0.015
	0.1–0.2	0.092	0.066	0.043	0.074	0.085	0.056	0.063	0.062	0.054	**0.037**	0.045	0.040
	0.2–0.3	0.153	0.115	0.079	0.117	0.140	0.094	0.119	0.096	0.096	**0.074**	0.082	**0.074**
	0.3–0.4	0.212	0.166	0.120	0.167	0.201	0.134	0.183	0.142	0.142	0.118	0.125	**0.113**
	0.4–0.5	0.270	0.222	0.169	0.226	0.269	0.182	0.254	0.197	0.194	0.172	0.174	**0.159**
	0.5–0.6	0.336	0.307	0.258	0.328	0.387	0.261	0.352	0.305	0.283	0.276	0.264	**0.248**

注：↑表示越高越好，↓表示越低越好。*表示我们重新训练的模型产生的结果。

7.5 实验结果

7.5.1 与最先进技术的比较

1) 定性比较

我们在图7.5中展示了在CelebA-HQ上的视觉结果。对于面部图像我们可以看到，尽管GC 和PICNet 通常可以用合理的语义修复缺失区域，但预测的内容包含明显的伪影。BAT-Fill 和HVQ-VAE 可以生成更清晰、更锐利的细节，但在洞很大的情况下可能产生误导性的纹理。与这些方法相比，超分辨率修复器可以生成具有更准确和真实纹理的面部图像。我们在图7.6中进一步展示了在Places2数据集上的比较。可以观察到，PICNet 合成的图像遭受了严重的结构失真。GC 、BAT-Fill 和HVQ-VAE 可以产生更好的结果，但也导致了不愉快的瑕疵，如可变形的边界和模糊的纹理。相比之下，我们的结果在视觉上更加自然，更接近真实图像。在图7.7中，Paris StreetView数据集上的结果也展示了与其他方法相比，超分辨率修复器在合理性和逼真性上的优越性。

图 7.5　于 CelebA HQ 数据集上的定性示例

Fig7.5　Qualitative examples for CelebA-HQ dataset

图 7.6　于 Places 2 数据集上的定性示例

Fig7.6　Qualitative examples for Places2 dataset

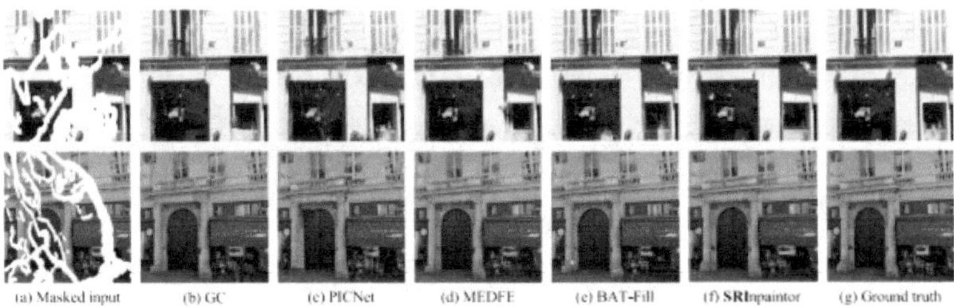

图 7.7　于 Paris StreetView 数据集上的定性示例

Fig7.7　Qualitative examples for Paris StreetView dataset

2) 定量比较

我们使用以下指标对所有结果的定量性能进行测量：1）峰值信噪比（PSNR），2）结构相似性指数（SSIM），3）Fréchet Inception 距离（FID）[209]，以及学习的感知图像块相似性（LPIPS）[210]。FID分数通过使用预训练的Inception–V3[211]模型在特征空间上测量真实图像和修复图像之间的Wasserstein–2距离来计算。LPIPS也被称为基于高级特征的人类感知测量。

在表7.2和表7.3中，我们提供了在CelebA–HQ和Places2数据集上针对不规则掩码的结果。由于计算复杂性较大且GPU资源有限，我们无法重新训练ICT[190]在CelebA–HQ上的模型。由于CA、PICNet和MEDFE与我们和其他方法使用不同的训练掩码设置，我们还重新训练了这些模型，使用与我们的超分辨率修复器相同的训练掩码设置。

CelebA–HQ数据集上的定量结果显示在表7.2中，提出的超分辨率修复器在像素级别的PSNR和SSIM指标上表现最佳。至于感知级别的指标，我们的方法在FID和LPIPS方面可以在与BAT–Fill和HVQ–VAE相比实现可比较的性能。对于更具挑战性的Places2数据集（见表7.3），我们的方法在四个指标上，在大多数不规则掩码上仍然具有优势。重新训练的PICNet在0.4–0.5和0.5–0.6掩码比例上的PSNR性能略优，但在所有掩码比例上的SSIM、FID和LPIPS分数都低于我们的结果。定性和定量比较证明了我们的超分辨率修复器在高质量图像修复方面的有效性。

7.5.2 进一步讨论

在本小节中，讨论了我们的方法与另外两种图像修复方法——PEN-Net 和 DFNet的区别，这两种方法采用多尺度监督逐步填补缺失区域。

与DFNet的区别：DFNet引入了嵌入到解码器层的融合块，以在多尺度约束下重构不同分辨率的多个图像。然而，在DFNet中，这种约束仅用于监督渐进重建，未能充分利用LR和HR结果之间的交互。因此，HR重建高度依赖于解码特征，但缺乏先前LR结果的指导。相反，超分辨率修复器采用了一个多阶段框架，从具有LR输入的全局结构推理开始，并在HR空间中通过SR监督逐步细化局部纹理。前一阶段恢复了提供一致结构信息作为外观先验的粗略SR结果，将其与下一阶段的更高分辨率的受损图像相结合，实现了从粗到细的信息传播和细化。此外，DFNet忽略了已知和未知区域之间的远程长期相关性，而我们提出了HieFormer来对跨多个阶段的远程上下文和孔洞之间的长期相关性进行建模。表7.3和图7.8中的比较显示了我们方法的优越性。

图 7.8　常规掩码在CelebA HQ数据集上的可视化比较

Fig7.8　Visual comparisons on CelebA-HQ dataset for the regular mask

与PEN–Net的区别：PEN–Net与DFNet有类似的思想，也采用多尺度监督来优化修复网络。如上所述，这种方法忽略了对更好的HR图像重建的LR结果的指导。其次，PEN–Net提出了注意力传递网络（ATN）来对高级和先前低级特征之间的关系进行建模。我们的方法设计了一个层次化的变压器架构，以对在多个尺度上跨越缺失区域内外的补丁之间的相关性进行建模。相比之下，通过来自不同分辨率域的编码语义上下文，我们的方法可以在缺失区域上实现细致的纹理改进和更新。表7.4和图7.8中的结果显示了我们方法的有效性。

表 7.4　Celeba-HQ 数据集上规则的掩码的定量结果

Method	PSNR	SSIM ↑	FID ↓	LPIPS ↓
DFNet[52]	22.90	0.824	10.12	0.076
PEN-Net[163]	25.52	0.890	13.35	0.080
Ours	**26.03**	**0.909**	**5.90**	**0.057**

注：加粗文本表示最佳性能，↑越高越好，↓越低越好。

7.5.3 消融研究

在这里，我们进行实验来评估我们超分辨率修复器中的SR技术和层次Transformer的有效性，用于图像修复。

1) 阶段数量：如第3.1节所述，我们提出的超分辨率修复器是一个多阶段从粗到细的框架，由3个子网络组成，负责从LR（×4）到HR（×1）进行全局结构理解和局部纹理细化。我们构建了两个更多的变体：超分辨率修复器（1–4）和超分辨率修复器（1–2），以研究阶段数量的影响。这两个模型只包含一个LR阶段来学习LR到HR的映射，并包含另一个HR分支来生成完成的图像。我们将没有任何LR分支的模型称为基线模型，它导致了一个学习全分辨率映射的单阶段网络。在表7.5中，我们展示了这些变体在CelebA-HQ数据集上的PSNR/SSIM性能。与超分辨率修复器（1–4）和基线模型相比，可以观察到随着阶段数量的增加，模型产生了更好的结果。一个原因是更多的阶段自然涉及更多的模型参数。此外，多阶段框架还使我们的模型能够从LR到HR空间推理全局结构，有助于生成语义一致的结构。

另一方面，将超分辨率修复器（1–4）与超分辨率修复器（1–2）进行比较，可以看到后者的性能优于前者。这种现象可能是由于较低分辨率输入导致的细节丢失。此外，如表7.5所示，我们的完整模型超分辨率修复器在PSNR/SSIM方面均取得了最佳的定量结果，这表明我们基于渐进SR学习的多阶段设计的必要性和有效性。

表 7.5　Celeba-HQ 数据集上不规则的掩码的 PSNR 和 SSIM 的性能

Method	0.1–0.2	0.3–0.4	0.5–0.6
Baseline	31.78/0.977	26.18/0.928	21.22/0.80.
Ours(1–4)	32.37/0.980	26.64/0.934	21.59/0.817
Ours(1–2)	32.87/0.982	27.19/0.940	22.13/0.826
Ours(1–2–4)	**33.26/0.983**	**27.38/0.943**	**22.14/0835**

注：加粗文本表示最佳性能，↑越高越好，↓越低越好。

2) SR Supervision的研究：我们的超分辨率修复器的主要思想是通过SR监督从LR到HR的渐进重建。为了调查我们的渐进SR技术对图像修复的影响，在这里，我们去掉了图中的SR模块，并在每个阶段学习孔洞和完成图像之间的映射，分辨率保持在标识域。然后，生成的LR图像被双三次上采样到更高的分辨率，作为下一阶段的输入。为了简单说明，这种修改可以构造成如图7.9所示。我们比较了这两种策略的最终重建图像，并使用Sobel梯度图来描述它们的纹理。如图7.10所示，我们可以看到双三次上采样和SR监督都能够很好地填补孔洞。然而，双三次上采样策略往往会以模糊的边缘来预测缺失的内容（红色矩形），而我们的端到端渐进SR技术产生了更清晰的边缘和更好的纹理。这些结果证明了我们的SR技术对高质量图像修复的有效性。

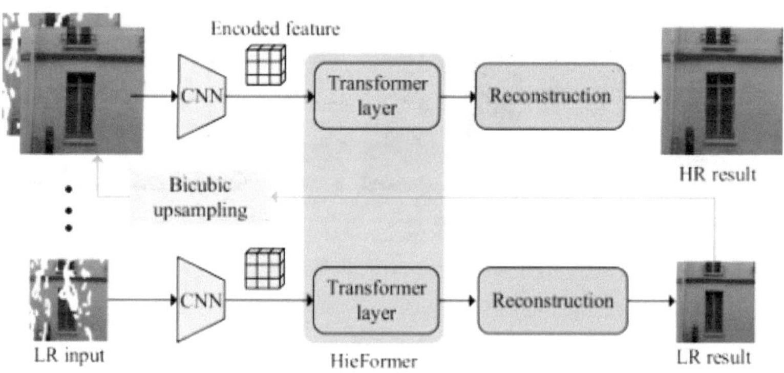

图7.9 用身份解析重建和双三次上采样替换SR模块而创建的修改后的框架

Fig7.9 The modified framework created by replacing the SR module with identity resolution reconstruction and bicubic upsampling

图 7.10　双三次反采样策略和端到端 SR 技术之间的视觉比较（我们通过提取重建图像的 Sobel 梯度图来显示重建图像的纹理）

Fig7.10　Visual comparisons between the bicubic unpsampling strategy and end-to-end SR technique (We show the texture of reconstructed images by extracting their Sobel gradient maps)

3) HieFormer的效果：首先，我们将提出的HieFormer与图像修复中的现有注意力模块[151]、[175]进行比较。我们将[151]和[175]中不同的注意力模块分别表示为CAM和MCAM。为了公平比较，我们只是用这两个注意力模块中的一个替换我们网络中的HieFormer。图7.11显示了在Places2和CelebA–HQ数据集上的结果。正如我们所看到的，所有使用CAM（图7.11(b)）和MCAM（图7.11(c)）的模型都能够合成相当好的图像，但在缺失区域引起了相当不一致的伪影。与这些注意力模块相比，配备了HieFormer（图7.11(d)）的生成纹理在缺失区域更为明显，并且与周围区域保持一致，这证明了所提出的HieFormer在表达远程上下文和缺失区域之间关系方面的优越性。其次，我们通过从超分辨率修复器中删除HieFormer来研究该模块的贡献。在图7.12中，我们展示了在巴黎街景数据集上的定量结果。可以看到，与没有此组件的模型相比，具有HieFormer的模型在所有不规则掩码上都产生了更好的像素级（PSNR）和感知级（FID）性能。

在图7.13中，我们进一步可视化了HieFormer中所有Transformer层之前和之后的特征图，以及每个阶段的完成图像。请注意，为了更好地说明，特征图和重建图像被调整到相同的空间分辨率。如图7.13所示，我们可以发现，在Transformer层之前的特征图主要集中在边界，甚至整个图像上，特别是在第1阶段。这表明模型在浅层对缺失区域的关注较少。配备了Transformer层后，边界和孔洞掩码中的较高值主要位于边界和孔洞掩码中。此外，还可以观察到我们的模型逐渐从底部到顶部阶段更多地关注孔洞掩码。在顶级阶段（第3阶段），几乎所有高值都位于缺失区域。因此，随着阶段的增加，重建图像中的局部纹理变得越来越清晰。

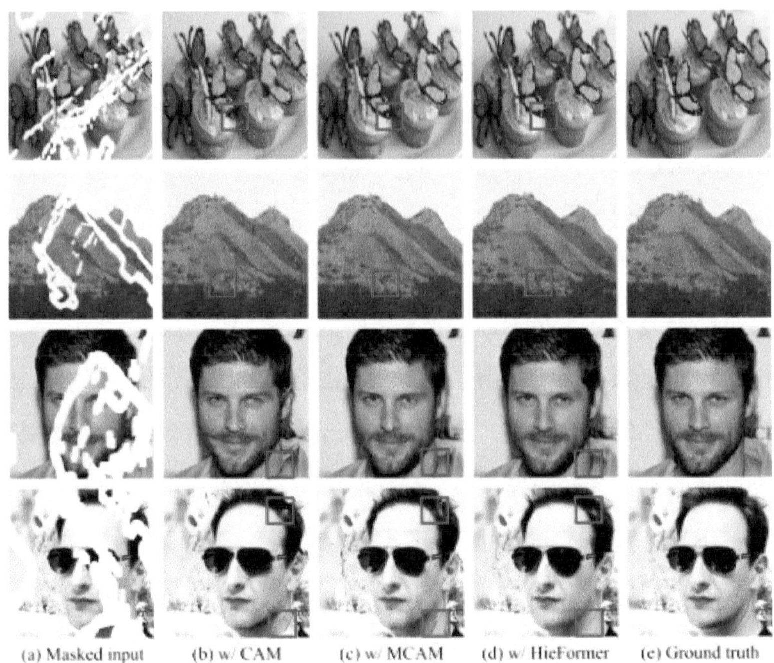

图 7.11 超分辨率修复器 与 (b) CAM、(c) MCAM 和 (d) 我们的 HieFormer 生成的结果之间的视觉比较（前两行：Places2；底部两行：CelebA-HQ）

Fig7.11 Visual comparisons among the results produced by the SRInpaintor with (b) CAM , (c) MCAM, and (d) our HieFormer (Top two rows: Places2; Bottom two rows: CelebA-HQ)

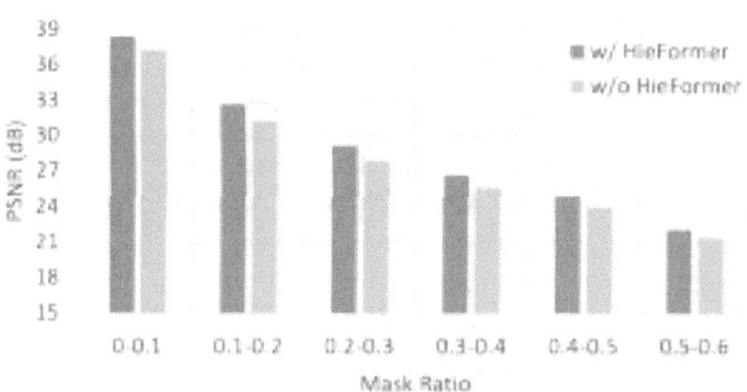

PSNR 性能比较

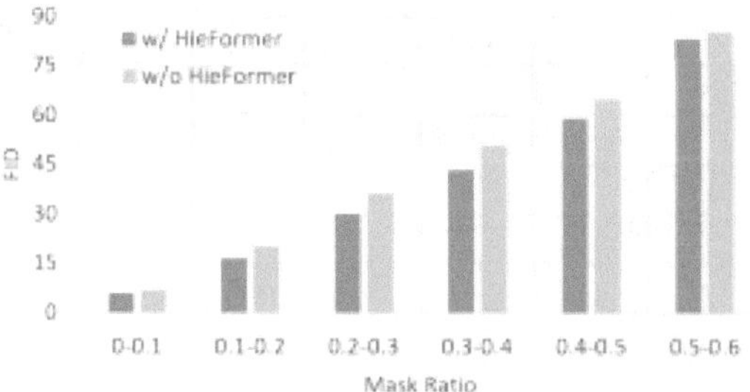

FID 性能比较

图 7.12　巴黎街景中使用和不使用 HieFormer 的模型之间的定量比较（我们观察不规则掩模上的 PSNR 和 FID 性能）

Fig7.12　Quantitative comparisons between the models w/ and w/o the HieFormer on Paris StreetView (We observe the PSNR and FID performance on irregular masks)

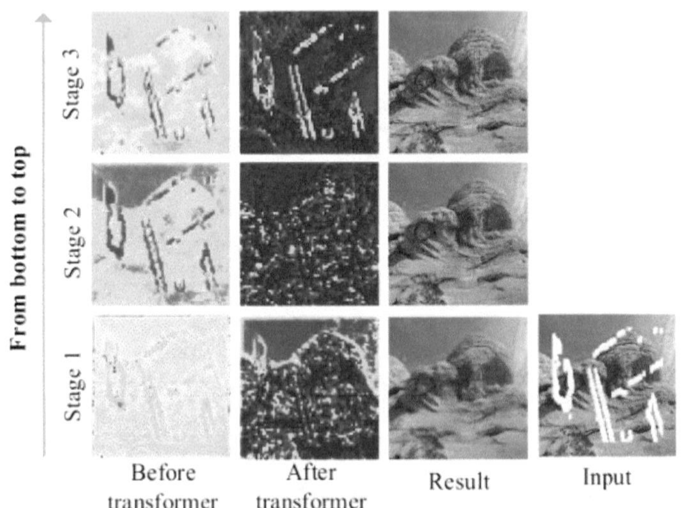

图7.13 每个阶段中Transformer层之前和之后的特征图的可视化（所有特征图和重建图像的大小都调整为相同的空间分辨率，以便更好地进行说明）

Fig7.13 Visualization of the feature maps before and after the transformer layer in each stage (All the feature map and reconstructed images are resized to the same spatial resolution for better illustration)

7.5.4 评估高分辨率图像

为了展示所提出的超分辨率修复器的泛化能力，我们直接在未经重新训练的情况下对更高分辨率（512 × 512）的损坏图像进行评估。我们以HiFill[188]生成的结果作为参考，该方法是使用分辨率为512 × 512的图像进行训练的。图7.14显示了小（前两行：0.2–0.3）和大（后两行：0.3–0.4）掩码比例的结果。正如我们所看到的，HiFill[188]在保持填充内容与周围纹理一致性方面存在问题，并且在处理较大的孔洞时呈现明显的颜色失真（见第四行）。与HiFill相比，即使没有专门使用512×512图像进行训练，超分辨率修复器仍然能够合成出合理的结果，同时保留逼真的纹理和良好的颜色一致性。

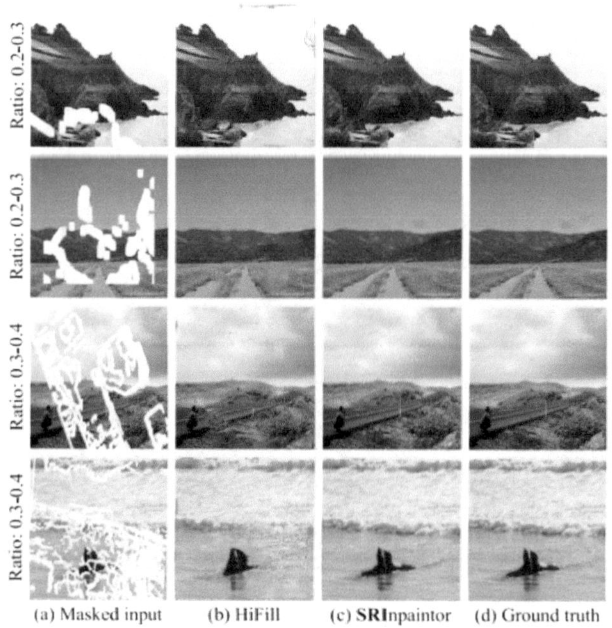

图 7.14　Places2 数据集上更高分辨率 512×512 个损坏图像的视觉结果（我们使用 HiFill 作为参考，它是用分辨率 512×512 的图像进行训练的）

Fig7.14　Visual results of higher-resolution 512×512 corrupted images on Places2 dataset (We use HiFill as reference, which is trained with images of resolution 512×512)

7.5.5 恢复图像中随机丢失的像素

在这里，我们对包含随机像素缺失的图像进行实验。图7.15展示了具有不同像素缺失率的输入图像的结果。正如我们所看到的，我们的方法在低缺失率（30%和50%）的情况下表现出色。即使对于像素缺失率较高的图像（70%），我们的方法仍然能够取得相当好的效果。

图7.15 具有不同像素丢失率的图像的重建结果

Fig7.15 Reconstructed results for the image with different missing rates of pixels

7.5.6 实际图像中的对象移除

本节所提出的方法可以用于图像编辑任务。我们通过在真实世界图像上随机绘制白色掩码来移除不需要的对象。图7.16展示了一些示例。用户可以在源图像上交互式地绘制掩码来表示不需要的对象，其中一些掩码包含具有大区域的不同对象、背景和形状。如图7.16所示，我们的方法能够在缺失区域生成清晰而合理的内容，这证明了超分辨率修复器的实用性和通用性。

在图7.16中，我们的方法可以在缺失区域生成清晰合理的内容，这表明了实用性和超分辨率修复器的可推广性。

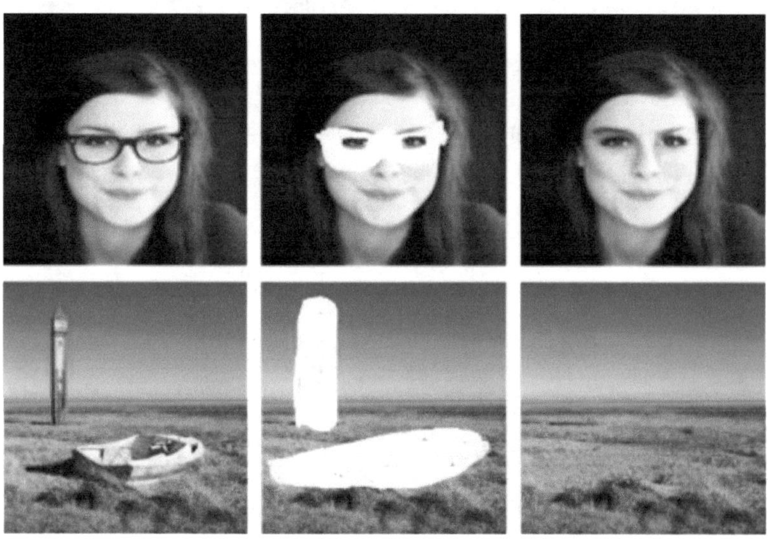

图7.16　使用我们的超分辨率修复器模型进行对象删除和图像编辑的示例
（左：原始图像 中心：给定图像中不需要的物体 右：生成的图像）
Fig7.16　Examples of object removal and image editing using our SRInpaintor model (Left: Original images. Center: Unwanted object in the given images. Right: Generated images)

7.5.7 失败案例

与所有图像修复算法一样，我们的方法也存在一些失败案例，如图7.17所示。从这些结果中可以看出，在缺失区域具有复杂纹理时，我们的模型存在问题，并生成模糊的内容（第一行）。这是因为这些纹理存在许多边缘和特别详细的像素差异，这对我们的模型来说很难解决。此外，当遇到一个非常大的孔洞并且周围的相关上下文信息有限时（第二、三行），我们的模型倾向于用过度平滑的内容填充孔洞，甚至是误导性的纹理，这是因为在孔洞周围缺乏有用的上下文信息。

图 7.17　我们方法的失败示例

Fig7.17　Failure examples of our method

7.6 结论

本章提出了一种用于图像修复的超分辨率修复器，这是一个继承了SR和Transformer优点的多阶段框架。所提出的超分辨率修复器能够在多个尺度级别上理解损坏的图像，逐渐从低分辨率到高分辨率空间推理全局结构和局部纹理，实现了由粗到细的结构不规则性修正和纹理细化。超分辨率修复器的另一个组成部分是HieFormer，它嵌入到一个紧凑的潜在空间中，以对跨多个阶段的远程上下文和孔洞之间的长期关联进行建模。通过以这种跨尺度方式采用分层transformer设计，我们的模型能够在缺失区域实现有针对性的纹理改进和更新。实验结果和消融研究证明了所提出组件的有效性，以及超分辨率修复器相对于最近的图像修复方法的优越性。

8 基于生成多分支卷积神经网络的图像修复算法

上一章提出了一种继承了SR和Transformer优点的多阶段框架，用于图像修复。本章提出了一种基于生成多分支卷积神经网络的图像修复算法（Generative Multi-column Convolutional Neural Network，GMCNN），该算法使用多分支CNN结构将图像分解为具有不同的感受野和特征分辨率的分量，使用图像的全分辨率输入来实现对图像的全局信息和局部信息的多尺度的特征表示。为了更好地表示图像的全局结构，该算法还提出了一种新的置信度驱动的重建损失（confidence-driven reconstruction loss），依据空间位置来约束生成的内容。除此之外，该算法提出了一种新的隐式多样化马尔可夫随机场（implicit diversified Markov random field，ID-MRF）正则项，用于增强图像的局部细节，并且只在模型的训练阶段使用该方法。通过上述方法，该算法可以产生具有结构适应性、纹理相似性和边界一致性的图像修复结果，并且不需要任何的后续处理操作。最后，在FFHQ 数据集上进行验证，实验结果表明，基于深度学习的图像修复算法生成的图像质量更高、修复效果更好，尤其是人脸图像的修复效果明显高于OpenCV的传统算法。

8.1 引言

图像修复是一种数字图像处理技术，旨在通过算法和模型对受到损害、缺失或噪声影响的图像进行恢复。这包括对图像中缺失或受损区域的信息进行估计、还原，以产生更完整、更清晰的图像。常用的方法有插值方法、基于偏微分方程的方法、基于统计模型的方法以及深度学习方法等。主要应用于数字图像重建、医学图像处理、视频修复、文档图像修复、艺术品修复等领域。图像修复的方法和应用广泛，根据不同的场景和需求选择适当的技术，可以有效提高图像质量和信息可用性。

早期的图像修复主要由人们手工来完成，因此受限于人的经验和不同的人对于图像的主观理解。如今，随着计算机科学技术的迅猛发展，人们逐渐摒弃手工修复过程，转而使用计算机对图像进行修复，数字图像修复技术逐渐兴起。由此，图像修复由人工修复转变为使用图像修复算法来自动地检测和修复图像中破损的区域，繁杂而容易出错的手工操作被智能而又便捷的计算机技术所取代。除此之外，图像修复技术的应用也越来越广泛。图像修复可以应用于图像编辑领域，比如修复老旧照片中的裂痕，或者移除图像中的某些多余物体并进行修复重建等，还可以广泛应用于电影中特技效果的制作、医学图像处理、公安刑侦面部修复[212]等领域，具有重要的应用前景。图像修复技术是计算机视觉领域的一个具有挑战性的研究问题，属于模式识别、机器学习、统计学、认知科学等多个学科的交叉范畴[213]，具有重要的研究价值。

图像修复算法可以大致分为传统的图像修复算法和基于深度学习的图像修复算法。其中，传统的图像修复算法主要分为基于变分偏微分方程的图像修复算法以及基于纹理的图像修复算法[212]。

基于偏微分方程的图像修复算法最早是由 Bertalmio 等人提出的，该算法被称为BSCB修补模型[214]，其主要思想是在选择要恢复的区域之后，该算法将会在等照度线方向上平滑地传播来自周围区域的信息。Chan 和 Shen 依据人类的视觉感知上的连通性，提出了一种针对非纹理图像的基于曲率扩散的非线性的偏微分方程修复模型[215]（Curvature-Driven Diffusion，CDD），这种修复算法首次建立了图像修复的先验模型以及数据模型。在经典的全变分去噪模型（Total Variation，TV）的基础上，Chan 和Shen提出了一种新的局部非纹理图像修复的变分（TV）模型[216]，该修复算法使用了变分法来建模并且最终求出了一个偏微分方程来用于进行图像的迭代修复。此后，在此基础之上，

Chan和Shen又提出了基于欧拉弹性和曲率（Euler's Elastica and Curvature）的图像修复模型[217]，将欧拉弹性能量应用到图像修复模型中。随后，Esedoglu 和 Shen 结合欧拉弹性曲线模型和 Mumford–Shah 模型，提出了 Mumford–Shah–Euler 图像修复模型[218]。总体来说，基于变分偏微分方程的图像修复算法更适用于小区域的图像修复。

基于纹理的图像修复算法主要包括基于图像分解的修复算法和基于样块的纹理合成的图像修复算法[212]。基于图像分解的图像修复算法是由Bertalmio提出的，这种图像修复算法的基本的思想是，首先将待修复的图像分解为两个具有互不相同的特征的函数之和，之后，再分别用结构和纹理填充算法来重构这两个函数，因此这是一种在图像的缺损区域同时进行纹理信息修复和结构信息修复的图像修复算法[219]。在基于样块的纹理合成的图像修复算法中最为经典的算法是Criminisi算法[220]，该算法是一种新的基于样本的纹理合成的图像修复算法，通过一个统一的方案来确定目标区域的填充顺序，在该算法中，每个像素都会保持一个颜色值和一个置信度值，该置信度值将会与图像的等照度线共同影响这些像素在图像修复过程中的填充的优先级。基于纹理的图像修复算法则主要适用于较大区域的图像修复。

然而上述两种图像修复算法都有相应的缺陷，基于变分偏微分方程的图像修复算法参数敏感性强，对于不同的图像和问题，算法可能需要调整多个参数，且计算复杂度较高，不利于实际应用；基于纹理的图像修复算法对于边缘估计不够准确，在边缘区域可能会引入伪影或伪纹理，导致修复结果不够准确，且对纹理变化较为敏感，对于纹理变化较大的区域，这类算法难以准确修复图像。

近年来，随着深度学习技术的发展，图像修复技术逐渐成为深度学习领域的研究热点，国内外已经有众多学者提出了各种基于深度学习的图像修复算法，推动了图像修复领域的进一步发展。与传统的图像修复算法相比，基于深度学习的图像修复算法能取得更好的修复效果。Deepak Pathak 等人提出了上下文编码器[221]（Context Encoders，CE）用于图像修复，该上下文编码器是一种卷积神经网络，通过联合重建损失和对抗损失进行训练，能够使图像修复的效果更加真实，但是这种图像修复算法会将图像的纹理信息丢失，对一些结构性较强的细节可能会产生伪影，并且这种图像修复算法也不够稳定。Goodfellow 等人提出了生成对抗网络[222]（Generative Adversarial Network，GAN），该网络结构随后被广泛地用于图像修复领域。Lizuka 等人提出使用全局和局部的上下文判别模型来区分真实的图像与生成模型所生成的图像[223]，全局的判别模型查看整个图像整体是否是一致的，而局部的判别模型仅仅查看以修复区域为中心的一个小的区域是否在局部上是一致的，该方法既能保证图像整体的一致性，又可以确保局部细节足够真实，但是这种图像修复算法在训练时存在不容易收敛等问题。Li 等人提出了一种针对人脸图像修复的图像修复算法[224]，该算法结合了重建损失、对抗损失以及语义分析损失，确保了图像的全局一致性并且保持了图像的细节，可以用于处理具有任意形状的大部分缺失区域的人脸图像修复。针对高分辨率图像修复存在的训练困难、图像模糊等问题，Yang 提出使用内容生成网络与纹理生成网络进行图像修复[225]，这种图像修复算法既能保持图像的结构信息，又可以产生高频的细节，能在高分辨率图像上给出更加清晰连贯的修复结果。针对图像修复算法所修复的图片有时会产生一些扭曲的结构或者是模糊的纹理等问题，Yu 提出使用上下文注意力层来从距离图像的缺失区域比较远的位置提取与待修复区域近似的特征[226]。Nazeri 提出了一个两阶段的对抗模型 EdgeConnect[227]，包括一个边缘生成模型和一个图像补全网络，边缘生成模型可以生成待修复图像的缺失区域的边缘，而图像补全网络则是依据生成的边缘作为先验用来修复图像的缺失区域，但是当图像的缺失区域较大时，边缘生成模型可能无法准确地生成缺失区域的边缘。

为了获得更好的图像修复效果，本章主要研究了一种基于生成多分支卷积神经网络的图像修复算法，并且分析该网络的结构和目标函数等。该网络主要由生成模型、判别模型和一个 VGG19 网络组成，其损失函数结合了隐式多样化马尔可夫随机场（ID–MRF）损失、空间可变重建损失以及对抗损失。生成模型负责生成图像，判别模型用于对抗训练，而VGG19网络则用于计算ID–MRF损失。通过结合这三个关键组件，该算法能够有效地提高图像修复的质量，特别在恢复图像的结构和纹理方面表现突出，修复效果良好。

8.2 深度学习相关理论知识

深度学习是机器学习领域的一个分支，其核心思想是通过构建和训练深度神经网络来实现模式识别、特征提取和决策制定等任务。其主要特点是模型的层次结构和参数的层次性表示，使得它能够学习到复杂的特征和抽象表示。深度学习的历史最早可以追溯到20世纪40年代，在其发展过程中共经历了3次浪潮[228]。起初，深度学习模型被认为是受生物大脑启发所设计出来的系统，彼时被称为人工神经网络（Artificial Neural Network，ANN）。后来，到了20世纪80年代，深度学习伴随着联结主义潮流的出现而逐渐开始流行，反向传播算法被应用于神经网络的训练，第二次潮流止于20世纪90 年代中期。最后，在 2006 年，深度学习算法的研究取得了重大突破，研究者已经可以训练比较深的神经网络。深度学习在近年来在各个领域都取得了显著的成就，其强大的表示学习能力使其成为处理复杂任务和大规模数据的有力工具。然而，深度学习也面临着数据需求大、计算资源消耗大、解释性差等挑战，研究者们正在不断努力解决这些问题。

在图像修复领域，深度学习通过其强大的特征学习和模式识别能力，提高了图像修复任务的效果。卷积神经网络（CNN）和生成对抗网络（GAN），能够学习复杂的图像特征和结构，这使得它们在处理图像修复任务时能够更好地理解图像的上下文信息；通过多个非线性层次的映射，能够捕捉图像中的非线性关系，使得修复模型能够更灵活地处理不同的图像内容和损害形式；生成对抗网络（GAN）的引入使得生成模型能够通过对抗训练生成更逼真、更自然的修复图像。GANs的生成器和判别器的协同训练提高了修复结果的逼真度；深度学习模型可以有效地处理图像中的多尺度信息，这对于超分辨率等任务尤为重要，通过多层次的卷积和上采样操作，深度学习模型能够恢复图像中的细节和结构；深度学习模型还支持端到端学习，即直接从损坏的输入图像到修复的输出图像的端到端学习，这简化了整个图像修复流程，减少了对手工特征工程的需求。本节将介绍一些和图像修复有关的深度学习的相关理论知识。

8.2.1 卷积神经网络

卷积神经网络（Convolutional Neural Network，CNN）指的是在网络的某一层或者某几层中使用卷积运算来代替矩阵乘法运算的一种神经网络，常用来处理时间序列数据和图像数据[228]。

卷积神经网络具有权值共享的网络结构，通过这种网络结构可以有效地减少神经网络中的参数的数量，一方面可以提高反向传播在神经网络训练过程中的效率，另一方面也可以有效地缓解模型的过拟合问题[229]。

本小节将会介绍卷积神经网络中所用到的卷积（convolution）运算和池化（pooling）操作以及一些常用的卷积神经网络等。

8.2.1.1 普通卷积

卷积运算的连续形式可以写作：

$$(x*w)(t)=\int x(u)w(t-u)du \qquad (8-1)$$

在上述公式中，x 称为输入（input），w 称为核函数（kernel function），卷积运算的输出也被称为特征映射（feature map）。卷积运算的离散形式可以写为：

$$(x*w)(t)=\sum_{a=-\infty}^{\infty} x(a)w(t-a) \qquad (8-2)$$

在进行二维离散卷积时，通常需要对卷积核进行翻转（flip），然而在卷积神经网络中，通常使用互相关（cross-correlation）函数代替卷积运算，它和卷积运算的不同之处在于没有对核进行翻转。图 8.1 是在二维向量上的卷积运算的示例，该卷积运算没有对核进行翻转。

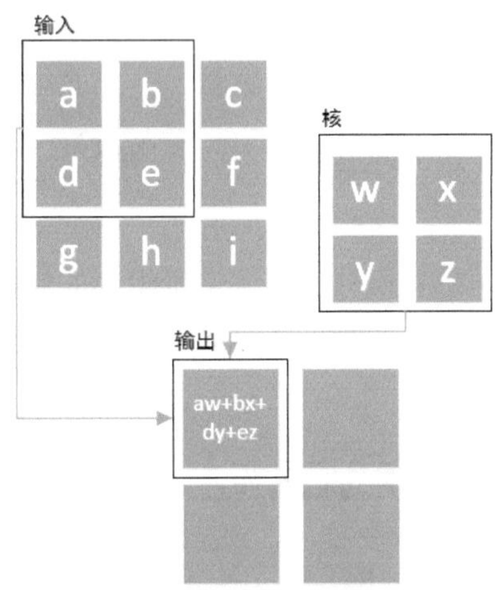

图 8.1　卷积运算

卷积神经网络中通常会使用多个核进行并行的卷积运算，因为单个核的卷积运算只能提取一种类型的特征。此外，在进行彩色图像处理时，卷积运算的输入与卷积的核会包含三个通道，各通道的卷积核与图像上的对应位置进行卷积运算并累加，最终输出一个二维向量。

在进行卷积运算时，有时需要设置下采样卷积的步幅（stride），相当于是在输出的每个方向上每间隔一定的像素点进行采样，由此可以降低模型的计算量，但是提取的特征会不如先前要好。

如果在进行卷积运算时，只对图像中能够完全包含卷积核的位置进行卷积运算，这种运算称为有效（valid）卷积。在进行有效卷积后，输出的大小会缩减，若输入图像的宽度为 m，卷积核的宽度为 k，则输出的宽度为 m−k+1，因此卷积层的层数会受到限制，此时可以用零进行填充（pad）使卷积运算的输入加宽。如果只使用足够的零填充使得卷积运算的输出与输入具有相同的大小，这种卷积运算称为相同（same）卷积，此时网络的层数不再受到卷积运算的限制，不过这种运算可能会使得输入的边界部分在一定程度上欠表示。如果进行零填充使图像中的每一个像素点在每个方向上被访问 k 次，则输出的宽度为 m+k−1，这种卷积运算称为全（full）卷积。通常情况下，零填充的最优数量要介于有效卷积和相同卷积之间。

8.2.1.2 转置卷积

转置卷积（transposed convolution）是一种上采样（unsampling）的卷积运算，也被称为反卷积（deconvolution）、微步卷积（fractional−strided convolution）等，它可以将输入图像转换为卷积运算前的大小，同时保持与前述的卷积运算具有兼容的连接方式[230]。转置卷积可以作为卷积自动编码器的解码层，或者用于将特征映射到更高维的空间。

卷积运算可以表示为矩阵乘法，例如，对于下述的输入 X 和卷积核 C：

$$X=\begin{pmatrix}x_{11} & x_{12} & x_{13}\\ x_{21} & x_{22} & x_{23}\\ x_{31} & x_{32} & x_{33}\end{pmatrix} \tag{8-3}$$

$$W = \begin{pmatrix} w_{11} & w_{12} \\ w_{21} & w_{22} \end{pmatrix} \tag{8-4}$$

将输入矩阵 X 由左至右、从上到下展开为列向量，即：

$$W = (x_{11}, x_{12}, x_{13}, x_{21}, x_{22}, x_{23}, x_{31}, x_{32}, x_{33},)^T \tag{8-5}$$

则卷积核可以表示为稀疏矩阵，即：

$$C = \begin{pmatrix} w_{11} & w_{12} & 0 & w_{21} & w_{22} & 0 & 0 & 0 & 0 \\ 0 & w_{11} & w_{12} & 0 & w_{21} & w_{22} & 0 & 0 & 0 \\ 0 & 0 & 0 & w_{11} & w_{12} & 0 & w_{21} & w_{22} & 0 \\ 0 & 0 & 0 & 0 & w_{11} & w_{12} & 0 & w_{21} & w_{22} \end{pmatrix} \tag{8-6}$$

卷积运算可以表示为 $Y = CX$，其中 Y 是一个4维向量，该向量可以表示为一个 2×2 的输出矩阵。与此相对地，转置矩阵通过 $X = C^TY$ 使其恢复到卷积运算前的形状，但是只是形状相同，数值上并不相同。

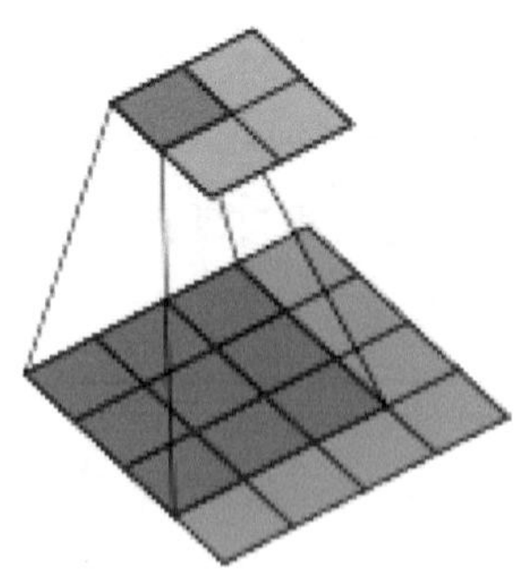

图8.2 卷积示意图1[230]

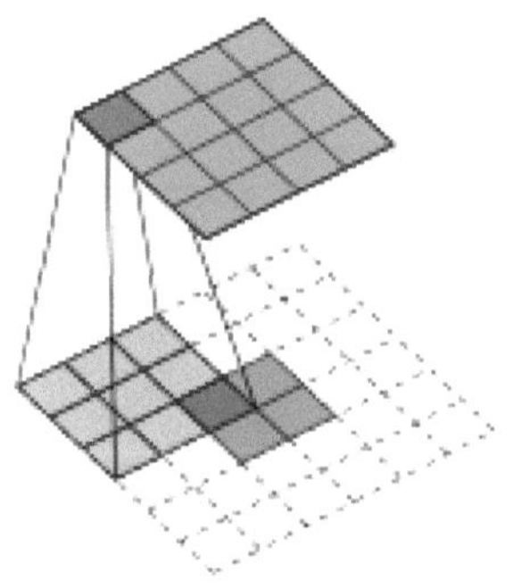

图8.3　转置卷积示意图1[230]

图8.2是卷积运算没有进行零填充，并且步幅为1的情况。若输入图像的大小为4×4，卷积核大小为3×3则输出大小为2×2,。此时，转置卷积相当于是使用同样大小的卷积核$k'=k=3$，同样步幅$s'=s=1$，零填充数量为$p'=k-1=2$的卷积运算，如图8.3所示。

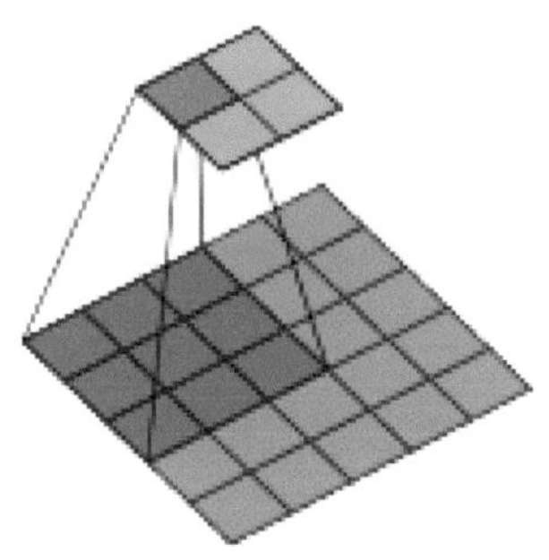

图8.4　卷积示意图2[230]

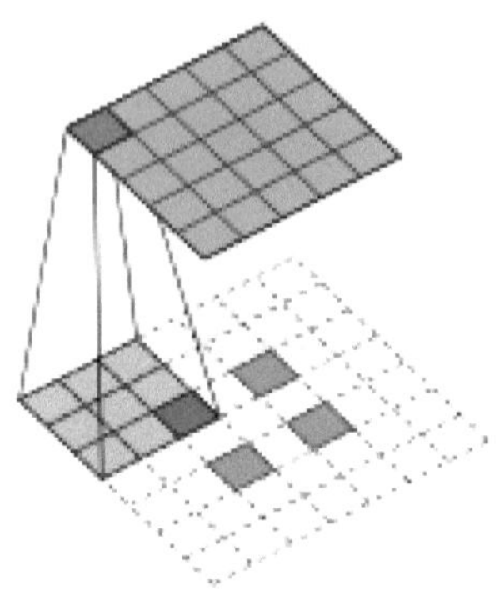

图 8.5　转置卷积示意图 2[230]

图 8.4 是卷积运算没有进行零填充，并且步幅大于 1 的情况。若输入图像的大小为 5×5，卷积核大小为 3×3，步幅为 2，则输出的大小为 2×2。此时，转置卷积相当于是使用同样大小的卷积核 $k' = k = 3$，步幅为 $s' = 1$，零填充数量为 $p' = k-1 = 2$ 的卷积运算，并且此时输入图像中每两个输入项之间要使用 $s-1 = 1$ 个零进行填充，如图 8.5 所示。

8.2.1.3 扩张卷积

扩张卷积（dilated convolution），也被称为空洞卷积（atrous convolution）、膨胀卷积等，它能够聚合多尺度的上下文信息，可以在不损失分辨率或覆盖范围的前提下使感受野指数级地扩张[231]。

与传统的卷积操作相比，扩张卷积引入了一个称为膨胀因子

（或间隔）的参数，决定了卷积核中的元素之间的距离。膨胀因子为1时，扩张卷积退化为传统卷积。通过增加膨胀因子，卷积核在输入上的感受野（即能够影响的输入区域）变得更大，从而影响输出的尺寸和特征提取的方式，这有助于网络在更大范围内捕捉特征和上下文信息。与传统卷积一样，扩张卷积仍然共享卷积核中的参数，以便学习输入数据中的空间层次结构。由于膨胀卷积核的引入，扩张卷积输出的尺寸相对于传统卷积而言更小，这有助于减少计算量和内存需求。

扩张卷积在图像处理、语音处理和其他领域中得到了广泛的应用。如图8.6所示，图（a）中卷积核大小为3×3，扩张率为1，其感受野为3×3。图（b）中卷积核大小为3×3，但是扩张率为2，此时感受野为7×7，但是参数的数量并没有变。

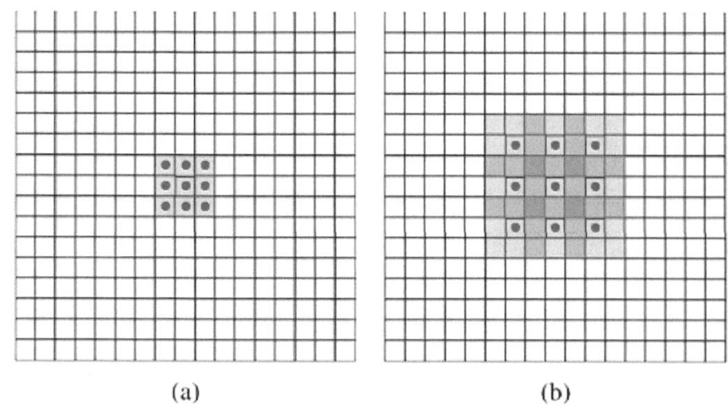

图8.6　扩张卷积[231]

8.2.1.4 池化

池化函数使用某一位置的相邻输出的总体特征来替换网络在该位置的输出，旨在减小特征图的空间尺寸，降低计算复杂度，并提取出主要的特征。池化操作通常包括最大池化（Max Pooling）和平均池化（Average Pooling）两种主要类型。

最大池化通过在每个池化窗口中选择最大值来降低特征图的尺寸，先将输入特征图划分为不重叠的池化窗口，然后在每个窗口内选择最大值作为池化结果。最大池化的优势在于能够保留每个窗口内最显著的特征，有助于保留图像的重要信息。

平均池化通过在每个池化窗口中计算平均值来降低特征图的尺寸。先将输入特征图划分为不重叠的池化窗口，然后在每个窗口内计算所有值的平均值作为池化结果。平均池化对于保留整体趋势和减小特征图的尺寸同样有效，但相比最大池化会损失一些细节信息。

池化操作可以减轻模型复杂度，并且对于输入中轻微的平移具有一定的不变性，使得模型更具泛化能力。另外，池化窗口内选择最大值或计算平均值的过程可以强化重要特征并抑制噪声，有助于提取更显著的特征。池化操作还有助于建立输入特征的空间层次结构，通过多层次的池化操作，网络可以逐渐捕捉输入的抽象特征。池化广泛应用于图像分类、目标检测、语义分割等任务，是卷积神经网络中一个重要的组成部分。总体而言，池化是卷积神经网络中的关键操作，通过对输入特征进行空间下采样，有助于提高模型的计算效率、减小模型规模，并帮助网络更好地学习和表示输入数据的特征。

8.2.1.5 VGG 网络

VGGNet（Visual Geometry Group Network）是由Karen Simonyan和Andrew Zisserman于2014年提出的卷积神经网络架构[232]。VGG 网络以其简单而深层的结构，以及使用小尺寸卷积核的设计而闻名。

VGG 网络的输入是一个固定大小的224 × 224的RGB图像，该图像需要进行预处理，即将每一个像素点减去训练集的平均RGB 值。与之前的网络不同，VGG 网络使用了感受野为3 × 3的非常小的卷积核，卷积运算的步幅（stride）为 1，且通过设置零填充（pad）使得卷积运算后的分辨率不变，多个3 × 3的卷积层组合可以用来表示更大感受野，而且在参数量上更加有效。VGG网络使用5个最大池化层来减小特征图的尺寸，池化层窗口大小为2 × 2，步幅为 2，最大池化操作有助于降低计算复杂度和减小模型规模。在卷积层之后是 3 个全连接层（Full-Connected，FC），前两个全连接层为4096维，第三个全连接层则是1000 维，各种不同结构的VGG 网络的全连接层的配置是相同的。VGG网络的核心是其深层次的结构，包含多个卷积层和全连接层，卷积部分采用了重复的结构，即多个相同尺寸的卷积层堆叠在一起。这种设计使得网络的结构变得非常清晰、规整，易于理解和实现。在卷积部分之后，VGG网络使用全连接层进行分类。这些全连接层后面通常连接有ReLU激活函数，以提高网络的非线性表示能力。VGG 网络的最后一层是 soft-max 层。网络中的所有的隐藏层均使用 ReLU 作为激活函数。各种不同结构的 VGG 网络的配置见图 8.7。

ConvNet Configuration					
A	A-LRN	B	C	D	E
11 weight layers	11 weight layers	13 weight layers	16 weight layers	16 weight layers	19 weight layers
input (224 × 224 RGB image)					
conv3-64	conv3-64 **LRN**	conv3-64 **conv3-64**	conv3-64 conv3-64	conv3-64 conv3-64	conv3-64 conv3-64
maxpool					
conv3-128	conv3-128	conv3-128 **conv3-128**	conv3-128 conv3-128	conv3-128 conv3-128	conv3-128 conv3-128
maxpool					
conv3-256 conv3-256	conv3-256 conv3-256	conv3-256 conv3-256	conv3-256 conv3-256 **conv1-256**	conv3-256 conv3-256 **conv3-256**	conv3-256 conv3-256 conv3-256 **conv3-256**
maxpool					
conv3-512 conv3-512	conv3-512 conv3-512	conv3-512 conv3-512	conv3-512 conv3-512 **conv1-512**	conv3-512 conv3-512 **conv3-512**	conv3-512 conv3-512 conv3-512 **conv3-512**
maxpool					
conv3-512 conv3-512	conv3-512 conv3-512	conv3-512 conv3-512	conv3-512 conv3-512 **conv1-512**	conv3-512 conv3-512 **conv3-512**	conv3-512 conv3-512 conv3-512 **conv3-512**
maxpool					
FC-4096					
FC-4096					
FC-1000					
soft-max					

图 8.7　VGG 网络[232]

如图 8.7 所示，图中的每一层卷积层表示为“conv（感受野大小）-（通道数）”。VGG网络的各种不同结构具有不同的深度，常用的有 VGG16 和 VGG19 两种网络结构，它们分别有16和19层。

8.2.1.6 ResNet

残差网络（ResNet）是由Kaiming He等人于2015年提出的一种深度学习网络结构，该网络的设计旨在解决深度神经网络中经常出现的梯度消失和梯度爆炸问题。

残差网络引入了“残差块”（Residual Block），并使用跳跃连接，允许模型直接通过残差路径传递信息，而不是仅通过主路径进行传递。这样的设计有助于梯度的传播，使得在反向传播过程中，梯度可以直接通过残差路径回传到较浅的层，从而提高了训练深度网络的效果。在一个标准的残差块中，包含两个主要部分：主路径和残差连接。主路径主要由两个3×3的卷积层组成，每个卷积层后面是批量归一化（Batch Normalization）和非线性激活函数（通常是ReLU）。残差连接的数学表达式如下所示：

$$F(x)=H(x)+x \qquad (8\text{-}7)$$

其中$F(x)$是残差块的输出，$H(x)$是主路径的输出，x是输入。残差连接直接将输入添加到主路径的输出上，形成了一个跳跃连接。如果输入和输出的尺寸不匹配，可以通过引入额外的1×1卷积层调整维度使之相匹配。

残差网络前半部分包含一些卷积层和池化层，用于提取低级别的特征，而残差块通常在整个网络的中间部分，用于学习高级别的特征，后半部分包含全局平均池化层和全连接层，用于输出最终的分类结果。

残差网络的巧妙的结构设计允许训练非常深的网络而不会出现退化问题，添加更多的层反而提高了性能。残差网络不仅在图像分类任务中表现出色，还在目标检测、语义分割等多个计算机视觉任务中取得了成功。

8.2.1.7 DenseNet

上一小节中提到的ResNet和DenseNet（Densely Connected Convolutional Networks）都是深度学习领域中重要的网络结构，它们共同的特点是通过引入连接机制来促进网络的训练和提高性能。残差连接网络的核心思想是通过短路连接（shortcuts或skip connections）建立前面层与后面层之间的直接连接，形成了残差块（Residual Blocks）。这种结构使得网络可以学习残差，即前后层之间的差异，有助于缓解梯度消失问题，使得可以训练更深的神经网络。残差连接网络在参数共享和训练深层网络方面取得了显著的成功。而密集连接则采用了不同的连接策略，引入了密集连接（dense connection）。传统的卷积神经网络结构中每一层只与前一层直接相连，在密集连接网络中，每一层的输出都与前面所有层的输出连接，形成了密集的连接结构。这种密集连接模式有助于梯度的传递和特征的复用，通过特征在channel上的连接实现了更加紧凑的特征表示。

相较于残差连接网络，密集连接网络在参数和计算成本更低的情况下取得了更好的性能。综合而言，残差连接网络和密集连接网络都在解决深度神经网络训练中的问题上作出了重要贡献，它们的连接机制为训练深层网络提供了有效的手段，并在图像分类、目标检测和语义分割等任务上取得了优越的性能。选择使用哪种结构通常取决于具体的任务需求和计算资源的考虑。

8.2.2 生成对抗网络

生成对抗网络（Generative Adversarial Network，GAN）是一种由Ian Goodfellow等人于2014年提出的深度学习模型，它通过训练两个对抗的神经网络来生成逼真的数据。生成对抗网络基于博弈论的场景，包含两个不同的网络，一个是获取数据分布的生成模型G（generative model），一个是估计样本来源于训练数据而不是生成模型G的概率的判别模型D（discriminative model），以上两者都是一种非线性映射函数，整个生成对抗网络可以使用反向传播的方法来进行训练，训练后可以丢弃判别模型。GAN的核心思想是通过对抗训练，使生成器生成的样本在逼真度上逐渐接近真实数据分布。

在生成对抗网络训练的过程中，需要固定生成模型或者是判别模型的其中一方，然后在此基础之上，将另一网络的参数的权重进行更新，在训练的过程中，生成模型与判别模型的网络结构得到不断的改进，最终二者将会收敛，此时生成模型可以对训练数据的分布进行拟合，而判别模型在任何情况下的判别概率都会等于1/2，即判别模型无法正确地判断数据的来源。在以上所述的训练的过程中，生成模型与判别模型二者之间存在着一种相互竞争对抗的关系，二者会互相促进对方改进网络以提高自身的能力，直到经过反复迭代后达到纳什均衡。

8.2.2.1 生成对抗网络的原理

在生成对抗网络中，生成模型从先验的概率分布中产生样本 $x = g(z;\theta^{(g)})$，判别模型的作用是试图分辨样本是从训练数据中抽取的还是从生成模型产生的样本中抽取的，并且给出 x 是真实的训练样本而不是生成模型伪造的样本的概率 $d(x;\theta^{(d)})$。其中，判别模型的收益由函数 $v(\theta^{(g)},\theta^{(d)})$ 来确定，而生成模型的收益由函数 $-v(\theta^{(g)},\theta^{(d)})$ 确定。在训练的过程中，生成模型与判别模型都会试图使得自己的收益最大化，因此最终二者收敛于：

$$g^{*}= argmin_{g} max_{d} v(g, d) \tag{8-8}$$

在上述公式中：

$$v(\theta^{(g)},\theta^{(d)}) = E_{x\sim p_{data}} logd(x) + E_{x\sim p_{model}} log(1-d(x)) \tag{8-9}$$

图8.8显示了生成对抗网络的训练过程，图中蓝色的线表示判别模型，绿色的线表示生成模型，黑色的线表示训练数据的真

实数据分布。底部的水平线表示z取样的域，上方的水平线表示x的域的一部分。图（a）表示一个接近收敛的生成对抗网络，其中，生成模型的数据分布与数据的真实分布近似，而判别模型在部分程度上是精确的；图（b）表示固定生成模型，训练判别模型收敛；图（c）表示固定判别模型，训练生成模型，使得生成模型产生的数据更容易被分类为真实数据；图（d）表示经过训练后，生成模型与判别模型最终均收敛，此时生成模型的数据分布等于真实的数据分布，而判别模型无法区分两种分布的区别。

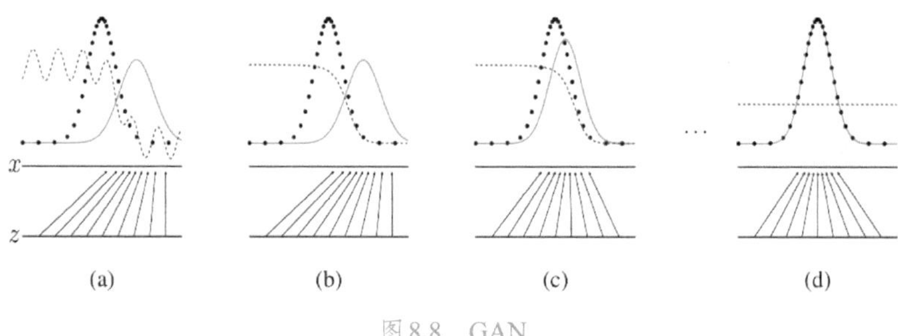

图 8.8　GAN

8.2.2.2 生成对抗网络的训练

生成对抗网络的训练过程中需要对生成模型和判别模型进行交替迭代训练。首先需要初始化生成模型和判别模型，之后固定生成模型的网络参数，更新判别模型的参数，进行多次训练，提升判别模型判别正确的概率，然后固定判别模型的网络参数，更新生成模型的参数，降低判别模型对来自生成模型伪造的数据的判别正确的概率，即尽可能使得判别模型将其判断为真，对以上过程进行多次的迭代训练，直至生成模型和判别模型均收敛。

生成对抗网络相比于其他模型的优势在于，其他的大多数的网络都会要求生成模型要有某些特定的函数形式，比如输出层要求是高斯分布或者是均匀分布，而生成对抗网络能够用于训练任意的生成模型。除此之外，生成对抗模型在学习过程中并不需要使用马尔科夫链进行反复的采样，并且也不需要进行近似推断。

然而，在训练的过程中，生成对抗网络存在着三个主要的问题。首先，生成对抗网络不易收敛，如何在训练过程中使生成模型和判别模型持续调整模型参数直至达到均衡，对生成对抗网络来说，是一个重要的问题。其次，由于生成对抗网络并没有定义损失函数，因此在训练模型时没有办法获得网络的训练信息，在训练过程中可能会产生崩溃问题，致使生成模型将会持续地生成同样的样本点，训练过程将会无法继续进行下去，同时，判别模型也会受此影响而无法继续训练下去。最后，由于生成对抗网络不需要预先假设数据的分布，而是直接使用随机的噪声进行训练，因此导致生成对抗模型过于自由以及不可控，因此模型的稳定性较差。

8.2.2.3 生成对抗网络的改进模型

生成对抗网络依然存在诸多问题，据此有很多学者提出了各种改进算法，本小节将对几种改进算法进行一些简要的介绍。

（1）深度卷积生成对抗网络

为了提高生成对抗网络在训练过程中的稳定性，深度卷积生成对抗网络[233]（Deep Convolutional Generative Adversarial Networks，DCGAN）使用深度卷积神经网络来代替最初提出的生成对抗网络中的多层感知机的网络结构，使得改进后的生成对抗网络能够进行稳定的训练，并且可以训练更高分辨率和更深层次的生成模型。

深度卷积生成对抗网络的改进点在于：在判别模型中使用步幅大于 1 的卷积（strided convolution）代替池化层，在生成模型中使用微步卷（fractional-strided convolution，即转置卷积）代替池化层；在生成模型和判别模型中使用批量标准化（Batch Normalization，BN）的方法，将输入标准化均值为 0、方差为 1，改进了由于模型初始化不佳而导致的训练问题，并且有助于解决更深层的网络中的梯度溢出问题；移除全连接的隐藏层；生成模型的输出层使用 Tanh 作为激活函数，而其他层则是使用 ReLU 作为激活函数；判别器的所有层使用LeakyReLU 作为激活函数。

（2）Wasserstein 生成对抗网络

Wasserstein 生成对抗网络（Wasserstein Generative Adversarial Networks，WGAN）的提出解决了生成对抗网络的一些问题，比如生成对抗网络的训练较为困难，训练时需要小心地平衡生成模型和判别模型的训练程度；生成模型和判别模型缺乏衡量其训练程度的指标；模型容易崩溃以至于生成的样本缺乏多样性。

相比于生成对抗网络，Wasserstein 生成对抗网络使用 Wasserstein 距离（也称为Earth-Mover 距离，即 EM 距离）代替 JS 散度、KL 散度衡量距离，因此生成模型和判别模型的损失函数不再取 log；去除了判别模型的最后一层的 Sigmoid 函数；在每次更新完判别模型的参数后，将参数的绝对值截断至某个固定的常数范围内（weight clipping）；不再使用基于动量的优化算法，而是改为 RMSProp。

（3）改进的 Wasserstein 生成对抗网络

Wasserstein 生成对抗网络比原本的生成对抗网络训练更稳定，但是有时仍然会生成一些较差的样本或者出现无法收敛的问题，因此 Ishaan Gulrajani 等人提出了改进的 Wasserstein生成对抗网络[234]（Wasserstein Generative Adversarial Networks-Gradient Penalty，WGAN-GP）。

Wasserstein 生成对抗网络存在问题的原因是对判别模型使用了梯度裁剪（weight clipping）的方法来实现 Lipschitz 限制，容易引起梯度爆炸或者是梯度消失的问题。针对这些问题，WGAN-GP 使用梯度惩罚（gradient penalty）来代替梯度裁剪的方法，改进后的 WGAN-GP 相比于 Wasserstein 生成对抗网络具有更加优秀的性能，并且可以在几乎不进行超参数调整的情况下，能够更加稳定地训练各种结构的生成对抗网络。

8.2.3 小结

本章详细介绍了深度学习的核心理论知识。首先，探讨了卷积神经网络中常用的卷积操作，包括普通卷积、转置卷积和扩张卷积等。随后对池化操作进行了介绍，包括常用的最大池化和平均池化。接着介绍了两个常见的卷积神经网络架构，即VGG网络和Res网络。在此基础上，深入讲解了生成对抗网络（GAN）的原理和训练过程，以及一些改进的生成对抗网络模型，如深度卷积生成对抗网络（DCGAN）、Wasserstein生成对抗网络（WGAN）和改进的Wasserstein生成对抗网络（WGAN-GP）。这一系列理论知识的介绍为后续讨论生成多分支卷积神经网络的图像修复算法奠定了坚实的基础。

8.3 基于生成多分支卷积神经网络的图像修复算法

基于生成多分支卷积神经网络的图像修复算法（Generative Multi-column Convolutional Neural Network，GMCNN）提出使用多分支结构将图像分解为具有不同的感受野和特征分辨率的分量，使用图像的全分辨率输入来实现对图像的全局信息和局部信息的多尺度的特征表示。为了更好地表示图像的全局结构，该算法提出了一种新的置信度驱动的重建损失（confidence-driven reconstruction loss），依据空间位置来约束生成的内容。除此之外，该算法提出了一种新的隐式多样化马尔可夫随机场（implicit diversified Markov random field，ID–MRF）正则项，用于增强图像的局部细节，并且只在模型的训练阶段使用该方法。通过上述方法，该算法可以产生具有结构适应性、纹理相似性和边界一致性的图像修复结果，并且不需要任何的后处理操作。这使得GMCNN在图像修复领域展现出卓越的性能和鲁棒性。

8.3.1 网络结构

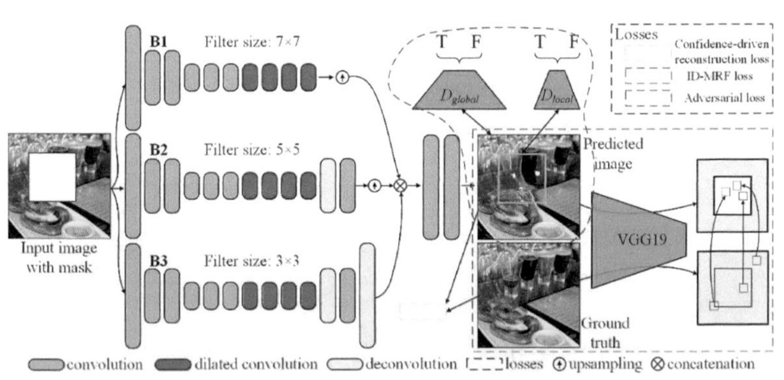

图8.9　生成多分支卷积神经网络[235]

如图8.9所示，生成多分支卷积神经网络一共包含了三个子网络：一个是用于产生图像的生成模型，生成模型的任务是生成与真实数据相似的合成数据，它接收一个随机噪声向量作为输入，并通过反向传播逐渐改进其生成的样本，使其更接近真实数据分布，生成模型通常采用卷积神经网络（CNN）或全连接网络；另一个是用于对抗训练的全局和局部的判别模型，判别模型的任务是区分生成器生成的合成数据和真实数据。它接收真实数据和生成模型生成的数据，并输出一个概率，表示输入是真实数据的概率，判别模型也可以是卷积神经网络或全连接网络；最后一个是用于计算隐式多样化马尔可夫随机场（ID-MRF）损失的预训练的VGG网络，该网络的输入包括一张待修复的图片X（缺损区域像素点设为0），以及一张二值化的掩码图像M（缺损区域像素点设为1，已知区域像素点设为0）。

生成网络由n = 3个并行的编解码器分支以及一个共享的解码器模块，其中，并行的编解码器分支用于从输入图像中提取不同级别的特征，而共享的解码器网络则用于将深层的特征转换到自然图像空间$\hat{Y}$。这些并行的编解码器分支可以表示为$\{f_i(\cdot)\}$ $(i \in \{1,2,...,n\})$，它们拥有不同的感受野和空间分辨率，用于捕捉图像中不同层次的信息。这些分支以双线性插值（bilinearly）的方法上采样到原始的分辨率并被连接到特征图F中，然后通过具有两个卷积层的共享的解码模块d（·）将特征 F 变换到图像空间，其输出为$\hat{Y} = d(F)$。

8.3.2 损失函数

生成对抗网络的训练过程涉及最小化生成模型和判别模型之

间的对抗损失。生成器希望最大化判别模型错误的概率，而判别模型希望最小化其错误率。这样就形成了一个动态的平衡过程，其中生成模型努力生成更逼真的样本，而判别模型努力变得更加精细以区分真伪。

8.3.2.1 ID−MRF 正则化项

ID−MRF（Implicit Diversified Markov Random Field）是一种用于图像修复的算法中的正则项，特别是在生成多分支卷积神经网络（GMCNN）中引入的，这项技术的目标是增强修复图像的局部细节，使修复结果更具真实感。在模型的训练阶段，该网络将使用隐式多样化马尔可夫随机场正则化项，以确保生成的内容与真实图像的最近邻的块之间的差异最小化。

ID−MRF通过引入隐式多样性的概念，旨在保持修复图像的多样性和真实感。在训练阶段，ID−MRF正则项通过优化过程引入了一种多样性，使得生成的图像能够包含更多的结构和纹理变化。

在计算 ID−MRF 损失时，如果使用余弦相似度（cosine similarity）等直接相似度度量方法来寻找最近邻的块，可能会倾向于产生平滑的结构，从而减少了结构的多样性，该算法选择使用相对距离度量来建立局部特征与目标特征集合之间的关系。这种方法有助于保持生成图像的多样性，使得图像修复结果在结构上更加适应原始图像的多样性，提高了模型的表现和适应性。

假设$\hat{Y}_g$是缺失区域生成的内容，$\hat{Y}_g^L$和Y^L分别是由预训练的VGG模型的第L层产生的特征，则可以将分别来自$\hat{Y}_g$和Y^L的块v和s之间的相对相似度定义为：

$$RS(v,s)=\exp((\frac{\mu(v,s)}{max_{r\in\rho_s(Y^L)}\mu(v,r)}+\varepsilon)/h) \quad (8\text{–}10)$$

其中，$\mu(\cdot,\cdot)$是余弦相似度，$r\in\rho_s(Y^L)$指的是r属于Y^L中除了s之外的区域。h和ϵ是两个正的常数。在该式中，当s与Y^L中的其他块相比，s与v更相似时，$RS(v,s)$的值将会增大。

$RS(v,s)$被标准化为：

$$\overline{RS}(v,s)=RS(v,s)/\sum\nolimits_{r\in\rho_s(Y^L)}RS(v,r) \quad (8\text{–}11)$$

ID–MRF损失定义为：

$$L_M(L)=-\log(\frac{1}{Z\sum_{S\in Y^L}max_{v\in\hat{Y}_g^L}\overline{RS}(v,s)}) \quad (8\text{–}12)$$

其中，Z是标准化因子，对每一个$s\in Y^L$，$\hat{v}=\mathrm{argmax}_v\overline{RS}(v,s)$意味着$\hat{v}$相比于$\hat{Y}_g^L$中的其他块与$s$更相似。根据公式，如果$\hat{Y}_g^L$中生成的每一个块在真实图像$Y^L$中有不同的最近邻的块时，则$\max_v\overline{RS}(v,s)$的值较大，而$L_M(L)$较小。相反地，如果$\hat{Y}_g^L$中有多个块具有相同的最近邻块时，假设一个极端情况，即$\hat{Y}_g^L$中所有的块都与Y^L中的某一个块s相似，那么此时Y^L中除了s之外的其他的块r的$\max_v\overline{RS}(v,r)$会很小，因此损失函数$L_M(L)$的值会很大。

由以上分析可知，最小化损失函数可以使生成的不同的块相似于真实图像中的不同的块，保证了最近邻块的多样性，从而提高了 $\hat{Y}_g^L$ 和 Y^L 的特征分布之间的相似程度，有利于捕捉复杂纹理的变化。

最终的 ID–MRF 损失将在 VGG19 的几个特征层进行计算，使用 conv4_2 来描述图像的语义结构，使用 conv3_2 和 conv4_2 来描述图像的纹理。这种设计充分考虑了图像的语义和纹理特征，使得 ID–MRF 损失能够更全面地捕捉图像的结构和纹理信息。最终 ID–MRF 损失定义如下：

$$L_{mrf} = L_M\,(conv4\_2) + \sum_{t=3}^{4} L_M\,(convt\_2) \quad (8\text{–}13)$$

8.3.2.2 空间可变重建损失

置信驱动的空间可变重建损失（Spatial Variant Reconstruction Loss）是一种用于图像修复任务中的损失函数，通常用于深度学习模型，特别是生成多分支卷积神经网络（GMCNN）等模型中。这种损失函数的设计旨在引入一种置信度机制，以便网络在生成图像的过程中更好地考虑缺失区域的结构和内容。置信度是指网络对于图像中每个像素的修复信心或确定性程度。在缺失区域，置信度较低，而在已知区域，置信度较高。置信度驱动的重建损失充分利用了这一信息，使网络更加关注在缺失区域中生成内容的准确性。与传统的重建损失不同，置信度驱动的重建损失在计算损失时会根据每个像素的置信度分配不同的权重。在训练过程中，网络更加精确地还原高置信度的像素，而对于低置信度的像素，网络更加注重生成结构一致性。

置信驱动的空间可变重建损失使靠近缺失区域边界的未知像素点比远离缺失区域边界的未知像素点受到更强的约束，其中，图像中的已知像素点的置信度设为1，而未知像素点的置信度与其到缺失区域边界的距离有关。这有助于使网络在重建图像时更加关注靠近缺失区域的未知像素，以提高对缺失区域边界的准确性并保留其细节。通过使用高斯核g与$\overline{M}$做卷积运算，得到损失权重掩码M_w为：

$$M_w^i = (g * \overline{M}^i) \odot M \tag{8-14}$$

其中，g是标准差为40的64×64大小的高斯核。$M_w^0 = 0$，$\overline{M}^i = 1 - M + M_w^{i-1}$。$\odot$是哈达玛乘法运算（Hadamard product operator，即矩阵对应元素相乘）。将上式重复几次来产生M_w，最终的重建损失定义为：

$$L_C = \|(Y - G([X, M]; \theta)) \odot M_w\|_1 \tag{8-15}$$

其中，$G([X, M]; \theta)$是生成模型G的输出，θ表示可学习的参数，$\|\cdot\|_1$表示L_1范数。空间可变重建损失根据空间位置和相对顺序来确定已知像素点和未知像素点的置信度。这种设计使得在训练过程中，网络逐渐将学习的关注点从填充边界逐步转移到图像中心，并且平滑学习曲线。通过这种方式，网络能够更加灵活地适应图像中不同位置的信息，有助于提高对中心区域的关注度，进而改善图像修复的效果。这种逐步的学习焦点的转移策略

可以使网络更加全面地理解图像的结构，从而在处理不同位置的未知像素时取得更好的性能。

8.3.2.3 对抗损失

生成多分支卷积神经网络使用了改进的 Wasserstein 生成对抗网络（Wasserstein Generative Adversarial Networks–Gradient Penalty，WGAN–GP），并且使用了局部和全局的判别模型。在这种网络结构中，对抗损失的定义通常遵循WGAN–GP的形式，但可能会针对多分支结构进行适当的修改。WGAN–GP的对抗损失由两个部分组成：生成器的损失和判别器的损失。在WGAN–GP中，对抗损失的计算涉及到Wasserstein距离的概念，同时通过梯度惩罚来提高训练的稳定性。对抗损失定义为：

$$L_{adv}=-E_{X\sim P_X}\left[D\left(G\left(X;\theta\right)\right)\right]+\lambda_{gp}E_{\widehat{X}\sim P_{\widehat{X}}}\left[\left(\left\|\nabla_{\widehat{X}}D\left(\widehat{X}\right)\odot M_w\right\|_2-1\right)^2\right] \tag{8-16}$$

其中，$\widehat{X}=tG([X,M];\theta)+(1-t)Y$，且 $t\in[0,1]$。

8.3.2.4 目标函数

结合前述的置信驱动的重建损失、ID–MRF 损失和对抗损失，将生成多分支卷积神经网络的目标函数定义为一个综合性的损失函数：

$$L=L_C+\lambda_{mrf}L_{mrf}+\lambda_{adv}L_{adv} \tag{8-17}$$

其中λ_{adv}和λ_{mrf}用于平衡局部结构正则化和对抗训练的效果。该综合损失函数的目标是在图像修复过程中同时优化结构的准确性、局部和全局一致性，以及生成图像的真实性。通过综合这三个方面的损失，网络能够在保持图像整体结构的基础上还原局部细节，并通过对抗损失提高生成图像的逼真程度。这种综合性的目标函数设计旨在全面提升生成多分支卷积神经网络在图像修复任务中的性能表现。

8.3.3 实验过程

8.3.3.1 实验环境

实验主要采用了Python 3.6作为编程语言，并使用了TensorFlow 1.15、OpenCV-Python 4.1.1.100、NumPy 1.19.5、SciPy 1.5.4以及EasyDict等相关库。所有实验工作在Linux操作系统下进行。这组技术工具的选择旨在搭建一个稳健的实验环境，以确保对基于生成多分支卷积神经网络的图像修复算法和OpenCV传统算法的准确测试和比较。采用这些特定版本的库和工具可以保障实验的一致性和可重复性。

8.3.3.2 测试数据集

本实验使用了生成多分支卷积神经网络在CelebA-HQ上的预训练的模型，在FFHQ高清人脸数据集[236]（Flickr-Faces-HQ Dataset）上进行了测试。FFHQ是一个由NVIDIA于2019年开源的高质量人脸数据集，最初设计用于生成式对抗网络的基准和StyleGAN的训练数据。该数据集包含了70000张分辨率为1024×1024的高清PNG图像，涵盖了丰富多样的特征，包括年龄、种族、图像背景，以及人脸属性的多样性，如不同性别、种族、肤色、表情、脸型、发型等，并且涵盖了带有眼镜、太阳镜或者帽子等配件的人脸图像，此外，该数据集上的图像均已使用了dlib工具裁剪和对齐。本实验将其中3000张图片调整为256×256的图片大小之后，作为测试集图片；而掩码图像则是使用中心区域缺损程度占10%、20%和30%的掩码图像。

8.3.3.3 实验结果与分析

本次实验分别使用基于生成多分支卷积神经网络的图像修复算法和OpenCV所提供的传统算法进行测试和对比，计算峰值信噪比（Peak Signal-to-noise Ratio，PSNR）和结构相似性（Structural Similarity，SSIM）的均值，其中PSNR测量图像之间的峰值信噪比，值越高表示图像质量越好，SSIM则反映了图像的结构相似性，值越接近1表示图像结构越相似。通过对这两种算法的性能指标进行比较，有助于深入了解基于生成多分支卷积神经网络的图像修复算法相对于传统算法的性能优势，使我们能够更全面地评估它们在图像修复任务中的表现。实验结果如下：

1.定性分析

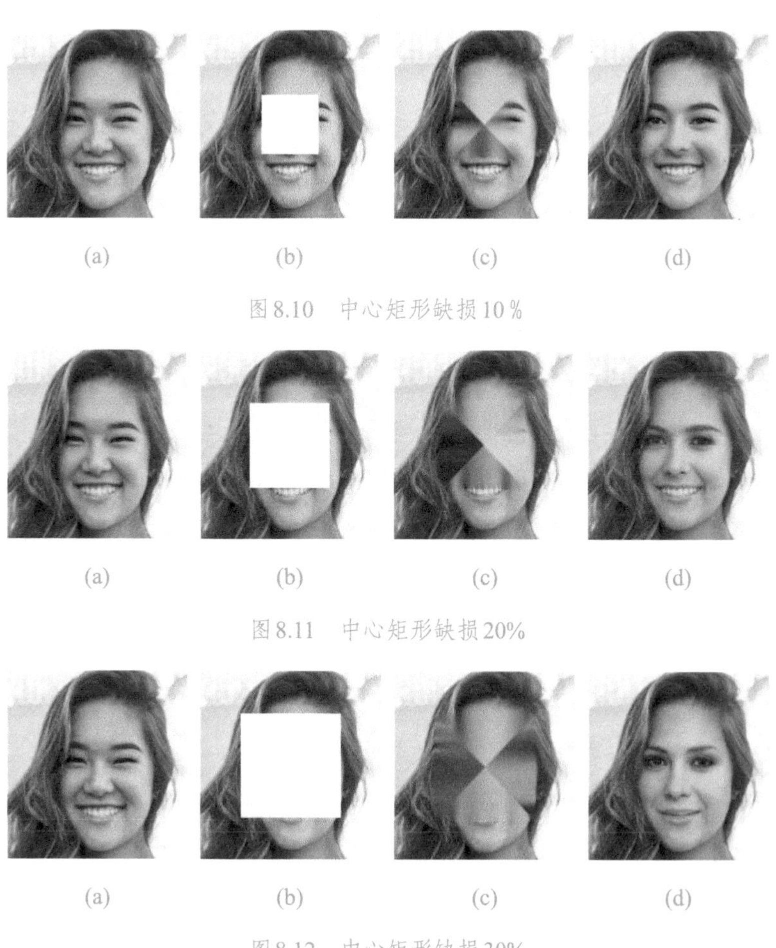

(a) (b) (c) (d)

图 8.10　中心矩形缺损 10 %

(a) (b) (c) (d)

图 8.11　中心矩形缺损 20%

(a) (b) (c) (d)

图 8.12　中心矩形缺损 30%

图8.10、8.11、8.12展示了测试结果中选择的具有10%、20%和30%中心区域矩形缺损的图像的修复效果。在每个子图中，（a）是原始图像，（b）是添加了矩形掩码后的图像，（c）是OpenCV传统算法的修复结果，（d）是生成多分支卷积神经网络（GMCNN）的修复结果。通过观察这些图像，可以清晰看出生成多分支卷积神经网络相对于OpenCV传统算法在图像修复方面表现出色。它展现出对图像纹理和结构的出色修复效果，显著减少了视觉伪影。值得注意的是，在缺损区域较大的图像（例如中心缺损30%的图像）上，生成多分支卷积神经网络依然展现出卓越的修复效果。这表明该网络在处理不同尺寸和不同程度的图像缺损时都能取得良好的修复结果。

2.定量分析

表8.1和表8.2是上述两种算法在 FFHQ 数据集上的PSNR和SSIM两项评价指标的比较，可以看出生成多分支卷积神经网络的 PSNR 和 SSIM 两项指标明显高于OpenCV的传统算法。基于深度学习的图像修复算法生成的图像质量更高、修复效果更好，尤其是人脸图像的修复，它需要为图像中所缺失的外观变化较大的眼睛、嘴巴等关键组件生成语义上的新像素，因此更具有挑战性。总体而言，本章所研究的生成多分支卷积神经网络，在处理人脸图像的大面积缺失时有较好的表现，所修复的图像既能保证全局内容的一致性，又能保证局部的细节，相比于传统算法更适

于图像修复。

表 8.1 PSNR

算法	中心矩形缺损比例		
	10%	20%	30%
OpenCV	27.36	22.05	19.12
GMCNN	30.73	26.27	23.28

表 8.2 SSIM

算法	中心矩形缺损比例		
	10%	20%	30%
OpenCV	0.94	0.88	0.80
GMCNN	0.96	0.90	0.84

8.4 本章小结

本章首先探讨了图像修复算法的研究背景和重要性，概述了当前领域的研究进展。接着，详细介绍了基于深度学习的图像修复算法所涉及的相关理论知识。随后，对本文关注的重点——基于生成多分支卷积神经网络的图像修复算法的网络结构和目标函数等方面进行了尽可能详尽的分析，包括ID-MRF正则化、空间可变重建损失以及对抗损失，并且给出了目标函数。最后，我们对算法进行了测试，并在测试集上进行验证，以及对测试结果分别进行定性分析和定量分析。测试结果表明，该算法在恢复图像结构的准确性方面表现出色，尤其是在处理人脸图像大面积缺失时表现出色，并且能够保留局部细节，生成具有丰富多样性的图像，这验证了该算法在实际应用中的可行性和性能优越性。

⑨ 基于雾线先验的图像去雾算法改进

雾霾天会给人们的生产生活造成较大影响，因此图像去雾技术应运而生。用于图像去雾的真实图像数据集大多都是假设整个场景都是均匀的雾霾，但是由于很多现实情况下，雾霾不是均匀分布的，而是分布不均衡的非均质雾。所以为了验证某一去雾算法的表现，需要在不同种雾气类型图像数据库的验证下才能准确衡量其去雾性能好坏。本文针对传统的雾线先验算法对于偏白光图像去雾后图像出现的图像失真，边缘处存在光晕现象的问题，使用软抠图得到更加精确的透射率，代入大气散射模型求得初始去雾图像，再用高斯滤波与Retinex算法处理初始去雾图像后，得到最终的去雾图像。通过实验验证，对比已有算法，改进后的算法去雾效果更佳，去雾后图像的颜色对比度更加贴近自然。另外在实验过程中针对单一客观评级指标偏高而另一指标偏低所导致的图像失真问题，提出PSNR、SSIM联合评价指标–PCS（PSNR contact SSIM）。经过在多个数据集上验证，当PCS取值越小时，去雾后的图像视觉质量效果越好。

9.1 引言

自21世纪以来，雾霾这一环境问题对人们的生活产生了巨大影响。在我国，雾霾天气广泛分布，频繁出现，不仅严重威胁着人们的身体健康,也对视觉监控系统产生巨大影响。由于空气中悬浮颗粒(如雾霾、烟雾、水滴等)的存在，成像设备捕捉到的光线受到一系列因素的影响，导致图像对比度下降，颜色趋于灰色，一些细节和纹理下降等问题出现。这些问题使得图像的视觉体验变差，影响了计算机视觉技术在生活中的实际应用。

随着计算机技术的迅猛发展和广泛应用，图像去雾技术逐渐走进各个国家科研工作者的视线。尤其是2017年，在国务院关于印发新一代人工智能发展规划的通知中明确强调[237]，要利用人工智能提高公共安全能力。促进人工智能在公共安全领域的深入应用，促进建立智能公共安全监测、预警和控制系统。通过人工智能加强对自然灾害的有效监测，建立地震、地质、气象、水旱、海洋灾害等重大自然灾害的智能监测、预警和全球应对平台。而在有雾情况下，公共安全的监测会受到很大影响，这时使用图像去雾技术得到一幅清晰的且含有更多有效信息的去雾图像对公共安全的监测预警显得尤为重要，因此去雾的技术已成为当下科学研究的热点。

目前，国内外主要采用的去雾方法有三种:图像增强方法、深度学习算法、基于大气散射模型的图像恢复去雾方法。图像增强方法是基于图像自身信息，无需考虑环境等其他外部因素，直接通过同态滤波、MSR算法或是直方图均衡化等算法减弱不需要的部分图像信息，或者是增强图像需要改善的部分。图像复原方法的基础是大气物理模型，各种不同的先验信息、深度关系或是偏振信息都是为了求解模型中的透射率和大气环境光值而服务，从而代入模型中计算去雾图像。而基于深度学习的去雾算法可以分为两类:间接端到端网络以及直连端到端网络。大多数端到端间接雾网络模型是基于大气扩散模型，使用神经网络估计模型中的参数;对于端到端去雾网络，则是通过学习雾霾图像与对应的原始无雾图像之间的映射关系，直接计算得出去雾后的图像，也称为end to end（端到端）。

总体而言目前图像去雾领域经过几十年的发展，科研人员提出的各类方法取得了不错的效果，但是还需要面临以下难点：

（1）大部分去雾算法在雾气浓度较高区域去雾表现不佳，存在雾气去除不干净现象；

（2）大多数现有的图像去雾模型基于简化实际情况，并且从理想状态中抽象出来，所以去雾后的图像会存在颜色对比度失真的问题和光晕现象[238]。

这篇文章基于Berman等人提出的雾线先验算法，通过研究和复现现有的理论方法来满足图像去雾的基本需求，进一步改进并提出了一种新的客观评价指标——PSNR、SSIM联合评价指标PCS，通过实验证明该算法能够取得较好的去雾效果。

9.2 常用的图像去雾方法及不足

常用的去雾方法主要分为三类：基于图像增强的方法、基于深度学习的方法以及基于物理模型复原的方法。目前，几种主流去雾算法在不同方面都有其出色的表现，但是也存在一些局限性，图像去雾领域仍然有很大的进步空间。

9.2.1 基于雾天图像增强的去雾方法

基于雾天图像增强的方法主要是从人眼的视觉角度进行视觉增强，常用的算法有Retinex算法、图像对比度增强算法等。

直方图均衡的主要思想是使直方图的分布更加均匀从而提升图像对比度，有局部和全局两种均衡化方法。全局均衡化处理的对象是整张图像，目标是使得含大量的信息图像的灰色区域被放大，从而提高图像的视觉效果。这种方法简单，但是在局部细节上表现不是很好，只适用于简单雾天场景的图像。局部均衡化处理的是图像的各个局部区域，然后通过运算得到增强的效果，适用于处理具有复杂的信息和低对比度的雾天天气图像，但是该方法会增加噪声对图像的影响。

Retinex理论强调图像颜色的恒常性，在彩色图像遭遇由光照不均匀引起的低对比度问题上的增强表现效果不错。其中有代表性的有色彩恢复多尺度Retinex算法，虽然弥补了其他Retinex算法损失的部分颜色，但是该算法参数复杂，计算代价高[239]。

9.2.2 基于物理模型复原的去雾方法

这类方法的主要思路是建立图像退化模型，分析在雾霾条件下光传播中粒子的影响，从原理入手，解释雾霾图像的成像过程，通过逆向推导计算得到去雾图像。与图像增强方法相比，这种方法能使更多的图像信息得到保留，去雾效果更加自然。基于物理模型复原的去雾方法主要有三种：基于深度关系的复原、基于偏微分方程的复原以及基于先验信息的复原[240]。

Berman等人基于现实生活中大多数的图像都包含相似颜色这一事实，提出一种基于雾线这一先验信息的非局部去雾方法。该方法的第一步是识别图像中相似的颜色组，用到的方法是K–means算法，并将其命名为雾线[241]。然后通过雾线与大气扩散理论相结合来估计初始透射率。接着使用正则化处理初始透射率，从而得到高质量的去雾图像。虽然此算法在大多数场景中都能获得良好的恢复效果，但随着雾气浓度的增加会导致聚类精度降低，另外，这种方法仍然不能克服亮度过高区域的过增强问题，这些问题限制了算法的通用性。

其中He提出的基于暗通道先验恢复的去雾方法是此类基于先验信息方法的一大代表。通过大量的实验研究，He提出了暗通道先验定律,即在大多数非天空区域中，这些区域中的某些像素至少有一个颜色通道，该通道的值非常低且近乎趋于零[242]。为了验证上述实验结论的正确性，He等人随机选取了上千幅无雾图像进行统计，并用一个15×15的窗口对单幅图像进行暗通道强度统计。最终的实验结果如下：75%的像素强度趋于零，90%以上的像素强度集中在很低的范围内[243]。因此，实验结果在一定程度上证明了暗通道先验理论的正确性。然而，He算法也存在一些问题,比如在部分天空区域的处理中，该算法表现效果不佳。另外该算法过多的去雾会使区域显得有些灰暗，会影响到去雾后图像的整体对比度。

9.2.3 基于深度学习的去雾方法

目前主要用于图像去雾的深度学习算法分为以下两类：间接端到端网络以及直连端到端网络。大多数端到端间接雾网络模型是基于大气扩散模型，使用神经网络求解估计模型中的参数，例如Cai等人提出利用神经网络来估计折射率。他们提出了一种新的非线性激活函数来提高复原图像的质量[244]。然而，在使用深度学习去雾时，大量的有雾和无雾训练集图像是必不可少的，但是目前几乎不可能同时获得自然场景中某一场景的有雾和无雾图像，因此该算法在自然场景中的应用并不理想。对于端到端的去雾网络，则是通过学习无雾图像与雾霾图像两者间映射关系，计算输出去雾后的图像，end to end是深度学习中对这一方法的称呼。

Li等人提出了一种借助CNN（卷积神经网络）直接生成去雾图像的模型，被称为AOD-net，是端到端去雾网络的一个代表。该算法统一了大气散射模型中两个参数透射率T和大气光值A，并由CNN训练得出无雾图像与有雾图像之间的映射关系，从而实现图像去雾的效果[245]。

9.2.4 雾线先验算法存在的问题及解决方法

和传统的去雾算法一样，基于雾线先验算法在雾气浓度高的区域表现不佳，除此之外，在实验过程中还发现去雾后图像还存在色彩失真，边缘处存在光晕现象等问题。除此之外，去雾后图像还存在右上方雾浓区域存在雾气去除效果不佳，整体图像对比度偏低的问题。针对以上问题，本文采用软抠图细化透射率以提高算法在雾浓区域去雾表现，根据大气散射模型得到初始去雾图像，并使用高斯滤波处理初始去雾图像以减轻去雾图像边缘处产生的光晕现象，使用Retinex算法进一步处理上一步得到的图像以解决去雾后图像低对比度问题，得到最终的去雾图像。

9.3 基于雾线先验的去雾算法

基于雾线先验的去雾算法是一种利用雾线信息来改善图像去雾效果的方法。雾线是指在有雾天气中，远处的物体会呈现出一种颜色较淡、对比度较低的效果，而且在图像中通常可以观察到一些垂直或近似垂直的线条，这些线条被称为雾线。基于雾线先验的去雾算法通常会利用这些雾线信息来更好地还原图像的细节和对比度。

9.3.1 大气散射模型

1999年，Srinivasa g. Narasimhan等人通过建立模型，观测系统的成像质量在散射介质中急剧下降主要有两个原因：第一，目标反射吸收、散射大气中的悬浮粒子，衰减了目标能量，降低了拍摄后图像的亮度和对比度[246]；其次，由于环境散射，阳光、人造光等环境光在大气中散射的环境射线形成了一种背景光，这种背景光通常比目标更加强烈，从而使探测系统的图像变得模糊[247]。

图9.1是雾天的成像模型示意图：

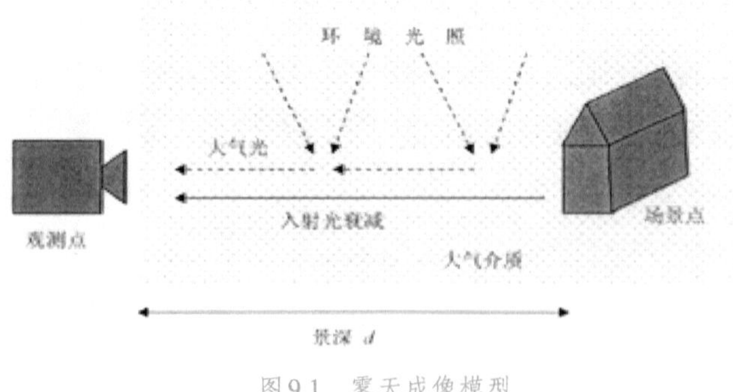

图9.1　雾天成像模型

通过大气散射模型的数学表达式如下：

$$I(X)=t(X)J(X)+A\left(1-t(X)\right) \tag{9-1}$$

上述表达式中，$I(x)$表示有雾图像；$J(x)$表示无雾图像；A表示为大气环境光值；$t(x)$表示为透射率值。其中透射率$t(x)$有公式如下：

$$t=e^{-\beta(\lambda)d(x)} \tag{9-2}$$

在式（9–2）中，参数x表示图像中像素点的位置，λ表示光的波长，β为散射系数，d为景深距离。

9.3.2 雾线先验的概念及去雾原理

一幅无雾图像可以用数百种不同的颜色来近似，如图9.2（a）所示。将无雾图像的每个像素值表示为在RGB空间中一个点[248]，那么这幅图像的所有像素的位置在RGB空间将聚类如图9.2（b）所示。

(a)无雾图像

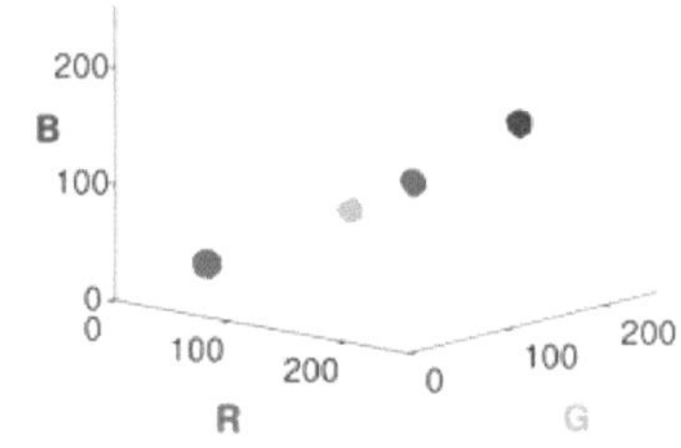

(b)聚类簇

图9.2 无雾图像以及对应的聚类簇[251]

在整个图像区域内，每个聚类中包含的像素分布于其中,他们有类似相近的RGB值，但是相机离他们的距离是不一样的。根据大气散射模型的公式，由于同一簇中的像素分布在不同的位置，所以同一簇中的不同像素t取不同的值（t仅与场景到相机的距离有关）。但是在图像遭遇雾霾天气后，如图9.3（a）所示，在雾霾图像中原始无雾图像的聚类将被拉成一条被称为雾霾线的直线，如图9.3（b）所示。这条直线一端坐标值是无雾霾图聚类点的坐标,而另一边是环境光A。所有聚类点的有雾图像，对应的雾霾线相交的点的坐标是环境光[249]。

(a)有雾图像　(b)聚类簇

图9.3　无雾图像以及对应的聚类簇[251]

9.3.3 雾线先验算法实现

下面介绍了雾线先验算法的主体去雾过程，主要分为两个重点部分：大气光值A和透射率T的求解。

9.3.3.1 估计大气光值A

在有了之前的理论基础后，首先定义如下变量：$I_A(X)$是有雾图像的颜色像素值与大气光强度的差，即把原点转换到A点了。

$$I_A(x) = I(x) - A \tag{9-3}$$

这样大气光的坐标系就由3D RGB空间坐标系转换得到。再由之前的大气散射模型，可以推出：

$$I_A(x) = t(x)[J(x) - A] \tag{9-4}$$

这时，在球系坐标下：

$$I_A(x) = [r(x), \theta(x), \Phi(x)] \tag{9-5}$$

上式中，r是原点与像素点之间的距离，后两个参数分别是经度和纬度。此时坐标系如图9.4所示：

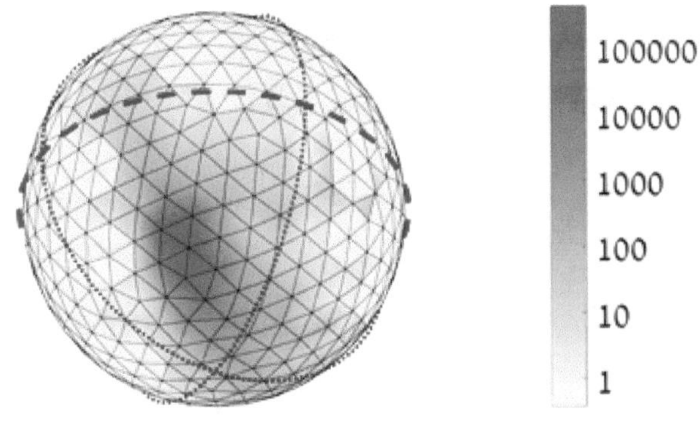

图9.4　球形坐标系表示[251]

在图9.4中，球心到每一个三角形都是一条雾线，每一个无雾气图像的聚类都由球面上的一个三角形表示，大气光则是球心。在同一条雾线上的像素点，不同的只有r[250]。

9.3.3.2 估计透射率T

首先进行初始透射率估计：

对于一条雾线，物体的深度和$r(x)$之间存在以下关系：

$$r(x)=t(x)\|J(x)-A\|, 0 \leqslant t(x) \leqslant 1 \quad (9\text{-}6)$$

$t(x)$代表透射率，另一项则是$J(x)$和A的距离。当$t=1$时，最大的半径坐标为：

$$r \stackrel{\text{def}}{=} \|J-A\|_{max} \quad (9\text{-}7)$$

结合式（9.6）以及式（9.7），可以得到传输率：

$$t(x)=\frac{r(x)}{r_{max}} \quad (9\text{-}8)$$

使用上面节得到的初始透射率进行去雾处理，会得到失真的图像。所以Berman D.采用加权最小二乘滤波的方法优化透射率[251]。

根据大气散射模型，初始透射率边界的最小值为：

$$t_{LB}(x)=1-\min_{c \in (R,G,B)}\left(\frac{I_c(x)}{A_c}\right) \quad (9\text{-}9)$$

为防止透过率过低影响去雾效果，在估计的初始t值和最小边界值之间选择较大的值，这样能较好解决这个问题，如下：

$$\tilde{t}_{LB}(x)=max\left(\tilde{t}(x), t_{LB}(x)\right) \quad (9\text{-}10)$$

在这个算法中，进行平衡的是四领域的像素点，如下：

$$\sum_{x}\frac{\left[\tilde{t}(x)-\tilde{t}_{LB}(x)\right]^2}{\sigma^2(x)}+\lambda\sum_{x}\sum_{y\in N_x}\frac{[t(x)-t(y)]^2}{\|I(x)-I(y)\|^2} \qquad (9\text{–}11)$$

在式（9–11）中，N_x是图像平面内部像素点x所构成的四个领域，λ是起到平衡作用的自由参数。$\sigma(x)$为细化后透射率的标准差[252]。

9.3.3.3 去雾实现

现在在去雾模型中，只有去雾后图像$J(x)$是未知的，将其他参数代入式（9–1）变形得：

$$J(x)=\frac{I(x)-\left[1-\tilde{t}(x)\right]\cdot A}{\tilde{t}(x)} \qquad (9\text{–}12)$$

将所得参代入式（9–12）即可计算出去雾后的图像。

9.4 图像数据集的分类及特点

上一章节主要介绍了基于雾线先验的去雾算法的基本原理及实现步骤，这一章节主要介绍了本次实验所采用的数据集及其特点。本次实验主要用到了三个数据集：RESIDE、O–HAZE以及NUY–Depth V2图像数据集，另外实验室还自采集了部分有雾图像。

9.4.1 RESIDE 图像数据集及其特点

RESIDE数据集包括合成和真实世界的模糊图像，称为可逆单幅图像去雾。它突出显示各种数据源和图像内容，并分为五个子集，每个子集用于不同的实验场景或评估目的。它为去雾算法提供了从完全参考测量、无参考测量到主观评价和任务驱动评价等多种评价标准[253]。RESIDE数据集引入了一种新的单幅图像去雾基准，该基准包括一个大规模的综合训练集和两个不同的数据集（分别用于客观和主观质量评价）。另外，为了评估去雾效果，尤其是当目标是没有真实世界的原始高清图像时，除了使用PSNR和SSIM客观评价指标之外，还进一步使用包括人类主观评分和非参考度量来衡量去雾效果[254]。

图9.5 RESIDE数据集部分图像实例

9.4.2 O-HAZE 图像数据集及其特点

这是第一个室外场景数据库（命名为O-HAZE），它是第一个由现实的适用于图像去雾实验研究的由非均匀有雾和无霾图像配对的图像数据库。O-HAZE包含在相同的照明参数下，45个不同的描绘了在无雾和有雾条件下记录的相同视觉内容的室外场景图像。其中非均匀雾霾是使用模拟雾霾场景真实情况的专业雾霾发生器生成的。

O-HAZE数据库的数据集是通过分析从摄像机附近到最远30m距离的场景对象来研究雾霾对场景可见性的影响。由于设计时的目标是类似于在雾天遇到的室外条件，所以在秋季记录时间已经超过了8周，并且记录了阴天、早上和日落时的场景，并且仅在风速低于3公里/小时时(以限制场景中薄雾的快速扩散)记录图像，没有风是最难满足的条件[255]。每次场景采集都是从手动调整摄像机设置开始的，并采用相同的参数来捕捉无雾霾和有雾霾场景[256]。

图9.6 O-HAZE数据集部分图像实例

9.4.3 NYU-Depth V2 图像数据集及其特点

NYU-Depth V2 数据集是由来自微软Kinect的RGB和深度相机记录采集得到各种室内场景的图像序列组成[257]。它从3个城市拍摄的464个新场景，包括407024个新的无标签框架，且每个对象都标有类和实例编号。

但是这个数据集只是无雾的原始图，实验室去雾研究小组人员严格根据场景深度，逆推大气散射模型，建立了对应有雾图像的数据集，部分图片数据如下：

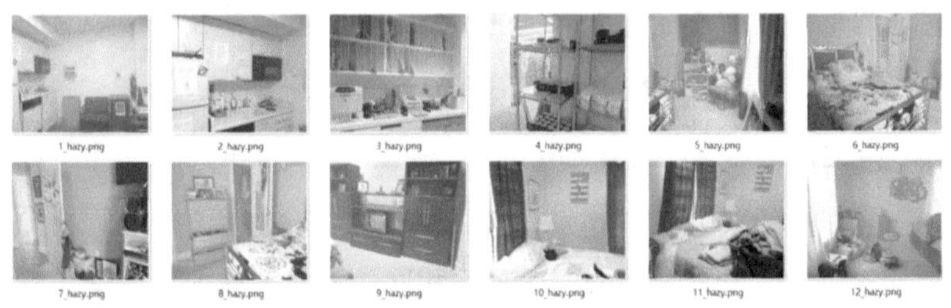

图 9.7　NYU-Depth V2 数据集部分图像实例

可以看到合成的有雾图像很好地符合自然条件下的有雾图像特点，可以用来进行后续的实验研究操作。在合成过程中，由于是按照场景深度来合成的有雾图像，所以该数据库属于非均质图像数据库。

9.4.4 自采图像数据介绍

图9.8 自采部分图像示例

在雾天情况下采集了部分的有雾图像作为研究储备，但是由于没有对应的原图，所以不能适用于PSNR、SSIM等客观评价指标来进行客观去雾评价。

9.4.5 数据库分析

在上述三个用于去雾需求大的图像数据库中，O-HAZE以及NYU-Depth V2是非均质雾的数据库，去雾难度较大，按照之前算法运行效果PSNR应该在20左右，SSIM预计在0.7左右，依据不同去雾图像情况去雾效果不同。对于均质雾数据库RESIDE，由于去雾难度比非均质雾低，反应在客观评价指标上的预期结果也会比前两个数据库的值要高。

9.4.6 偏白光图像定义

针对之前暗通道去雾对于偏白光去雾图像表现不佳，通过大量实验，本文对于这部分图像做如下定义：无雾图的灰度值大于182的像素点占比高于48%为偏白光图像。实验过程是选取RESIDE图像数据库中2800幅图像进行噪声控制，灰度值从150

依次到255递增进行实验，将所得到得占比降序排列，取前15%的图像的像素点占比对应到无噪声数据集上求得对应的占比，用2800的15%也就是420减去这个占比再除以420得到噪声比，取得噪声比最低时对应的图像灰度值以及像素点占比即为所求。

9.5 基于雾线先验算法的改进

9.5.1 雾线先验现状及改进方法

Berman等人提出的传输估计方法没有提高相邻像素的空间相似性，去雾后图像边缘不光滑。一般来说，图像相邻像素的深度值是相似的。然而，图像也存在景深的跳跃处，这时像素的值是非常不同的，所以去雾后的图像存在光晕现象，图像边缘的细节也有所丢失[257]。针对原始Berman方法所得到的透射率依旧不是很理想的情况、部分天空区域去雾后仍然存在Halo效应以及去雾后部分图像色彩失真问题，提出以下三个改进思路。

9.5.2 本文改进思路

主要从细化透射率以及去雾后图像色彩失真和边缘处出现的Halo现象入手进行改进。通过软抠图计算得到更为精确的透射率；将得到的大气光值以及透射率代入大气散射模型，计算得到初始的去雾后图像；然后使用高斯滤波对去雾后图像进行处理，并且通过Retinex增强算法处理得到最终去雾图像以解决原始去雾图像存在的光晕现象和图像对比度过低的问题。

9.5.2.1 软抠图细化透射率

用$t(x)$代表精细的透射率，其中能量函数$E(t)$表达式如下：

$$E(t)=t^TLt+\lambda\left(t-\tilde{t}\right)^T\left(t-\tilde{t}\right) \tag{9–13}$$

式（9–13）中，正则化参数用λ表示，拉普拉斯矩阵则用L表示，前一项代表平滑项目，后一项代表数据项，其中L矩阵第(i,j)项表示形式如下[258]：

$$\sum\nolimits_{k|(i,j)\in w_k}\left(\delta_{ij}-\frac{1}{|w_k|}\left(1+(I_i-u_k)^T\left(\sum\nolimits_k+\frac{\varepsilon}{|w_k|}U_3\right)^{-1}\left(I_j-u_k\right)\right)\right) \tag{9–14}$$

式（9–14）中，$\sum_k$、u_k分别代表里的颜色的协方差矩阵和均值矩阵，$|w_k|$代表区域内w_k的像素点个数，i和j处像素的颜色用l_i和l_j代表，δ_{ij}表示克罗内克函数，ε是一个用来表示正则化的参数，而U_3代表单位矩阵，大小是3×3。

通过解得以下方程组（L与U是大小相等的单位矩阵），可以得到t的最优解[259]：

$$(L+\lambda U)t=\lambda\tilde{t} \tag{9–15}$$

以下从左至右分别是原始有雾图，运用软抠图前后得到的透射率图和最终去雾效果图，可以看到进行软抠图后得到的透射率更加细腻，细节更加清晰。

(a)有雾图像

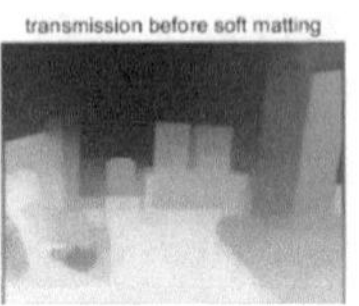

(b)软抠图前透射率图

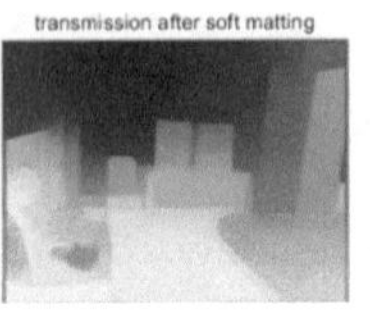

(c)软抠图后透射率图

(d)无雾图像

图9.9　软抠图前后对比图

9.5.2.2 高斯滤波减轻图像边缘Halo现象

关于图像去雾中去雾图像边缘存在的光晕（Halo）现象，一般来说，图像相邻像素的深度值是相近的。然而，图像也存在景深的跳跃处，这时像素的值是非常不同的，Berman等人提出的传输估计方法没有提高相邻像素的空间相似性，所以去雾后的图像存在Halo现象，图像边缘的细节也有所丢失。

二维图像的特征提取在计算机三维视觉领域中是尤为重要的，主要包括边缘、角点、纹理等的提取。通常，研究人员可以从这些分量中提取出以下特征：

（1）不同物件的边缘成像引起的灰度跳跃；

（2）物体轮廓的反射特征与背景的反射特征是不同的，这导致灰度值是不连续的；

（3）物体被光遮蔽，这也会导致该层的灰度跳跃。

从上述结论可以得出，如果能够更好地从二维图像中提取信息，它们可以为目标的位置、视频监控和其他后期目标提供良好的支持。这些特征，如包含图像轮廓和位置信息的点、线和表面，其特征是灰色值图像的不均匀性或剧烈变化。如果我们能根据灰色矩阵图像找到灰色断裂的位置，那么提取特征的目的就可以达到[260]。

在二维函数中，梯度矢量可以用来代表函数最大变化率的方向，因此对于二维信号，选择灰值的不均匀点可以用梯度矢量模块。这样，可以使用梯度的单独近似函数来检测灰色矩阵的跳跃位置，以检测灰色矩阵的跳点[261]。

事实上，摄像机拍摄的图像往往是带有噪声的，信号没有理想的相位变化。如果仍然使用laplacian操作符直接检测灰度跳跃，将会有许多错误的特征点。因此，在处理图像之前，通常需要对灰度图像进行过滤。

高斯滤波是图像滤波中一种常用的滤波方法。高斯滤波数学表达如下：

$$h(x,y)=\frac{1}{2\pi\sigma^2}e^{-\frac{x^2+y^2}{2\sigma^2}} \quad (9\text{–}16)$$

标准差是高斯滤波后图像的平滑程度好坏的重要因素之一。域像素的加权平均值是它的输出，像素的权重随着离中心点越近越高[262]。因此，它的滑腻效果比普通过滤器更和善，边缘保持得更好。以下分别是原始有雾图和进行高斯滤波前后的去雾图像。

(a)原始有雾图像　(b)加高斯滤波前去雾图　(c)加高斯滤波后去雾图

图 9.10　高斯滤波前后对比图

9.5.2.3 Retinex 增强图像对比度

经过大量实验发现，使用原始Berman方法得到的去雾图像在图像颜色对比度上表现不佳，去雾后图像往往整体偏暗如图9.11所示：

(a)原始有雾图像　(b)原始无雾图　(c)Retinex 增强前去雾图

图 9.11　Retinex 增强前的图像质量

为了提升图像的颜色对比度，通过查阅大量文献资料和实验验证，发现Retinex图像增强算法在这方面有不错的效果。

Retinex 理论的基本思想是，一个点的颜色和亮度不仅与它周围的亮度和颜色有关，还与该点进入人眼的绝对光线有关。Retinex模型的基础如下：现实世界是无色的，我们之所以可以感知颜色，是因为物质和光相互作用的结果。每个色区由给一定波长的红、绿、蓝三原色组成，这三基色决定了每个单位面积的颜色[263]。

光线异质性不会影响物体的颜色，是相干的，也就是说，Retinex理论是建立在颜色相干的基础上的。如图9.12所示，对于观察者所看图像S，是物体表面由入射光 L 反射得到的。而反射率R只是由物体本身确定，入射光L影响不到它的取值。

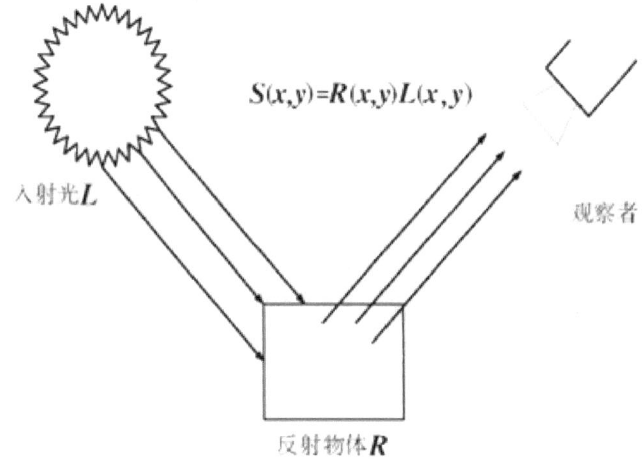

图9.12 图像成像原理图

数学表示可以用以下公式表示：

$$S(x,y)=R(x,y)\cdot L(x,y) \tag{9-17}$$

具体流程是先将原始图像转换到对数域上面：

$$S=log\,S \tag{9-18}$$

使用归一化方法消除加性分量：

$$r'=\frac{r}{max(r)} \tag{9-19}$$

对上面所得的结果进行指数运算，再通过反变换变到实数域：

$$R=exp(r\cdot log\,255) \tag{9-20}$$

图9.13是将Retinex算法运用到Berman算法后的实际去雾效果。

(a)原始有雾图像

(b)Retinex增强前去雾图

(c)Retinex增强后去雾图

图9.13 Retinex增强后的图像质量

可以看到去雾后图9.13(c)明显比图9.13(b)色彩更加鲜艳，对比度更高。

9.5.3 改进后的去雾流程

改进后的算法大致流程如下：

（1）首先输入原始有雾图，采用原始Berman算法估计大气光值；

（2）聚类寻找雾线，并求得初始透射率；

（3）正则化细化透射率；

（4）软抠图进一步细化透射率；

（5）将大气光值和透射率代入大气散射模型，计算得到去雾后图像；

（6）对去雾后图像进行高斯滤波处理和Retinex增强处理得到最终去雾图像。

算法流程图见图9.14：

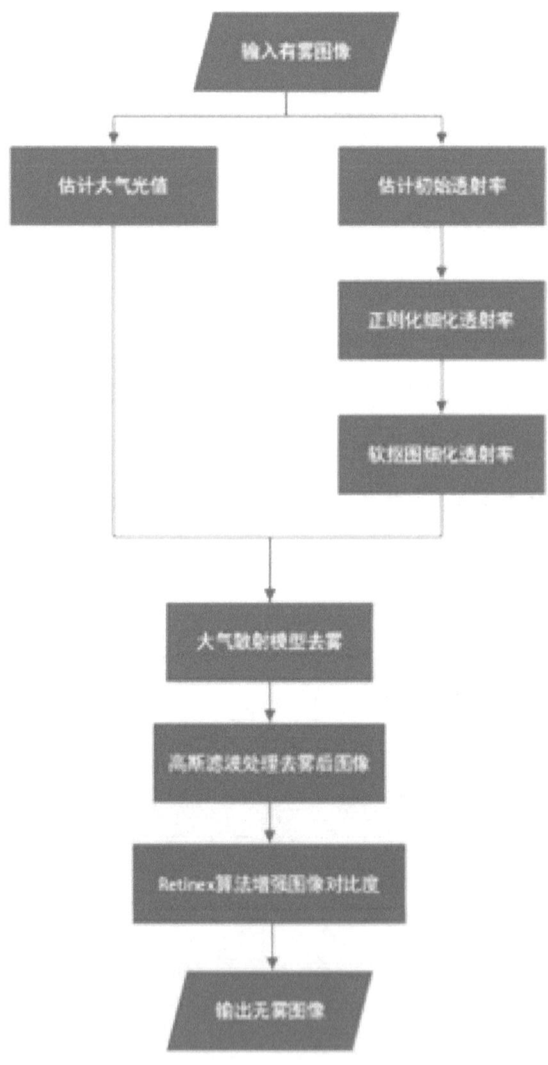

图9.14　改进雾线先验算法去雾流程图

9.6 实验结果与分析

本次实验计算机硬件为Inter(R) Core(TM) i5-7200 CPU @2.50GHz 2.70GHz，操作系统为Windows10，运行环境为MATLAB R2019b，编程语言是matlab。这一章节内容主要是分析实验结果。

9.6.1 图像的主客观评价标准

在图像去雾领域，算法去雾后效果的好坏可以通过主观评价标准以及客观评价标准来评判，在实际运用中，往往使用主观评价标准以及客观评价标准相结合的方式来进行评判[264]。

9.6.1.1 主观评价标准

主观评价主要是指通过视觉指标凭借肉眼观察，如纹理是否清晰，是否有明显的颜色失真，细节是否可见等[265]。但是每个人对于每一幅图像的主观感受是不一样的，这样存在着极大的不确定性，所以只凭借主观评价指标来评判一个算法在图像去雾上的表现是不能使人信服的。

9.6.1.2 客观评价标准

可以用来客观评价图像去雾效果的指标有很多个，因为有原始的无雾图像，本文选取SSIM（结构相似度），PSNR（峰值信噪比）来进行去雾后的评价。

对于两张大小同为$m \times n$的原始无雾图I和去雾图K，他们之间的均方误差（即MSE）定义为：

$$MSE=\frac{1}{mn}\sum_{i=0}^{m-1}\sum_{j=0}^{n-1}[I(i,j)-K(i,j)]^2 \tag{9-21}$$

那么PSNR定义为：

$$PSNR=10\cdot log_{10}\left(\frac{MAX_I^2}{MSE}\right) \tag{9-22}$$

其中MAX_I^2为图像的最大像素值。一般来说，按照像素值由B位二进制表示的话，那么$MAX_I=2^B-1$。

上述方法是灰色图像的计算方法，如果要计算的是彩色图像，通常有三种计算方法：

（1）相应计算三个 RGB 通道的 PSNR，然后计算平均值[266]。

（2）从三个 RGB 通道计算 MSE，接着求平均数。

（3）图像转换为YCbCr格式，然后仅计算Y分量的PSNR[267]。

对于SSIM(结构相似度)，这一公式是基于两张图像x和y之间的三个比价量，分别是结构、对比度和亮度。

$$l(x,y)=\frac{2u_xu_y+c_1}{u_x^2+u_y^2+c_1}\ c(x,y)=\frac{2\sigma_x\sigma_y+c_2}{\sigma_x^2+\sigma_y^2+c_2}\ s(x,y)=\frac{\sigma_{xy}+c_3}{\sigma_x\sigma_y+c_3} \tag{9-23}$$

$$SSIM(x,y)=\left[l(x,y)^a\cdot c(x,y)^\beta s(x,y)^\gamma\right] \tag{9-24}$$

其中，将1赋值给α、β和γ可得：

$$SSIM(x,y)=\frac{(2u_xu_y+c_1)(2\sigma_{xy}+c_2)}{(u_x^2+u_y^2+c_1)(\sigma_x^2+\sigma_y^2+c_2)} \tag{9-25}$$

在计算图像的SSIM时，我们只需要在每次运算时取N×N的窗口，接着移动窗口进行计算，最后取平均值即为全局的SSIM值[268]。

9.6.1.3 PSNR、SSIM联合评价

在本次实验过程中，因为原始雾线先验算法输入参数有用到用来做辐射校正的gamma值，这个gamma值是作者自己拟定的值。由于原文中并没有给出具体求法，在对其所给图像数据的gamma值进行观察分析后，本文对O-HAZE数据库的图像及部分RESIDE图像进行gamma从1到2，每次递增0.1的赋值操作，以寻求最好的gamma值规律，但是在实际实验中，发现随着gamma值变化，PSNR值与SSIM值前后变化并不是正相关的，如表9.1所示：

表9.1　单幅图像gamma值变化评价指标变化

Gamma	改进前PSNR	改进后PSNR	改进前SSIM	改进后SSIM
1	24.5505	27.0914	0.8383	0.8098
1.1	24.6172	27.3077	0.841	0.8171
1.2	24.6037	27.3979	0.8422	0.8261
1.3	24.6653	27.4539	0.8432	0.8318
1.4	24.7921	27.4652	0.8448	0.8367
1.5	24.9062	27.4632	0.8462	0.8409
1.6	25.0206	27.3276	0.8469	0.8456
1.7	25.0465	27.2807	0.846	0.8483
1.8	25.119	27.2351	0.8458	0.8501

续表

Gamma	改进前PSNR	改进后PSNR	改进前SSIM	改进后SSIM
1.9	25.2528	26.8188	0.8463	0.854
2.0	25.4378	26.8323	0.8474	0.8542

从表格9.1可以看出之前观察所得结论的正确性，从观察图像我们也可以看出改进后的去雾后图像也存在由于SSIM和PSNR不是正向变化所导致的图像失真的问题存在，如图9.15所示：

图9.15　PSNR过高导致图像失真示意图

为了研究在PSNR与SSIM取得怎样的平衡条件下去雾效果达到最好，这里实验引入MSE的评价指标，即将两张大小同为

$m \times n$的去雾后的图像I与原图K对比，对比两张图像每个像素点的大小，作差后求平方，累计求和后取平均值作为去雾后图像的衡量指标，具体公式如下：

$$MSE = \frac{1}{mn} \cdot \sum_{i=0}^{m-1} \sum_{j=0}^{n-1} [I(i,j) - K(i,j)]^2 \quad (9\text{–}26)$$

由数学定义可知，MSE越小，图像去雾效果越好[269]。这里我们对O–HAZE图像数据库及部分RESIDE图像数据库图像进行改进后算法gamma值实验，其中拿出部分实验结果进行分析如表9.2：

表 9.2　单幅图像 gamma 值变化评价指标变化

Gamma	MSE
1	1209103
1.1	1199827
1.2	1201842
1.3	1195395
1.4	1177210
1.5	1164432
1.6	1150673
1.7	1149322
1.8	1143431
1.9	1127801
2.0	1107258

从表9.2可以看出MSE于gamma等于2时取得最小。加上对表9-1数据分析，取下列数值进行PSNR与SSIM值变化的联合评价PCS（PSNR contact SSIM）：

$$\mathrm{PCS}=|PSNR/40-SSIM| \tag{9-27}$$

对于式（9-27）中40的取值，从PSNR定义看出这是一个对数函数，而经过大量实验发现，PSNR取值最大值在40左右，很少有超过40的情况，几乎可以忽略不计，而取值20-30左右则是大多数算法去雾后的结果，这时去雾效果良好[270]。而低于20则代表去雾后的图像效果不好。所以想要将PSNR量化到与SSIM相近的值，除以40是一个很好的选择[271]。

表9.3是PCS随着gamma值变化对应的结果：

表 9.3　单幅图像 gamma 值变化 PCS 值变化

Gamma	联合评价指标（PCS）
1	0.2246
1.1	0.2255
1.2	0.2271
1.3	0.2266
1.4	0.225
1.5	0.2235
1.6	0.2214
1.7	0.2199

续表

Gamma	联合评价指标（PCS）
1.8	0.2178
1.9	0.215
2.0	0.2115

因为从表9.2可知，MSE于gamma等与2时取得最小，这时从表9.3可以看出刚好对应的PCS值是最小的，此时图片质量在所有不同的gamma值所得图像里也是最好的，经过多次验证比对，实验发现MSE取得最小时，PCS可以有以下五种取值情况：A（联合评价指标取值最大）、A–（与联合评价指标取值最大相差0.1以内）、B（联合评价指标取值最小）、B–（与联合评价指标取值最小相差0.1以内）和D（无明显特征点），对进行实验的图像数据结果进行统计，发现这五种取值情况占总比如下：

表 9.4　PCS 各种取值情况占比

取值	各种取值占比情况
A	8.8%
A–	11.7%
B	38.2%
B–	23.5%
D	17.6%

从表9.4可以看出B类情况占比最多，且B与B-类之和占比在除去D类情况下已经超过75%，占所有情况的绝大部分，这恰好验证了之前的结论，即在MSE取值最小时，对应的PCS越小，此时去雾后图像质量最好，失真程度最低[272]。

9.6.2 主观评价去雾效果

首先从主观视觉看算法改进前后的部分去雾前后图像对比，展示的部分实验结果均取自O-HAZE、RESIDE以及NYU-Depth V2，对比算法有DCP[242]、Fattal[273]。

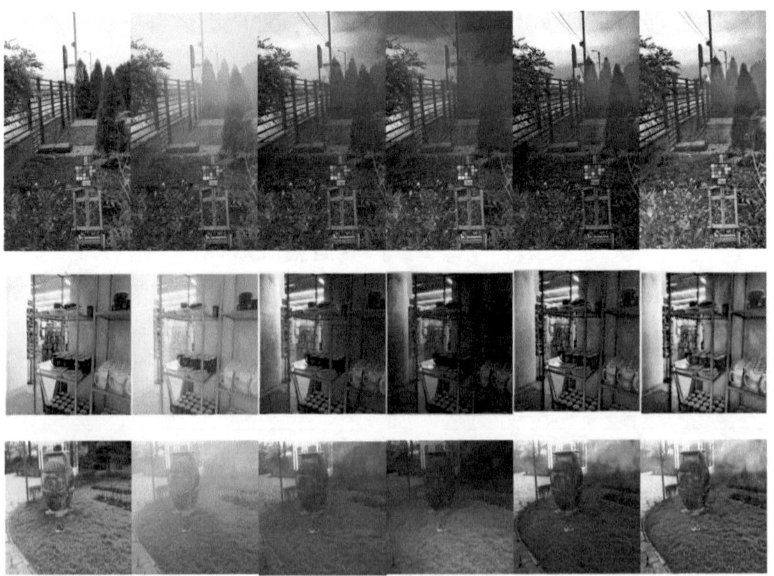

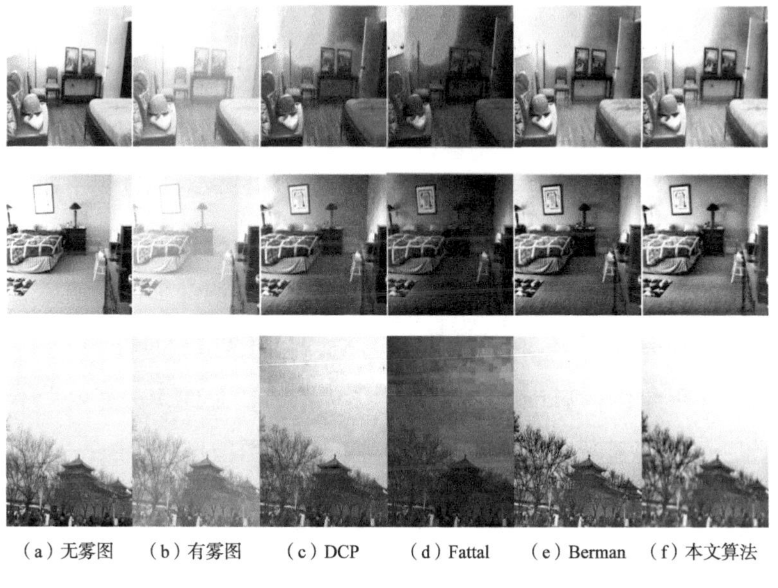

（a）无雾图　（b）有雾图　（c）DCP　（d）Fattal　（e）Berman　（f）本文算法

图9.16　实验结果图

从图9.16实验结果图可以分析出，对于第一组图像，Fattal算法去雾后图像偏蓝，DCP算法去雾后图像偏黑，Berman算法去雾后图像颜色表现比前两者好，但是整体对比度偏低，本文算法整体颜色更为贴近自然，且图像的边缘信息对比更加明显，雾浓区域去雾效果相较于其他算法有所提升。

对于第二组图像，Fattal算法去雾后图像整体偏黑，尤其是右上角区域，DCP算法和Berman算法在物体边缘处存在Halo现象，本文算法无论是在边缘处还是在图像颜色对比度上效果都比较好。

对于第三组图像，Fattal算法去雾后图像在上半部分整体偏灰色，DCP算法在上半部分雾浓区域去雾效果不佳，Berman在前两个算法欠缺的地方有所提升，但是整体图像对比度仍不如本文算法去雾后图像一样更加贴近自然。

第四组图像Fattal算法和DCP算法去雾后图像都存在偏黑问题，Berman算法和改进后算法去雾后图像整体效果良好。

第五组图像Fattal算法去雾后图像偏黑，而DCP去雾效果不佳，可以明显看出由于雾气的存在，整张图像偏白，Berman算法和本文算法去雾后图像整体效果比前两个算法表现更佳。

对于第六组图像，DCP算法和Fattal算法去雾后图像都存在失真现象，尤其是Fattal算法去雾后图像在天空区域颜色偏紫色，Berman算法在远景处表现不佳，本文算法相比较于Berman算法整体稍微模糊一些。

本文改进后算法在图18中第一、二、三、五幅图的去雾效果上表现良好，且去雾后图像对比度明显优于其他算法，且减轻了图像边缘处的Halo现象。但是各个算法在雾气浓度高的区域去雾表现均不佳。

9.6.3 客观评价去雾效果

各算法去雾后的客观评价指标结果（加粗数值为本行最优值）如表9.5：

表 9.5　各算法客观评价指标

Image	评价指标	DCP	Fattal	Berman	本文算法
第一幅	PSNR	20.7630	15.5290	17.5855	18.6526
	SSIM	0.6746	0.6495	0.6764	0.7437
第二幅	PSNR	20.4237	14.2438	18.9842	22.3588
	SSIM	0.7153	0.4744	0.7672	0.7839
第三幅	PSNR	22.5049	18.2404	16.9335	17.9614
	SSIM	0.5218	0.4826	0.6002	0.6871
第四幅	PSNR	17.8047	12.2861	19.8153	21.4423
	SSIM	0.7963	0.5519	0.8515	0.8584
第五幅	PSNR	18.3582	12.3955	16.2173	18.5432
	SSIM	0.7642	0.5038	0.6909	0.7344
第六幅	PSNR	22.6383	11.4905	23.7334	24.0647
	SSIM	0.8550	0.5974	0.8449	0.8452

从表9.5可以看出本文算法在大多数情况下PSNR与SSIM值都比其他算法要高，DCP算法在处理第一、第三幅图像时PSNR值较高，但是SSIM值比本文算法低，而且从主观上来看，本文算法去雾后得到的图像对比度明显比DCP算法更加贴近自然。同样的DCP算法在处理第五、第六幅图像时SSIM值较高，但是PSNR值比本文算法要低。

对于改进前后去雾图像的PCS值（加粗数值为本行较小

值），如表9.6所示：

表 9.6　PCS 值结果

Image	改进前PCS	改进后PCS
第一幅	0.23672335	0.2774013
第二幅	0.29256085	0.2249223
第三幅	0.17689655	0.2380929
第四幅	0.35610025	0.3223066
第五幅	0.2854295	0.27078335
第六幅	0.25159335	0.24356955

从表9.6可以看出在六幅图像中，改进后的四幅图像符合了之前PCS值越小图像质量最好的结论，这也从侧面论证了PCS客观评价指标是有意义的。

另外本文还针对三条改进思路分别做了控制变量的实验，用来论证改进的三条思路是确实可行的。

表 9.7　改进思路控制变量实验

Image	评价指标	改进前算法	软抠图	软抠图+高斯滤波	软抠图+高斯滤波+retinex
第一幅	PSNR	17.6000	17.9000	17.9240	18.5256
	SSIM	0.6760	0.7010	0.7013	0.7319

从表9.7看出对于图9.16中第一幅图，依次加入软抠图、高斯滤波和Retinex算法后，去雾后的图像客观评价指标SSIM以及PSNR不断上升，由此可以证明此次的改进实验所用到的方法确实是行之有效的。图9.17是控制变量的实验结果图。

（a）加入软抠图后去雾图

（b）加入软抠图和高斯滤波后去雾图

（c）加入软抠图、高斯滤波和retinex算法去雾图

图9.17 改进思路控制变量实验图

9.6.4 结果分析

本节从主、客观两个方面分析了改进前后算法取得的效果对比，无论从主观肉眼观察还是客观PSNR与SSIM定量分析来看，本文的改进算法相较于原始算法以及其他去雾代表算法[275]都有一定的提升。

9.7 本章小结

图像去雾技术非常重要，其研究价值更是日益重要[274]。本文针对传统雾线先验算法对于偏白光图像去雾后图像整体颜色对比度偏低、边缘处存在光晕现象的问题，使用软抠图优化透射率、导向滤波减轻Halo现象以及Retinex算法提升去雾后图像颜色对比度进行改进。通过实验验证，改进后算法相较于原始算法在客观评价指标以及主观感觉上都表现更佳。另外在实验过程中，针对PSNR、SSIM单独评价存在的一个评价指标过高，而另一评价指标过低所导致的图片失真问题，提出PSNR与SSIM联合评价PCS。在多个数据集下验证当PCS取值越小时，图像的去雾效果取得最好。但是改进后算法仍然存在目前普遍的去雾算法始终无法解决的难点问题——在雾浓区域表现不佳，之后打算通过加强相邻的像素点之间的空间相似性来进一步地进行改进。

⑩ 基于多先验融合的图像复原算法设计

10.1 引言

大部分计算机视觉系统，如智能车辆、无人机、智能城市监控系统、智能农业和建筑工程都需要获取高质量的图像，以实现目标检测、分类和跟踪任务。然而，恶劣的天气条件，如雾和霾，会显著影响设备获得的图像质量。因此，需要一种有效的图像去杂算法。另外，图像去雾技术的运用也促进了计算机视觉技术的发展。本章提出了一种基于多先验约束的图像去雾算法。该算法有效地融合了像素尺度、局部尺度、非局部尺度和场景尺度去雾策略的优点，克服了单一先验条件的局限性，取得了良好的去雾效果。首先基于神经网络将无监督聚类问题转化为有监督的分类问题，从而确定单幅图像中的像素簇。针对非局部先验中一些像素簇没有无雾像素，不适合天空图像场景或白色等高亮度像素区域这些问题，本章中的算法使用局部最优评价指标寻找当地透光率的最优值，优化透射图。通过加权最小二乘滤波融合局部策略和非局部策略得到的结果，在保留图像结构和细节的同时得到最佳的透射图。然后，针对各种大气光估计策略容易受到异常高亮度像素影响的问题，提出了一种基于模糊聚类的大气光估计策略进行场景划分。本章算法注意到，在雾天图像中大气光始终是全局不变的假设并不总是成立的。因此，基于模糊均值聚类，在对图像进行场景划分的基础上，计算高亮度场景的边缘细节信息，并设置阈值，使用场景或全局策略区分大气光。通过设置线性衰减比例尺，得到大气光图。实验结果表明，与大多数大气光估计方法相比，大气光估计策略对噪声具有较强的鲁棒性。最后对以上三个模块进行融合。实验结果表明，优化后的图像去雾算法在主观视觉和客观定量指标上都优于大多数去雾算法，能够更好地解决图像去雾问题。为了达到更好的除雾效果，将继续探索更好的解决方案。

10.2 基于深度学习的图像去雾

图像去雾是一种计算机视觉领域的重要任务，旨在消除图像中由于大气散射引起的雾霾效应。随着人们对视觉质量要求的提高，图像去雾技术在许多实际应用中具有广泛的应用前景，例如无人驾驶、监控系统、航空航天图像处理等。在雾天由于空气中的水汽和灰尘以及光照条件差等因素的影响，使成像设备在雾天图像采集过程中呈现物体边界模糊、对比度降质、色彩失真等问题，进而影响图像的检测和识别等任务难以达到需求精度。同时随着大数据时代的到来，移动互联网和物联网的快速普及，视频监控、目标跟踪、无人驾驶等领域中对图像的精准检测和识别显得尤为重要，所以减少降质图像对高阶处理任务的影响是计算机视觉领域中的一类重大问题。目前针对图像去雾技术的研究可以分为基于视频流的图像去雾、基于多目视觉的图像去雾和基于单幅图像的图像去雾等方向。其中，基于单幅图像的图像去雾技术由于缺少时间连续信息以及多视角空间信息等特征，更具有挑战性和吸引性。近年来，基于单幅图像去雾的研究通常采用深度学习的方式，深度学习作为机器学习的子领域在图像去雾领域展现出较好的成绩。图像去雾方法可以分为传统去雾算法和基于深度学习的去雾算法。本文依据时间顺序对近年来图像去雾研究领域中典型的方法和技术进行了详细的归纳和梳理，并对基于深度学习技术在图像去雾研究中的潜在方向进行了展望。

10.2.1 传统去雾算法

传统的去雾算法主要是基于先验知识或约束条件对模糊图像进行处理的，从而获得清晰图像。传统的去雾算法主要是基于大气散射模型的，对模糊图像和清晰图像进行观察分析，总结出两者存在的一些映射关系，然后根据模糊图像的形成过程进行逆运算从而获得恢复后的图像。

10.2.1.1 大气散射模型

在恶劣天气条件下，空气中的大量悬浮粒子对光线具有较强的散射作用，导致拍摄出来的图片模糊。一方面，物体表面的反射光因散射而发生衰减与前向散射[276]，衰减导致到成像系统的光线减弱，从而成像的亮度降低。另一方面，自然光因为空气中的悬浮粒子的散射作用，成像系统对物体表面的反射光造成影响，从而大气表现光源的特性。Narasimhan和Nayar提出的大气散射模型[277]被许多研究者重视，其数学表达式为：

$$I(x)=t(x)J(x)+\left(1-t(x)\right)A \tag{10-1}$$

其中$I(x)$是观察到的有雾图像，$J(x)$是待恢复的清晰图像，A是全球大气光值，$t(x)$为透射率，是用来描述光线通过媒介透射到成像设备的过程中没有发生散射的比例。现在已知$I(x)$，需要求取$J(x)$，通过假设一些先验或约束条件可以降低得到清晰图像的难度。

10.2.1.2 基于先验知识的图像去雾算法

近年来，基于先验知识或约束条件下的单幅图像去雾技术在图像去雾方面取得了很大的发展。利用对先验或对辅助信息的估计，可以构造约束场景反照射率景深的假设条件，有利于复原单幅图像获得无雾图像。

为了在处理在浓雾条件下拍摄得到的图像时可以较大程度恢复模糊图像的结构和细节，Tan[279]等通过最大化局部对比度的方法来实现这一目标并获得清晰图像。在马尔科夫随机场(MRF)模型的框架下，构造出关于边缘强度的代价函数，使用图割理论估计出最优光照值。但此方法仅关注提高客观评价，并没有求解出场景反射率，导致处理后的图像会经常出现颜色过饱和的现象，且在进行最大化对比度的时候，由于对雾浓度估计过大，导致在景深突变的边界产生严重的光晕效应。

为了解释物体表面阴影和透射率，Fatta[280] 等提出了一个相对精确的单幅图像去雾模型。该模型通过假设透射率和表面阴影这两个函数的局部不相关性，利用独立法分量分析（ICA）和MRF模型来估计场景透射率，从而获得清晰的图像。该算法是基于颜色统计和局部信息统计，所以要求有充足的颜色信息，而当雾浓度较大时，场景光能量损失较大，颜色信息不足，局部方差不大，所以此方法不适用于处理具有浓雾的图像和灰度图像。

通过色度调和的方法可以获得恢复图像。Tarel[281] 等利用滤波的方法估计大气散射函数和色度调和方法获得清晰图像，该方法是基于色度调和，所以不适用于处理灰度图像，但对颜色鲜艳的图像具有较好的恢复效果。该方法虽然本质上利用了大气散射模型，但并没有十分严格地估计大气环境光值，所以导致图像恢复结果整体偏暗。尽管引入色度调和可以使图像恢复效果较好，但处理后图像在一定程度上会出现颜色失真的现象，易引起Halo效应。

He[282] 发现由在绝大多数非天空区域的局部区域里（天空局部区域），某一些像素中至少存在一个颜色通道具有很低的值，也就是说该区域光强是一个很小的值，然后使用最小值滤波粗略地估计出传输率和利用图像软抠图（image matting）算法进行细化传输率的操作，获得了相应的透射率分布图。该方法首次获得清晰和色彩先验的图片，并且处理后图像颜色自然，所以此方法是图像去雾领域的一个重大突破，同时为研究人员提供了一个新思路。该方法并没有深入分析暗影先验的原理，所以当模糊图像存在较大面积的灰白区域和场景景物、大气光的性质比较接近时，大气散射函数对滤波算法要求较高，从而对模糊图像进行处理后并不能获得较好的恢复效果。由于该方法中的传输率细化方法实质上是一个大规模稀疏线性方程组的求解问题，具有很高的时间和空间复杂度，所以不利于该方法在实际中的应用。

为了使去雾后的图像边缘具有较好的保持效果，Kratz[283] 等假设场景深度的反射率和景物深度在统计上没有关联，通过最大后验概率对场景深度的反射率和景物深度进行建模。景物反射率的梯度建模为幂函数重尾分布先验（heavy-tail prior），景物深度取决于当时特定的场景。利用此方法得到的无雾图像虽然边缘会具有较好的保持效果，但很容易出现图像色彩对比度过饱和现象。

在雾霾环境下有雾图像的能见度较低，而 IDGCP[284] 是一个可以提高雾霾环境下图像能见度的图像去雾方法。首先，GCP预先处理了输入的有雾图像，对有雾图像进行了均匀的虚拟转换。然后从原来输入的有雾图像及其虚拟转换中，根据大气散射理论提取深度比。最后采用“全局”策略和视觉指示器来恢复场景反照率，从而得到无雾图像。因为IDGCP[284]基于“全局”策略，它只需确定一个未知常数而且无需任何精炼过程即可实现有雾图像的高质量恢复，所以对比其他图像去雾方法IDGCP[284]极大地缩短时间，减小成本。

为了提高模糊图像的可见性，提出了IDE[285]。IDE[285]是一种不需要任何训练过程或与景深相关信息的图像去雾方法。基于大气散射模型的图像去雾效果，发现大气散射模型具有内在局限性，会影响恢复图像的暗淡效果，发现当光吸收系数引入大气散射模型，会获得增强的EASM[276]，可以解决去雾后图像昏暗的效果和得到更好的户外朦胧场景模型。基于EASM[276]，提出了IDE[285]，IDE[285]是一种简单而有效的基于灰色世界假设的技术，可以提高有雾图像的可见性。IDE[285]是非常快速和坚固的，因为使用IDE[285]可以消除去雾后图像昏暗结果，表现出出色的脱硫性能。而且，IDE[285]中使用的全局拉伸策略可以有效地降低在恢复结果中出现的过度增强、过度饱和等不良影响。

总结上述单幅图像的传统去雾算法，虽然传统去雾算法能获得清晰图像，但是大部分传统去雾算法以一定的先验知识或约束条件为前提，去雾效果的稳定性较差。由于基于深度学习的去雾算法在图像去雾上可以突破人工特征的局限性，取得更好的效果，所以取得了更好的发展。

10.2.1.3 场景尺度

在图像区域划分尺度上，Ju提出了一种基于区域线先验的图像去雾算法[292]。该算法认为，当图像被划分为多个区域后，每个区域内具有相似的场景深度，有雾图像及无雾图像对应的亮度都与场景深度呈现正相关。上述过程由无雾清晰公式表达为：

$$\widehat{\rho_m}=\frac{1}{3\cdot|\Omega_m|}\sum_{(x,y)\in\Omega_m}\sum_{c\in\{R,G,B\}}\rho^c(x,y)\propto\widehat{d_m}=\frac{1}{|\Omega_m|}\sum_{(x,y)\in\Omega_m}d(x,y) \tag{10-2}$$

模糊有雾图像可以将上述先验表达为：

$$\hat{I}_m=\frac{1}{3\cdot|\Omega_m|}\sum_{(x,y)\in\Omega_m}\sum_{c\in\{R,G,B\}}I^c(x,y)\propto\hat{d}_m \tag{10-3}$$

上述公式中 $m\in\{0,n-1\}$，$c\in\{R,G,B\}$ 是颜色索引，d 是场景深度，$|\Omega_m|$ 是第 m 个区域内像素数，ρ_m 与 I_m 分别表示无雾图像反照率与有雾图像的强度。作者通过大量的实验发现有雾图像与无雾图像呈现准线性关系，并将该线性关系表达为一个线性函数，即：

$$\hat{p}_m\cong k\cdot\left(\hat{I}_m-\hat{I}_0\right)+0.1 \tag{10-4}$$

上述表达式中 k 表示斜率，$|I_0|$ 表示具有最小场景深度的区域

有雾图像值。经过上述公式10–4，建立起了有雾模糊图像和场景反照率之间的关系。

在去雾算法的具体过程中，该算法首先将有雾图像划分为多个非重叠区域，并利用K均值聚类算法对蓝色通道执行区域划分。区域内的透射率可被视为保持一致，算法将上述的线性模型与散射模型结合起来，得到第m个区域的恢复公式：

$$\rho(x,y)=1-\frac{A\left(k\left(\hat{I}_m-\hat{I}_0\right)-0.9\right)}{\hat{I}_m-A}\cdot\frac{A-I(x,y)}{A}=R_m(k,A,I) \tag{10–5}$$

上述过程中R_m表示第m区域的恢复过程，因此将复杂的去雾过程转化为了两个参数的估计过程，大大降低去雾的不确定性。

解决上述问题，文章提出了一种由较强鲁棒性且易于实现的获取未知参数的联合优化方法。为了确定两个参数值，解决优化问题，其具有两个约束被表达为：

$$F_1(k,A)=\left|\frac{1}{n}\sum_{m=0}^{n-1}\Psi[R_m(k,A,I)]-u\right| \tag{10–6}$$

$$F_2(k,A)=\frac{1}{n}\sum_{m=0}^{n-1}\Phi[R_m(k,A,I)] \tag{10–7}$$

$\Psi(\cdot)$、$\Phi(\cdot)$分别表示为平均算子与计算信息丢失率算子。

图像去雾的过程本质上是在排除掉大气环境光在成像中的亮度干扰，在约束亮度的同时为避免信息的丢失要确保信息损失最少。作者引入了下采样算子，降低联合优化过程中的计算复杂度。使用坐标下降，交替迭代计算优化函数中的两个参数，直至达到收敛。通过斐波那契列方法进行一维最优值搜索。

因此基于场景策略的算法将透射率估计范围从像素和局部区域扩展到场景范围，从而提高了算法的恢复性能。然而，如上述算法分析，由于雾霾的干扰，算法很难准确地分割图像中的所有场景[293]。尽管引导信息可以有效地减少这种影响，但基于场景策略的去雾算法在图像的不同场景中仍然表现出很大的差异，如图（10.1）所示。分离天空区域以避免恢复图像中的颜色失真问题[294]。然而，对于密集的雾霾和天空区域，它仍然缺乏对场景进行准确分类的能力。

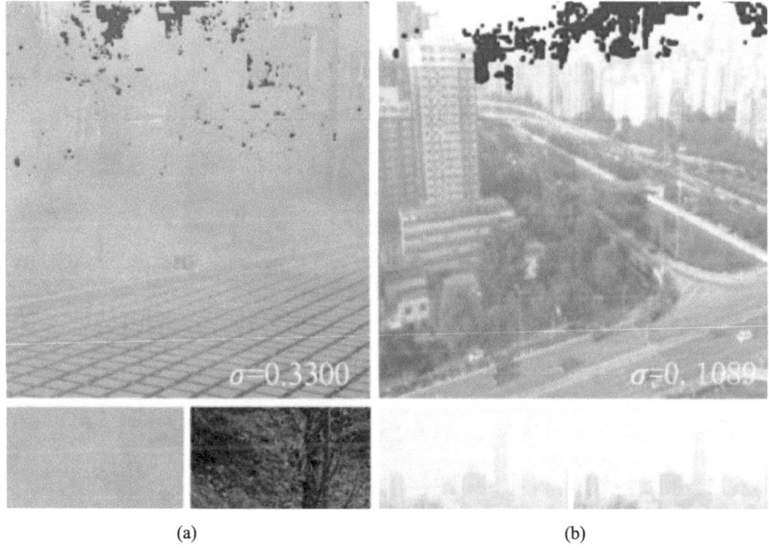

图 10.1　非局部先验策略的局限性（(a):像素离大气光最远的红色的雾霾线都存在雾霾。(b):在天空或白色物体接近的高亮度像素聚类区域大气光，先验失效）

Fig10.1　The limitations of non local prior strategies ((a) The red haze lines that are farthest from atmospheric light in pixels all have haze. (b) In areas of high brightness pixels clustering in the sky or white objects, prior failure of atmospheric light)

10.2.2 基于深度学习的图像去雾算法

在人工智能和大数据在计算机视觉领域中不断发展的背景下，国内外研究人员逐步将目光聚集于基于深度学习图像去雾算法的研究和改进。基于深度学习的去雾算法大致可以分为两类，一类是基于卷积神经网络（CNN）的去雾算法，另一类是基于生成式对抗网络（GAN）的去雾算法。

10.2.2.1 基于卷积神经网络的算法

卷积神经网络（CNN）是一种具有深度结构和卷积计算的前馈神经网络方法，是机器学习的代表算法之一，随着近年来深度学习技术的发展，目前图像去雾领域的研究主要围绕该技术展开。

2016年Cai[287]等人提出了一种称为Dehaze-Net的去雾模型。该模型利用CNN对大气散射模型中的透射率进行估计，根据输入的有雾图像输出对应的透射率映射图，最终利用大气散射模型恢复无雾图像。Dehaze-Net采用四层CNN[286]结构，分别是特征提取、多尺度映射、局部极值和非线性回归。其中，在非线性回归层，该网络受到Sigmoid和ReLU激活函数的启发，提出一种称为BReLU的双边激活函数，图10.2为ReLU与BReLU的比较，BReLU扩展了ReLU函数，并对其进行双边约束，保证了局部线性，进而避免Sigmoid函数梯度不一致带来的收敛困难。虽然该模型在图像去雾上取得了较好的效果，但仍然存在大气光值不能被用作全局变量的问题。

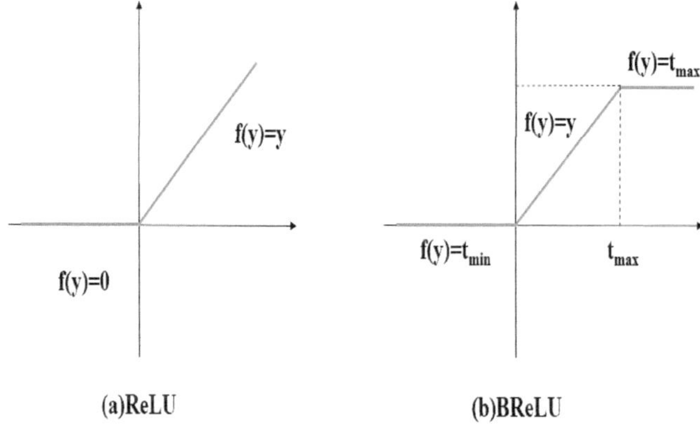

图 10.2　ReLU 与 BReLU 的比较 [11]

Fig 10.2　Comparison between ReLU and BReLU [11]

Ren[290]等人提出了一种多尺度深度神经网络模型（MSCNN）。该模型通过粗尺度网络估计整幅图像的透射率映射图，再利用细尺度网络进行局部细化。该模型将MSE作为损失函数，如公式10–8所示。该模型取传输图中最暗的前0.1%的像素点值与细尺度网络细化的透射率映射图通过式10–1得到最终的无雾图像。虽然经过该模型处理后的图像没有出现颜色失真等现象，但对于夜晚场景的去雾效果不佳。

$$L\left(t_i(x), t_i^*(x)\right) = \frac{1}{q}\sum_{i=1}^{q}\left\|t_i(x) - t_i^*(x)\right\|^2 \tag{10–8}$$

由于当时缺少恢复无雾图像端到端深度去雾模型，Li[291]等人提出了一种基于CNN的一体化轻量级端到端去雾网络——AOD-Net，其不依赖于单独的中间参数估计，直接从有雾图像产生无雾图像，并可以嵌入到不同的去雾模型之中。AOD-Net由两个模块组成，一个是针对k值的估计模块，另一个是用于生成无雾图像的模块。在K值估算模块中通过对大气散射模型进行推导，实现对景深和雾浓度的估算，如公式10-9所示。

$$J(x)=\frac{1}{t(x)}I(x)-A\frac{1}{t(x)}+A \tag{10-9}$$

该模块将折射率和大气光值统一为一个公式$K(x)$，就可以把公式10-8表示为下面的公式10-10：

$$J(x)=K(x)I(x)-K(x)+b \tag{10-10}$$

其中，

$$K(x)=\frac{\frac{1}{t(x)}(I(x)-A)+(A-b)}{I(x)-1} \tag{10-11}$$

同时，Li[15]等人受到DehazeNet[287]和MSCNN[290]的启发，在五个卷积层中，每层均使用三个不同尺寸的卷积核进行并行卷积，具体结构如图10.8所示，有效补偿了卷积过程中的信息损失。同时利用L2作为该模型的损失函数。该轻量型网络具有较好的泛化性和可移植性，但由于使用K替代大气散射模型中的透射率和环境光会引入较大的误差和不确定性，最终导致图像的去雾效果普遍较差。

为了改善AOD-Net算法，Xu[290]等人提出了一种以AOD-Net为主要架构的新网络模型，称为Perception-Aided Single Image Dehazing Network（PAD-Net）。该模型利用SSIM损失函数替代L2损失函数，使其仅通过接受图像的RGB数据就可以整合多模态信息来对图像进行处理，通过实验数据对比，该方法具有更好的去雾性能。

Zhao[293]等人提出的Pyramid Scene Parsing Network（PSPNet）是一种金字塔场景解析模型，用于对图像架构的场景解析。该模型基于全卷积网络（FCN）的像素预测框架，同时也利用了深层ResNet的深度监督损失机制。该模型使用空洞卷积和ResNet的预训练模型来提取输入图像的特征图，再对特征图使用深度为4的金字塔池化模型来获取多尺度图像特征。其中，金字塔池化模块被不同大小的卷积核分为四个层级。将通过金字塔模型得到的特征上采样，与输入特征合并得到最终的特征图。该模型对backbone残差网络也进行了改进，增加了ResNet辅助损失函数，两个损失函数一起传播并使用不同的权值优化参数，有利于图像特征的快速收敛。

当卷积网络的输入端与输出端紧密连接时，可使训练更加深入。Huang[20]等人基于此提出的DenseNet在ResNet作为主架构的基础上创造性地连接了网络的所有层，使每一层都接受来自之前所有层的输出作为输入，以保证网络中层与层之间信息流的最大化互换。

在MSCNN和PSPNet[293]的基础上，He[297]等人使用感知金字塔深度网络（Perceptual Pyramid Deep Network, PPDN）提出了一种新的多尺度图像去雾方法。该模型利用编码器–解码器结构，直接学习有雾图像和无雾图像之间的非线性函数。编码器使用密集连接卷积网络的密集块和残差块构造而成，其中密集块和DenseNet[296]网络结构相似，以前馈方式将每一层与其他层连接。解码器与编码器类似，由残差块和密集块组成，残差块利用了ResNet[295]中的残差函数，如公式10–12所示。该模型利用最小化L1重建损失函数和感知损失函数(LP)组合对网络进行训练，其中，感知损失函数基于VGG–16[298]框架。

$$u = F(v, w_i) + v \tag{10–12}$$

利用低分辨率图像重建出相应的高分辨率图像是一种优化图像的超分辨率的方法，Li[23]等人创造性的将此方法用在基于深度学习的图像去雾领域，提出了称为Super–Resolution Using Deep Convolutional Networks（SRCNN）的一种新型网络模型。该模型利用三层卷积层，分别为图像提取和特征表示层、特征非线性映射层和最终的重建层。由于该模型需要对低分辨率图像进行上采样以获得与高分辨率图像相同大小尺寸的图片，使得其计算复杂度大大增加。为了优化该模型，Bee[300]等人在此基础上提出了一种称为Enhanced Deep Residual Networks（EDSR）的网络模型，该模型不仅简化了计算复杂度，并通过扩大模型的尺度来提升去雾结果的质量。Feng[301]等人在Super-Resolution Using Deep Convolutional Networks（SRCNN）[399]、Enhanced Deep Residual Networks（EDSR）[300]等重建实验的基础上，提出了一种新型的多尺度残差网络架构（Multi-scale residual network，MSRN）。该架构主要包含两个部分，分别为特征提取模块和重建模块。在特征提取模块中，创造性地加入了由多尺度特征融合和局部残差学习构成的N个级联的Multi-scale Residual Block（MSRB）模块特征提取模块的输出作为分层特征，在重建模块中用于修复图像。

从图像融合的方法出发，Ren[302]等人提出了一种基于门限融合网络的图像去雾模型。该模型在对图像进行预处理的阶段，利用了三种方法。第一种是通过白平衡操作，恢复图像由于大气光散射造成的颜色差异；第二种是通过对比度增强恢复图像的可视效果；第三种是通过gamma变换对原始图像做图像增强操作。将得到的三种变换图像输入到门限融合卷积网络中，利用该网络对每个变换图像估计一个权重矩阵，利用这个矩阵对变换图像进行融合，最终得到去雾图。但雾的浓厚会严重影响大气光值的估测，因此该模型无法在浓雾的情况下取得较好的去雾效果。

由于图像的薄雾区域和浓雾区域的权值明显不同，若对它们采用相同的方式处理，将会降低去雾的效果。为解决此问题，

Qin[303]等人在Feature Fusion Attention Network（FFA–Net）特征融合注意力网络模型基础上提出了一种可以特殊对待不同通道和像素特征的注意力机制模块。该模型的网络先对有雾图像进行浅层特征提取，将其结果输入到用多跳连接的N个群组中，通过新提出的特征注意力模块将N个群组的输出融合，最终通过全局残差学习得到无雾图像，总体架构如图10.4所示。每个群组的基本结构由局部残差学习模块（LRL）和特征注意力机制模块（FA）两部分组成。其中，特征注意力机制模块创造性的将通道注意（CA）和像素注意（PA）机制结合，为不同的通道和像素特征得到不同的权值，使该模型在处理图像信息时更加灵活。

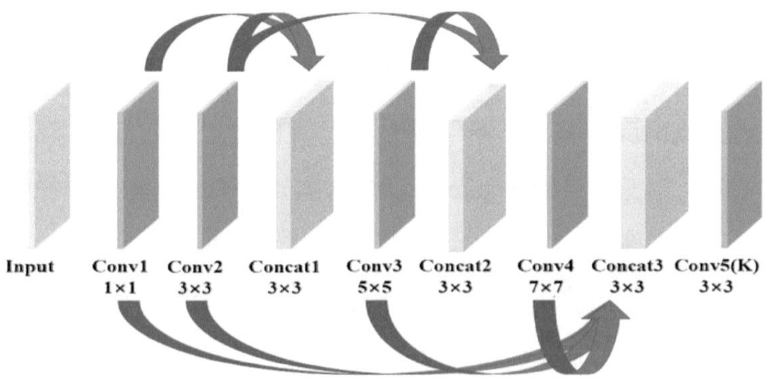

图 10.3　AOD-Net的K值估计模块的结构[15]

Fig 10.3　Structure of K-value estimation module in AOD Net [15]

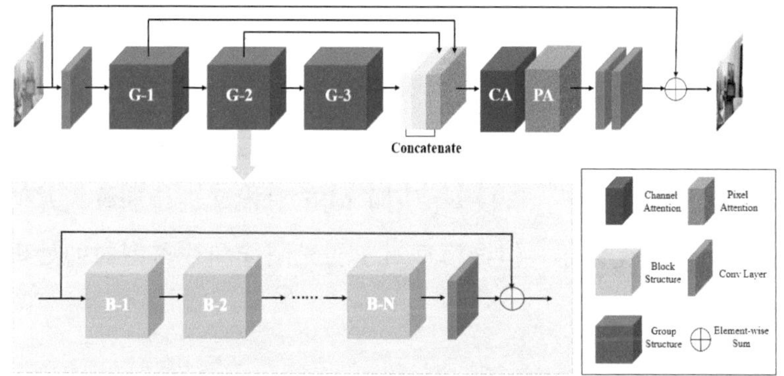

图 10.4 FFA-Net的总体网络架构[27]

Fig 10.4 The overall network architecture of FFA Net[27]

以上提到的模型往往存在模型复杂、计算量大等问题，Tao[304]等人提出了一种称为FAMED-Net的快速且精确的多尺度端到端去雾网络以应对此类问题。该网络利用在三个尺度的编码和一个融合模式来直接高效地学习任意有雾图像，每个编码器由级联且密集连接卷积层和池化层组成。该模型在应用过程中采用逐层使用图像特征的方式，使得其具有轻量级且计算高效的特点。类似于FAMED-Net，Pavan等人[305]提出一个称为LCA-Net的轻量级卷积网络模型。该网络是一类编码器-解码器结构，图10.5说明了LCA-Net的网络结构。有雾图像输入后，通过由两对ReLU激活卷积和下采样层组成的编码器得到图像的编码输入，将图像编码的输入经由两个完全连接的ReLU激活密集层得到的输出传递到由两对ReLU激活反卷积和上采样层组成的解码器和输出反卷积层得最终的去雾图像。密集层增加了一个可以模拟任何数学函数的非线性特征，这种设计可以使该模型有效地提取图像的基本特征。该模型使用了MSE对模型进行训练，并使用了ADAM优化器。但该模型对于弱光图像和浓雾图像的处理效果不太理想。

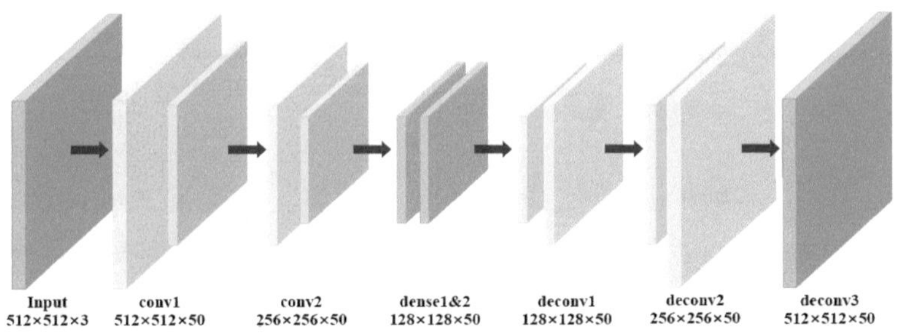

图 10.5 LCA-Net的网络结构[29]

Fig10.5 The network structure of LCA Net[29]

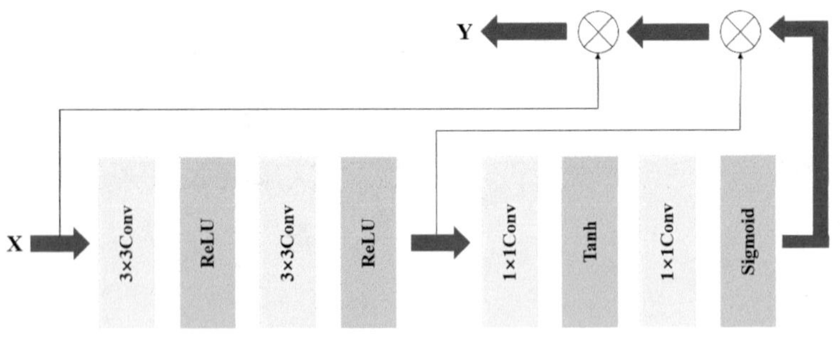

图 10.6 DMGN网络结构[31]

Fig10.6 DMGN network architecture[31]

Liu[308]等人提出了名为GridDehaze-Net的端到端可训练卷积神经网络。该网络主要由预处理、backbone和后处理组成。对于可训练的预处理模块,该网络可以产生更多样、更有针对性特征的学习输入，以避免错误特征的发生并具有灵活性。backbone模块是一种建立在网络之上且基于注意力机制的多尺度估计方法，这种新型网络可以高效地交换不同尺度，从而有效缓解传统多尺度估计方法带来的瓶颈问题。经过后处理模块，得到最终的无雾图像。该模型由于对图像进行了预处理操作以及创造性的建立了网格型结构，使得去雾效果更佳。

从图像背景恢复的方向出发，Feng[309]等人提出的Deep-Masking Generative Network（DMGN）对叠加类型的有雾图像进行背景重建以达到去雾的效果。该模型分为两个部分，第一部分是粗略阶段，利用HFL模块提取图像的深层特征，再经过特征分离器得到背景特征和噪声特征，将背景特征和噪声特征分别通过相同结构的U型生成器，将有雾图像输出为粗略背景图和噪声图。其中，HFL模块包含预训练的VCG-19[298]和可训练的一对3×3卷积层；特征分离器包含四层卷积。U型生成器由Residual Deep-Masking Cell（RDMC）堆叠而成，并在不同模块之间利用了跳跃连接。其中，RDMC是该模型的核心模块，其对每个特征图都建立了一个Mask，具体结构如图10.6所示，该模块可以加强对有效特征的提取。第二部分是优化部分，该部分将噪声图作为对照，依旧采用RDMC堆叠的方式，每一层都以噪声图作为参照，对粗略背景图进行不断地优化。该模型采用了最小化L1重建损失函数、感知损失函数[310]和条件对抗损失函数进行训练，由于在粗略阶段生成的背景图具有较低的质量，所以在该阶段不采用对抗损失函数，则模型总的损失函数如公式10–13所示。

$$L = L^r + L^C \quad (10\text{–}13)$$

其中，

$$L^r = \alpha^r_{L1} L^r_{L1} + \alpha^r_p L^r_p + \alpha^r_{adv} L^r_{adv} \quad (10\text{–}14)$$

$$L^c = \alpha^c_{L1} L^C_{L_1} + \alpha^c_p L^C_p \quad (10\text{–}15)$$

利用不同尺度的特征融合来提高去雾效果已经被普遍应用，但仍不能完全解决在相邻层之间实现信息交流的功能。为此，Dong[311]等人提出了一种基于U–Net[312]的密集特征融合多尺度去雾网络（Multi–Scale Boosted Dehazing Network，MSBDN）。该模型由编码器、提高解码器和特征修复模块组成。该模型将解码器的每一层特征作为输入，解码器的每一层特征作为输出，将当前输入加到上一次输出的结果作为下一次的输入，以实现增强。值得注意的是，该模型受SOS boosting[313]算法的启发提出了Deep boosted dehazing network，即该模型的编码器部分。利用公式10–16在解码器的最终一层中，从最后的特征图中得到最终的无雾图像。

$$j^n = g_{\theta_n}^n\left(i^n + \left(j^{n+1}\right)\uparrow 2\right) - \left(j^{n+1}\right)\ \uparrow 2 \tag{10-16}$$

由于U–Net[312]体系结构在编码器的下采样过程中缺少空间信息并在非相邻层级之间会缺少信息交换，为了解决这些问题，该模型提出了DFF模块，该模块利用公式10–17对每一层进行迭代，主要是为编码器第n层得到增强特征图。

$$\tilde{j}^n = D_{de}^n\left(j^n, \left\{\tilde{j}^L, \tilde{j}L\text{-}1, \ldots, \tilde{j}^{n+1}\right\}\right) \tag{10-17}$$

Tran[314]等提出了一种新的模糊核空间编码方法来优化对包含不可见模糊算子图像的去模糊处理算法。为检验该方法的实用性，Tran等人设计了一种新的模糊合成方法。模糊核空间编码方法是将任意清晰–模糊图像对数据集的模糊算子编码到模糊核空间。编码后的核空间是完全可微的，因此可以很容易地应用于深度神经网络模型。在此之前，Ulyanov[315]等为图像恢复工作引入了深度图像先验（Deep Image Prior，DIP），使得每个图像可由固定向量表示；Ren[316]等提出了对x和k使用两个DIPs的SelfDebluer方法，基于梯度的优化器联合寻找x和k。上述两个方法都是假设模糊核是线性和均匀的，即它可以表示为卷积核。然而这个假设对于现实生活中的模糊来说并不成立。为解决上述问题，Tran[314]等人为模糊核和模糊算子设计了一个深度学习公式，并用数据驱动来学习模糊算子族和模糊核的潜在流形。具体操作是使用交替优化找到满足下式的x和k，从而同时学习模糊算子族（F）和模糊核提取器（G）。

$$y=F(x,k)\ \ k=G(x,y) \tag{10-18}$$

其中，可以通过如图10.6的两个神经网络来缩小合成模糊图像$F(x_i, G(x, y_i))$和实际模糊图像y_i之间的差异进而学习F和G。其结构分为两个部分：一个是针对G的残差网络，用来提取相应编码模糊核向量k；另一个是F的跳跃连接的编码器–解码器，可以将得到的x和k作为输入生成给定模糊核k的模糊图像。

由于F和G都是完全可微的，他们可以通过最小化以下损失函数来联合优化：

$$\sum_{i=1}^{n}\rho\left(y_i, F\left(x_i, G\left(x_i, y_i\right)\right)\right) \tag{10-19}$$

最后，将x作为神经网络$G_{\theta x}^{x}$的随机输出，优化网络的参数θ_x。即定义$x=G_{\theta x}^{x}(z^x)$，其中z^x为标准正态随机向量。同理$k=G_{\theta x}^{x}$。去模糊的最终目标函数为：

$$L(\theta_x, \theta_k)=\rho\left(y, F(x,k)\right)+\lambda\left\|k\right\|_2+\gamma\left(g_u^2(x)+g_u^2(x)^{\alpha/2}\right) \tag{10-20}$$

Wu[317]等提出了一种基于对比学习的对比正则化方法，利用模糊图像、由去雾网络生成的相应恢复图像和清晰图像的信息分别作为负样本、锚和正样本。此外，考虑到性能和内存存储之间的权衡，Wu等人设计了一个基于类自动编码器框架的紧凑去雾网络（AECR–Net）。它包括一个自适应混合操作和一个动态特征增强两个模块，用类似自动编码器的框架在低分辨率空间中进行密集卷积计算，并减少层数，如图10.8。

AE–like网络首先采用4×4下采样操作(例如，一个具有strude=1的规则卷积和两个具有stride=2的卷积层)使密集块FA学习低分辨率空间中的特征表示，然后采用相应的4×上采样和一个规则卷积来生成恢复图像。为直接学习模糊到清晰的图像转换，很多人专注于如何增强去雾网络，并选择采用清晰图像作为正样本，通过图像重建损失来引导去雾网络，而不对图像或特征进行任何正则化。如Qin[303]等提出了一种特征融合注意机制网络，通过处理不同类型的信息来增强灵活性，该网络仅使用恢复图像和地面真实之间基于L1的重建损失。Dong等提出了一种增强解码器，通过仅考虑重建误差，以地面真实为监督，逐步恢复无雾图像。但由于这两个方法均将负图像的未利用信息作为下限，最终都会出现伪影或不满意的效果。Wu等人提出的新的对比正则化（contrastive regularization（CR））可以通过对比学习将锚定图像约束到封闭的上下限，实现在表征空间中，将锚点拉近正点，推远负点。其中主要的步骤为构建“正”对和“负”对和寻找这些对的潜在特征空间并进行对比。正对和负对分别是由一组清晰图像、通过AE–like网络生成的恢复图像，以及一组有雾图像生成。对于潜在特征空间，则从相同的固定预训练模型中选择公共中间特征。最终的目标函数为：

$$\min\|J-\phi(I,w)\|+\beta\times\rho\Big(G(I),G(J),G\big(\phi(I,w)\big)\Big) \quad (10\text{–}21)$$

其中第一项为重建损失，第二项为$G(I), G(J), G(\phi(I, w))$之间的对比正则化。通过对AECR网络在合成数据集和真实数据集上的性能进行综合评估，得出其性能优于SOTA方法。

为了实现对图像进行实时去雾，Zheng[318]等提出了一种可以在单个图形处理器上的新网络，如图10.8所示。首先从低分辨率系数预测流开始，使用特征提取块和下采样层来拟合仿射双边网格。然后利用三个引导矩阵和仿射双边网格从插值中恢复不同的高质量特征。最后，该特征融合块将三个高质量特征与全分辨率输入结合为四个异质数据，以产生去雾结果。

该网络由两个分支组成：低分辨率特征提取和仿射双边网格学习(上游)与全分辨率去雾(底部流)分支。双边网格中的每个单元都没有足够的数据来充分拟合颜色信息的仿射变换。为了解决这个问题，Zheng等人通过不同的引导图来处理每个颜色通道，如该网络的底部流所示，经过两个卷积层（$3\times3\times3$和$3\times3\times1$）后，使用PReLU从每个颜色通道中提取引导图，然后使用该引导图为三个R、G和B通道生成高质量去杂特征。测试结果表明，该方法在对UHD（超高清）或4k分辨率图像上有很好的去雾效果。

Chen[319]等人提出了一个称为Principled Synthetic-to-real Dehazing（PSD）框架，该框架由预训练和微调两个部分组成。从预训练合成数据的骨干网络开始，PSD利用真实的模糊图像以无监督的方式对模型进行微调。在预训练部分，该模型将大多数去雾模型作为其骨干部分，并将骨干部分合成到一个基于物理的网络中以生成清晰的图像、传输图和大气光值。该部分只使用标注的合成数据，最终得到在合成域上的预训练模型。在微调部分，该模型利用多个物理先验模型进行结合，利用未标记的数据将预训练模型传递到真实域。在该部分中提出了一种称为不遗忘学习（Learning without forgotten, LWF）的方法，该方法将合成的模糊图像和真实的模糊图像一起通过网络传递。此外，该模型还添加了两个模块，一个是物理兼容（Physics-compatible head）模块，该模块由分别具有两个卷积层的分支组成，通过骨干网络的输出来生成传输图和无雾图像。另一个是大气光估计网络（A-Net），该网络直接从模糊图像中得到大气光值的估计值。

目前基于CNN的去雾方法对所有图片都以同样的方式进行特征提取，但这会导致信息杂乱，使得网络的拟合能力降低。为改善此问题，Wang[320]等人提出了一种基于注意力传输估计和分类融合（Attention-based transmission estimation and classification fusion network，ATECFN）网络模型。该网络由基于注意力的传输－大气光值估计网络、多尺度自动编码器和块拼接的分类融合网络组成。其中，为了使该网络可以更加准确的获取图像特征，在基于注意力的传输－大气光值估计网络结构中引入了双重注意模块用以分别估计图像传输图和大气光值，并将得到的结果根据大气散射模型计算得到初步的去雾结果。之后利用多尺度自动编码器（MAE）对初步的去雾结果进行优化处理，得到细化之后的去雾结果。最终通过块拼接的分类融合网络（PCFN）得到一张可以作为综合初步去雾结果和细化之后的去雾结果的融合系数的概率图，通过将两次去雾结果进行融合得到最终的去雾结果。该模型避免了大气光值受传输图的影响，虽然提高了去雾效果，但却由于其巨大的迭代循环使该模型消耗大量的时间。

尽管基于CNN的去雾方法已经接近成熟，但仍有热衷于深度学习的研究者从深度学习的另一种网络——生成对抗网络（GAN）[321]入手，将其引入到图像去雾领域，对其不断地改善和创新，也在该领域中取得了良好的去雾效果。

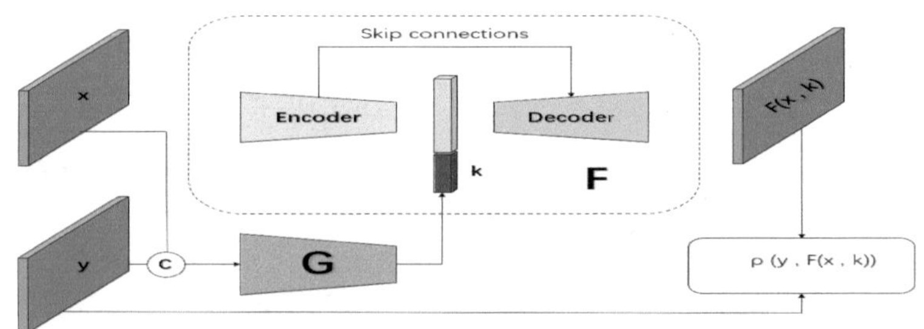

图10.7　模糊算子族F和模糊核提取器G的作用及其体系结构

Fig10.7　The Function and Architecture of Fuzzy Operator Family F and Fuzzy Kernel Extractor G

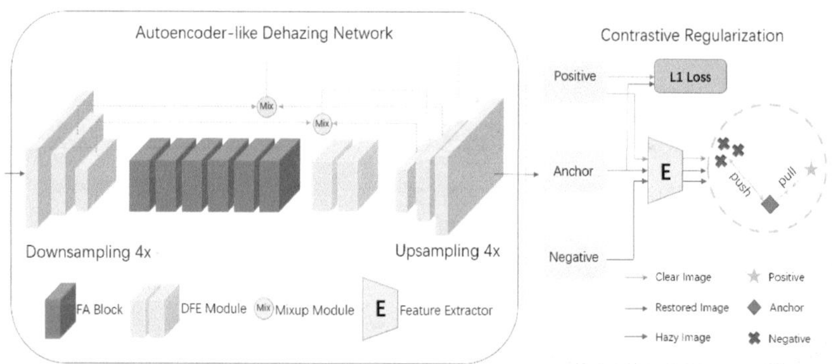

图 10.8 紧凑去雾网络(AECR-Net)

Fig10.8 Compact defogging network (AECR Net)

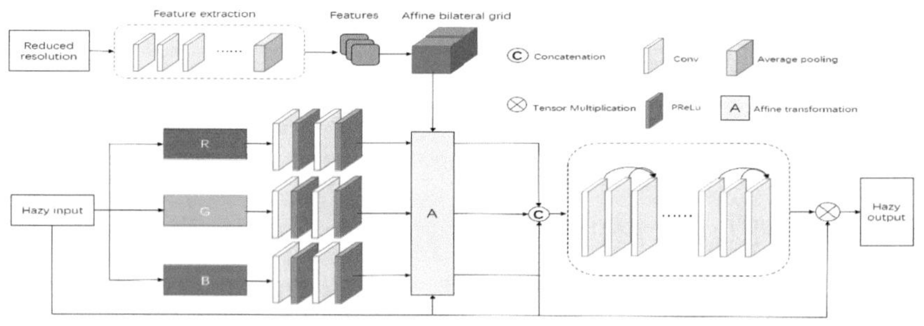

图 10.9 Zheng 等人提出的单幅图像去雾方法的体系结构和配置

Fig10.9 Architecture and configuration of single image dehazing method proposed by Zheng et al

10.2.2.2 基于生成对抗网络的去雾算法

生成式对抗网络（GAN）[321]是一种无监督学习的深度学习

模型，该模型通过生成模块和判别模块的互相博弈学习来产生相当好的输出。目前被广泛用于对图像的处理工作。

He[322]等提出了一种新的基于端到端深度学习的去雾方法，可以做到同时优化透射图、大气光和去雾图像。这是通过将大气散射模型直接嵌入密集连接金字塔去雾网络如图10.9来实现的。为了简化训练过程并加速网络融合，采用了多级金字塔汇集块先逐步优化网络的每个部分，然后共同优化整个网络来确保来自不同尺度的特征被嵌入到最终结果中。此外为保证估计的透射图在去雾时保持清晰的边缘和避免晕圈伪影，提出了一种新的边缘保持损失函数。该函数由三个不同部分组成：L2损失、双向梯度损失和特征边缘损失，定义如下：

$$L^{E}=\lambda_{E,l_2}L_{E,l_2}+\lambda_{E,g}L_{E,g}+\lambda_{E,f}L_{E,f} \qquad (10\text{–}22)$$

其中L_E表示整体边缘保持损失，L_{E,l_2}表示L2损失，$L_{E,g}$表示双向（水平和垂直）梯度损失，$L_{E,f}$表示特征损失。总损失函数为：

$$L_j=-log\Big(Djoint\big(G_t(I)\big)\Big)-log\Big(Djoint\big(G_d(I)\big)\Big) \qquad (10\text{–}23)$$

其中L_t是由边缘损失函数L_E组成，L_a由预测大气光的L2损失组成，L_d代表去雾损失，L_j通过联合鉴别器定义如下：

$$L=L_t+L_a+L_d+\lambda_j L_j \qquad (10\text{–}24)$$

此外还提出了一种基于联合鉴别器的GAN来细化估计的透射图和无雾图像。Chen[323]等提出了一种端到端的门控上下文聚合网络。整体网络如图10.11，可以看作一个简单的自动编码器。

首先输入的有雾图像在经过三个卷积模块后编码到特征图中作为编码部分，并在第三个卷积层进行了下采样。然后通过七个平滑扩张的残差块。其间，除了在最后一个卷积层和平滑扩张卷积层，每个额外可分离和共享的卷积层之外，每个卷积层之后都放置了实例归一化层和ReLU层。再通过一个门限融合子网络用于融合不同level的特征。经过一个反卷积层上采样到原始分辨率，接下来的两个卷积层将feature map转换回图像空间，得到残差图，最终得到一个处理之后的图像。

为优化重建图像的感知质量，Du[324]等提出了一种基于深度学习的去雾算法，引入了一个用于对抗性学习的判别网络，并开发了一个自适应感知损失函数来处理各种模糊情况。为了实现感知优化的目标，提出了一种自适应的感知损失函数。其基本原理是，由于衰减项J（x）和t（x）在退化过程中影响雾霾的厚度，因此需满足衰减项自适应地选择损失函数的权重，即根据 β（雾气浓度）控制的衰减量来调整w1、w2和w3，在重度雾霾情况下使用更大的w1（即更强调雾霾去除），在轻度雾霾情况下使用更大的w3（即更强调质量保证）。

在ResNet和U-Net[325]启发下，Li[326]等人提出了一种基于GAN的编码器–解码器结构的去雾网络（Conditional Generative Adversarial Network（CGAN））。编码器包含下采样操作并向解码器的对称层映射图像特征，解码器包含上采样操作和非线性空间转移。该网络利用对抗损失函数、感知损失函数和像素级损失函数相结合得到一个新的损失函数如公式10–25所示。

$$\max_{D}\frac{1}{N}\sum_{i=1}^{N}\left(log\left(1-D(I_i,\tilde{J}_i)\right)+log\left(D(I_i,J_i)\right)\right) \quad (10–25)$$

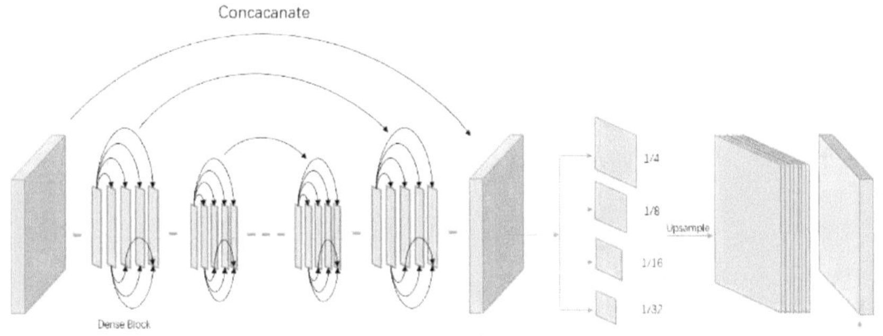

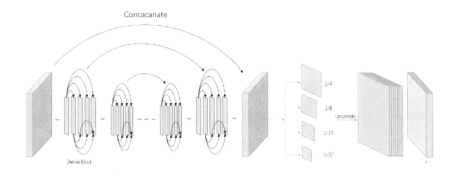

图10.10　DCPDN模型

Fig10.10　DCPDN model

因为在训练过程中的训练数据是成对的，而获取成对数据有时比较困难。为了突破成对图像的束缚，Zhu[327]等人提出了一种可以利用非成对的图像数据进行训练的网络模型，称为CycleGAN。该网络在GAN和CGAN的基础上，使用两个判别器和两个生成器以实现网络对于不同输入图像产生不同输出图像的自适应。在CycleGAN的基础上，Engin[328]等人提出了一个名为

Cycle-Dehaze的端到端网络。该模型以提供不成对的有雾和无雾图像来对网络进行训练，并通过结合循环一致性和感知损失函数以增强CycleGAN。该网络由两个生成器和两个判别器组成，利用循环一致性和循环感知一致性损失函数的组合有效去雾。在循环一致性损失中，该模型使用了VGG-16中的第二层和第五层的输出层来计算。其中，该网络使用传统的拉普拉斯金字塔架构[329]以确保主去雾过程之后可以得到更好的上采样结果。

Pan[330]等人通过在原本GAN模型的基础上增加一个判别器构造了基于物理的对抗生成模型（Physics-Based Generative Adversarial Models），该模型可以判别去雾后的图像是否符合大气散射模型。生成器产生的去雾后图像经过判别器判断去雾后图像是否进行了去雾过程，再通过大气散射模型合成得到有雾图像，最后经过增加的判别器可以判断两个有雾的图像是否相同。该网络利用两个判别器常规的对抗损失函数之和来计算最终的损失，如公式10-26所示。

$$\left(G^*,D_g^*,D_h^*\right)=\min_{G}\max_{D}\frac{1}{N}\left\{L_a+\lambda\left(L_p+L_g+\tilde{L}_g\right)\right\} \quad (10\text{-}26)$$

由于多尺度方法耗时且内存效率低下，Das[331]等人提出了一种通过融合有雾图像不同空间部分的多个图像块的特征来还原非均匀的雾状图像的Fast Deep Multi-patch Hierarchical网络（DMPHN）。该网络按照水平竖直的原理将输入的有雾图像分为四个模块，分别将四个模块输入到编码器E3中得到四个不同的特征图，按照竖直方向的原理将四个特征图拼接，并将其在解码器D3中的输出和对输入图像按照竖直方向的原理分成的两个图像块对应相加后输入到编码器E2中，再将所得的输出与按照竖直方向的原理拼接而成的两个特征图相加，输入到解码器D2中，之后再重复上述操作，具体结构如图10.11所示。其中，编码器由15个卷积层、6个残差连接和6个ReLU单元组成，解码器与编码器结构类似，唯一不同的是解码器的最终两个卷积层是转置卷积层输出无雾图像。该网络的损失函数将重建损失函数、感知损失函数和总变差损失函数融合在一起。

Zhang[332]等人基于传统的GAN模型的生成器中增加了一个引导模块，提出了Guided Generative Adversarial Dehazing Network（GGADN）模型。该模型由生成器和判别器组成，生成器结构在CGAN的生成器的基础上添加了一个引导模块，利用上采样计算和非线性空间变化对损失函数进行修改，并选择适合的权重对网络进行训练，得到去雾后图像。判别器结构与传统的GAN类似，但不使用Sigmoid激活函数，而是直接输出结果。该模型利用VGG特征模型对图像进行预处理,并与CGAN[326]使用相同的损失函数，利用对抗损失函数、感知损失函数和像素级损失函数相结合得到一个如公式10-23的新的损失函数。

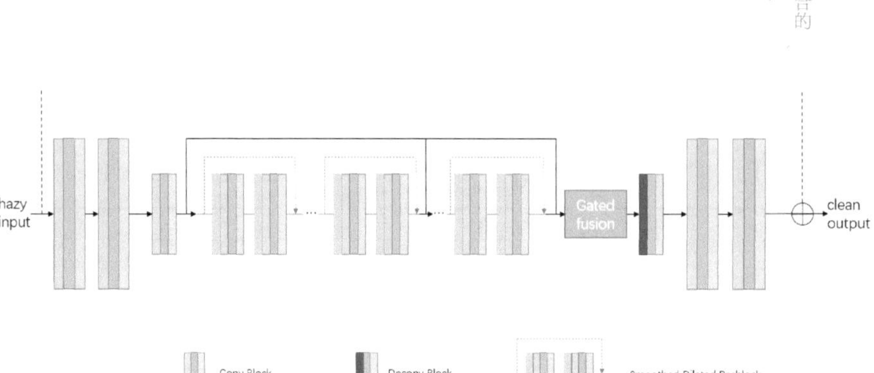

图 10.11　GAN 网络结构

Fig10.11　GAN network structure

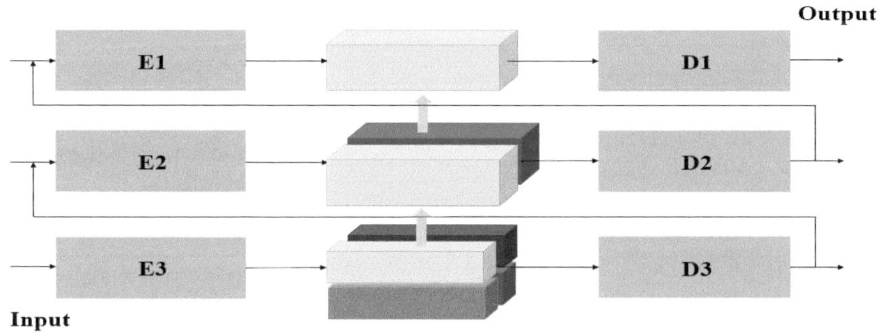

图 10.12　DMPHN 的网络结构

Fig10.12　The network structure of DMPHN

本文所有图像去雾算法的比较如表 10-1 所示：

表 10-1 图像去雾算法比较

Table10-1 Comparison of image dehazing algorithms

类型	算法	出版年份	模型构建方法	软件平台	优势技术手段
传统方法	ICA	2008	独立分量分析	MATLAB	消除散射光的影响
	暗通道先验算法	2009	统计暗影先验	MATLAB	较大限度的保留图像细节信息
	IDGCP	2019	GCP	Pytorch	极大地缩短了处理时间和计算成本
	IDE	2021	EASM	Pytorch	消除结果图像昏暗效应
基于深度学习的去雾方法	Dehaze-Net	2016	CNN	MATLAB 2014A	提出新的非线性激活函数 BReLU
	MSCNN	2016	CNN	MATLAB	利用多尺度卷积神经网络对透射率映射图进行估计
	AOD-Net	2017	CNN	MATLAB	一体化轻量级去雾网络模型
	PSPNet	2016	CNN	Caffe	利用金字塔池化提取多尺度信息
	FFA-Net	2019	CNN	Pytorch	将通道注意和像素注意结合提出新的注意力机制 FA
	GridDehaze-Net	2019	CNN		提出 backbone 模块
	DCPDN	2018	GAN	Pytorch	边缘保持的金字塔密集连接编码解码网络模型
	Cycle-GAN	2018	GAN	Pytorch	突破利用成对模型进行训练
	DMPHN	2020	GAN	Pytorch	对图像分层处理

10.2.3 图像去雾结果的评估

在雾天情况下，所拍摄的数字图像容易受到大气微粒的散射作用，从而导致所采集到的图像对比度和颜色等特征衰减严重。许多学者为增强图像清晰化进行了多次深入研究并提出去雾算法。为了衡量这些去雾算法的有效性，需要建立一个完善的图像质量评价体系。图像质量评价方法依据是否依靠建立数学模型分成两大类[335]：主观评价方法和客观评价方法。

10.2.3.1 主观评价法

主观评价方法通过观测者的评分归一化来判断图像质量。该方法建立在统计意义上，所以观测者数量应不少于20人。主观评价方法又分为绝对主观评价方法和相对主观评价方法两类。绝对主观评价方法是指将图像直接按照观测者的视觉感受分级评分的评价方法。通常，图像质量的绝对评价是由观测者参照原始图像对待定图像采用双刺激连续质量分级法（Double Stimulus Continuous Scale, DSCQS），给出一个直接的质量评价值。然后分别计算参考图像和待测图像MOS（Mean Opinion Score）两者的得分。最后求得两者之差DMOS（Differential mean opinion score, DMOS）。DMOS值越小，待测图像质量越好。相对主观评价方法是指在有标准图像作为参考的情况下，由观测者对待评价的图像进行相互比较，评定每张图像的优劣顺序，并给出相应的评价值的评价方法。相对主观评价表如表10-2。通常相对主观评价方法采用单刺激连续质量评价方法(Single Stimulus Continuous Quality Evaluation, SSCQ)，即在一定连续时间内，观察者根据评价表对待测图像连续进行评分。

表 10-2　相对主观质量评价表

Table10-2　Relative subjective quality evaluation form

分数	绝对度量尺度
5分	最好
4分	较好
3分	一般
2分	较差
1分	最差

10.2.3.2 客观评价法

客观评价方法可批量处理待测图像并应用数学模型实现结果重现，不会因人为原因产生偏差。客观评价算法根据对参考图像的依赖度分为三类：（1）全参考图像质量评估，需要和参考图像做逐点像素差异比较。（2）部分参考图像质量评估，只需要和参考图像上的部分统计特征做比较。（3）无参考图像质量评估，不需要具体的参考图像。其中全参考算法是研究时间最长、发展最成熟的部分。

全参考图像质量评估方法可分为以下几类算法：基于像素误

差统计的算法；基于结构相度的算法；基于信息论提出的信息保真度的算法；基于人类视觉系统与其他算法结合。其中，最简单常用的质量评价算法是结构相似性（Structural Similarity Index, SSIM）和峰值信噪比（Peak Signal- Noise Ratio, PSNR）。两者公式如下：

$$SSIM(X,Y)=l(X,Y)*c(X,Y)*s(X,Y) \quad (10\text{–}27)$$

$$MSE=\frac{SSE}{n}=\frac{1}{n}\sum_{i=1}^{m}w_i\left(y_i-\hat{y}_i\right)^2 \quad (10\text{–}28)$$

$$PSNR=10\log_{10}\frac{Max\,Value^2}{MSE}=10\log_{10}\frac{2^{bits}-1}{MSE} \quad (10\text{–}29)$$

其中，$u_x u_y$分别表示图像X,Y的均值，$\sigma_x\sigma_y$分别表示图像X,Y的方差，$\sigma_x\sigma_y$表示图像X,Y的协方差，MSE表示均方误差（Mean Squared Error, MSE），SSE表示为残差平方和（Sum of squares for error, SSE）。

SSIM是一种衡量两幅图像相似度的指标，它分别从亮度、对比度和结构三个方面度量图像相似性。如果两幅图像是压缩前和压缩后的图像，那么SSIM算法可以用来评估压缩后的图像质量。SSIM取值范围[0,1]，SSIM值越大，表示图像失真越小。PSNR是一种基于误差敏感的图像客观评价指标，PSNR值越大失真越小。两者都是通过计算对应像素点灰度值之间的误差来衡量图像的质量。由于只能计算像素间的差异性，评价结果并不能很好地反映人眼对图像质量的主观感受，即没有考虑到人类视觉系统（ Human Visual System HVS ）特性。人们根据对 HVS 模型描述的侧重点不同，这里将图像质量评价模型归结为基于误差灵敏度评价算法和基于结构相似度评价算法两类。基于误差灵敏度的图像质量评价主要对 HVS 的底层特征进行数学建模，来仿真 HVS 特性以进行客观图像质量评价。该评价方法是一种自下而上的方法，它先模拟 HVS 各部分的功能，再将其组合来实现整个 HVS基于结构相似度的图像质量评价，是2004年由 Wang[335] 等提出结构相似性（SSIM structural similarity ）算法，后来又进行了多次改进，如基于视觉感知门限提出的基于 Wavelet 域的视觉信噪比自然图像质量评价方法（VSNR , visual signal-to-noise ratio）[336]。基于视觉注意区域[337]综合感知误差对 SSIM 算法进行了改进。其中SSIM 评价方法是试图从整体上直接模拟 HVS 抽取对象结构的人类视觉功能。

图像质量评价的研究不仅可以衡量去雾算法的有效性，还可以促进对人类视觉感知的研究。图像质量评价方法现在呈现三种发展趋势：（1）从单纯的客观评价算法转换为主客观相结合的评价算法。（2）半参考、无参考方法将成为主流研究对象。（3）随着技术的发展，如何对立体的图像进行评价也是以后要研究的另一个领域。因此图像质量评价算法也具有重要意义。

10.2.4 对于图像去雾未来的展望

本文对图像去雾技术做了综述性的介绍。综上，基于传统的图像去雾技术从雾、霾退化的物理过程出发，利用了大气散射模型，通过优化求解的方法不仅能去除雾和霾而且不损伤图像的质量，比基于深度学习的去雾技术更好地还原真实的场景。因为基于深度学习的去雾技术具有对比度提高显著、图像细节突出、视觉效果明显的特点，所以该方法在图像去雾领域得到了广泛的应用。虽然对图像去雾技术的研究已经获得了若干成果，但下述两点有可能依旧是对基于深度学习的去雾技术未来研究的热点和难点问题，急切需要研究者对它们引起高度的重视。

1）将基于增强的方法融入到物理模型求解中，图像复原去设计基于人眼视觉机制的模型求解方法。有的基于见觉和图像处图像增强方法模拟了人眼视觉机制,能够快速准确估计图像亮度，具有恢复图像真实色彩的优势。因提出了一些 此，研究者需要探索人眼视觉获取、增强、理解信息教射模型的过程，将人眼视觉认知机制应用到模型构建过程，法准确描述 针对视觉机制建模并寻求快速优化求解方法。

2）在基于深度学习的图像去雾技术中，生成式对抗网络为解决训练去雾模型一般需要大量成对的有雾图像及其对应的无雾图像、获取现实世界中有雾图像对应的无雾图像的艰难问题提供了可能性。Cycle-Dehaze模型对CycleGAN模型进行改进，增加了额外的损失函数，使Cycle-Dehaze模型能够更好地恢复有雾图像的纹理信息。从上述的去雾技术可以得出，将GAN应用于图像去雾上，不仅可以解决难以获得去雾模型训练集的问题，还能取得不错的去雾效果。

10.3 基于 BP 神经网络的像素颜色类别估计模块

在有雾图像中，具有不同颜色背景的像素点在相同先验假设下，往往存在差异。本章首先指出这种差异并分析其产生原因。由实验证明使得去雾策略产生差异的颜色种类个数较少，分析了基于颜色分类采取不同去雾策略的可行性。提出将无监督的聚类转化为有监督分类的算法流程。其中网络训练的数据集来自公开合成雾数据集以及自建集，将合成有雾图像像素点确定为训练样本，利用分类边界确定训练样本标签，最终实现了单幅图像的聚类过程。

10.3.1 算法可行性研究

有雾图像的背景颜色往往对图像去雾产生影响。相同先验假设在不同颜色上具有不同表现。基于散射模型在物理层面对其差异性产生的原因进行阐释。由实验证明使得去雾策略产生差异的颜色种类个数较少，分析了基于颜色分类采取不同去雾策略的可行性。同时，指明目前聚类策略的不足。

10.3.1.1 背景颜色对图形去雾影响的研究分析

在无雾图像中，具有不同背景颜色的像素点在相同去雾策略下，表现的差异性，如图10.13所示。这种差异可以在散射模型中进行解释，传统的大气散射模型可以表示为公式10-30。

$$I(m,n)=A*\rho*T(m,n)+A*\left(1-T(m,n)\right) \qquad (10\text{–}30)$$

在该式中表达了雾天成像的大部分过程，首先包括大气光、环境光等在内的空气光A将照射到实际物体上，光线在物体上以反射率反射光线，其中可以表达为清晰的无雾图像。

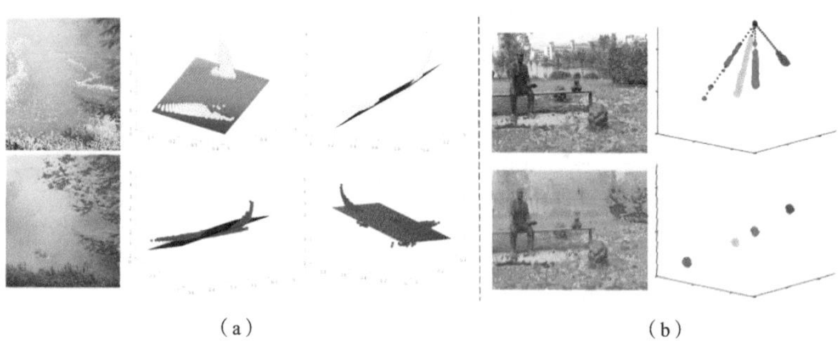

（a）　（b）

图10.13　不同颜色背景相同去雾策略的表现差异

Fig10.13　Differences in performance of different color backgrounds with the same defogging strategy

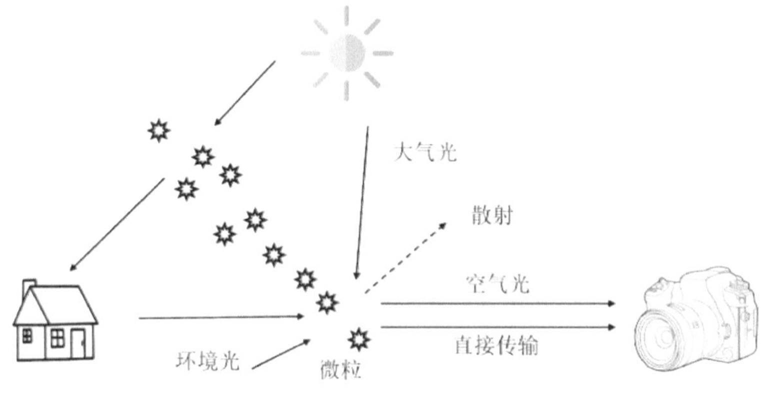

图 10.14　大气散射模型示意图

Fig10.14　Schematic diagram of atmospheric scattering model

进入成像系统的光线在物体上发生反射，由于物体表面颜色的差异，不同波长的光线在不同物体上被吸收或者反射，这最终导致了离开物体的光线性质产生了较大差异。反射出的具有不同波长或频率的光线再次与空气中的雾霾微粒发生散射时，穿透能力产生了差异。这最终影响了有雾图像的成像过程，使得不同背景颜色的像素间在同一去雾策略下的差异。经过实验分析，这种由于背景颜色差异造成去雾表现不同的情况对颜色并非敏感。对于有雾图像去雾策略真正产生影响的仅有部分颜色，如图 10.15 所示。本章对具有有雾与无雾图像的 O-haze、Reside 数据集的大量样本进行实验，少部分聚类颜色的存在对成像结果产生了重要影响。本章选取了四张室内、室外、色彩丰富的图片进行展示，如图10.16所示。对无雾图像不断增加图片聚类种类数量，对有雾图像进行同类颜色标签确定后，执行Non-local策略实现去雾，统计PSNR、SSIM评价指标，其结果如图10.15所示。聚类数量在0–10之间对去雾质量有较大提升，而随着聚类数量的进一步增加，其质量并未有大幅度上升，甚至有小幅度下降。因此基于本实验结果得知，将影响图像去雾效果的颜色种类较少，且可以进一步分类处理。

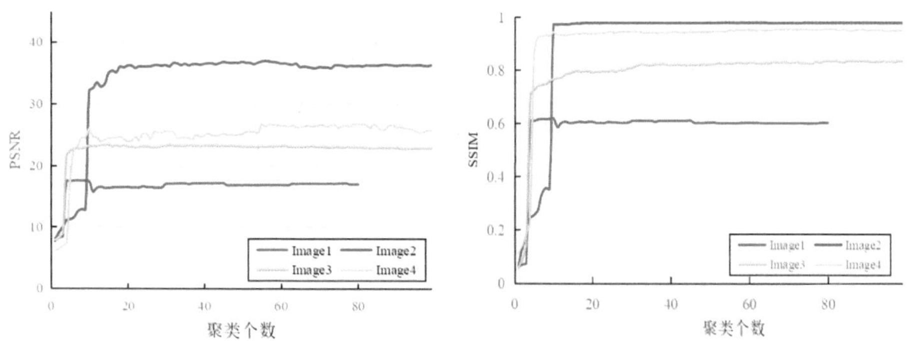

图10.15　对无雾图像进行不同个数聚类获得聚类标签后，执行Non-local去雾策略后图像评价指标（(a)SSIM(b)PSNR）

Fig10.15　After clustering the non foggy images with different numbers to obtain clustering labels, the non local dehazing strategy is implemented to evaluate the image performance indicators ((a) SSIM (b) PSNR)

图 10.16 进行实验的室内、室外、具有丰富色彩的有雾图片
Fig10.16 Indoor, outdoor, foggy images with rich colors for conducting experiments

10.3.1.2 原有策略的不足

在非局部策略中，作者将像素坐标转换为球坐标的坐标点。在经过转换之后，雾霾图像中的每一个聚类像素点均具有相同的值，而为了确定哪些像素点具有相同的值，需要基于进行聚类，并对上述球面进行近似迭代等分。为了实现快速查找，对聚类像素点的值建立 KD 树。基于 KD 树的查找过程可以实现快速查找，然而该方法并不能实现对具有相似颜色背景像素的精确划分。非局部策略的划分结果接近于区域分割，影响后续基于非局部策略的去雾实现。因此，本章在 10.3.2 节基于神经网络提出新的划分方法。

10.3.2 像素点颜色类别划分

为了能够准确地确定有雾图像中颜色背景的分类，首先需要确定其分类边界，进而确定其训练标签。10.3.1.1 节中对 RGB 三维空间执行聚类算法，确定像素分类标签。但对具有众多样本的图像数据集而言，三维空间内确定分类边界更为困难，且需要占用较大计算资源。本章将分类边界确定问题由RGB空间转到HSV模型中的H分量上，由三维到一维，这极大地降低了问题的规模与难度。由于对分类边界的划分是针对颜色而言，因此对HSV模型中的色调分量实现转换是可行的。H分量的聚类数量结果与RGB空间中的聚类结果具有一致性。

确定分类边界，首先在色调分量 0–1 的范围内等分为1000个阈值 $\Omega_{i,j}=1,\ldots,1000$；其次对来自于O–Haze、Reside 数据集的 1000 余张无雾图线的 RGB 值执行聚类，确定其最佳聚类数量后，继续确定像素点对应 HSV 模型中色调分量强度与聚类标签；最后对图像中的每一个聚类分量计算平均色调强度后，统计与平均值在阈值同一侧的像素个数，并计算比例，如公式 9–2 所示：

$$\begin{cases}\dfrac{\Theta\left(x_i \geq \Omega_j\right)}{\Theta\left(x_i\right)} & if\,\overline{x_i} \geqslant \Omega \\ \dfrac{\Theta\left(x_i < \Omega_j\right)}{\Theta\left(x_i\right)} & if\,\overline{x_i} < \Omega_j\end{cases} \tag{10–31}$$

上式中 $\theta(\cdot)$ 为计数操作，x_i 表征图片中第 i 个像素聚类。使用一张图片上的一个聚类，在 1000 个阈值上重复进行该操作；在一千余张数据集的近万个像素聚类上继续重复执行该操作，最终获得每一个阈值的评分数值。在该数值中，评分高的边界阈值意味着对相同聚类的分离情况较小，大部分都集中在了同一侧，这样的阈值更适合作为边界值；而评分较低的边界阈值则意味着对相同聚类的分离情况较大，阈值的存在对原本处于同一集合的像素点一分为二，因此并不适合作为边界值。阈值最终的评分结果如图10.17所示。

图10.17　具体分类边界评分结果
Fig10.17　Specific classification boundary scoring results

因此，上述问题进一步简化为了基于在色调0–1范围内1000种阈值的评分，确定最终的分类边界问题。由于10.3.1的实验结果表明，单幅图像的最佳聚类结果往往不会超过10种，本章将分类的边界确定为100个。同时为了避免数据集样本自身的内容差异，边界之间的距离不能低于五个阈值单位，即最小距离为0.005。针对对上述问题的分析，进一步将问题简化为在给定的阈值边界上。满足上述约束条件的情况下，评分最大化的选择问题。

表 10-3 分类边界确定算法

Table10-3 Classification boundary determination algorithm

```
Algorithm 1 有雾图像像素分类

Input：输入位置集合 L = 0.001 ：0.001 ：1，输入位置价值集 V = {v_1, v_2, ⋯ ,v_N}，
候选分类边界 N = 1000，从候选分类边界中选取 M = 100 作为最终的分类边界
Output：位置选择数组 P = {p_1, p_2, ⋯ , p_N}
for j =1,2..,M do  //j 表示可选的边界数
   for I = j  N do //i 个候选边界大于 j 个可选位置，否则无意义
      R_{i,j} ← R_{i-1,j}
      for k = j−1 → i−1 do // 从第 j 个位置向前查找合适位置，范围在 j−1,i−1
         If L_i−L_k > 0.005 then // 查看有无满足距离条件的位置
            R_{i,j}, index ← max (R_{i,j}, R_{k,j-1}+v_i)
            If index == 2 then // 若选择当前位置
               Selection ← I  // 记录当前位置信息
               before ← k  // 记录前一个位置点信息，便于结果输出
         end if
      end if
   end for
   path_{i,j,1,2,3,...N} ← path_{before,j−1,1,2,3,...N} // 保存上一次边界选择结果
   path_{i,j,selection} ← 1
  end for
  Selection ← 1
  before ← 1 // 对位置信息更新，防止影响下一次循环
end for
P = {path_{N,M,1}, path_{N,M,2}, path_{N,M,3,...}, path_{N,M,N}}
return P ={p_1, p_2,..., p_N}  // 输出边界选择结果
```

基于二维动态规划策略解决上述问题，具体算法流程如表10–3所示。最终的分类边界确定情况如图10.18所示。

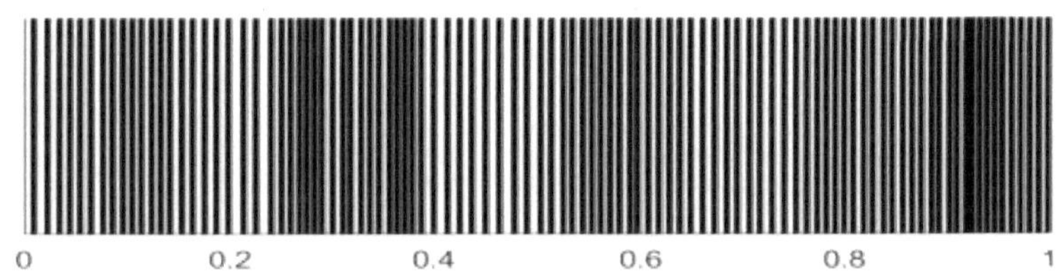

图10.18　像素颜色类别结果

Fig10.18　Pixel Color Category Results

10.3.3 反向传播神经网络

将无监督的聚类转化为有监督分类问题，即由动态规划思想确定颜色分类边界后，构建起包括两层隐含层的反向传播神经网络，最终实现了单幅图像的聚类过程。

10.3.3.1 训练数据集

在训练神经网络完成上述分类任务时，关键在于训练集的确定。然而，在现实中很难直接获得真实雾天图像中的分类标签。此外分类任务需要对图像中的各种可能的颜色进行分类，否则会使得某一类颜色的分类效果变差。而常见的数据集图片像素颜色往往集中在几十种颜色上，尽管使用较大的数据集进行训练尽可能包含所有颜色分类，仍可能达不到良好的训练结果。针对上述问题，本章采取多种方法构建训练集与测试集。我们利用公开的合成有雾图像数据集、基于无雾图像合成有雾图像以及构建全像素空间图片以合成有雾图像三种方法确定训练数据集。

为了获得足够的图像样本进行训练并测试神经网络模型，本章首先在公开的合成有雾数据集上进行训练，这些数据集中有雾图像与无雾图像一一对应，包括了 Resides、O-Haze 等数据集。其次我们在中英文搜索网站中收集清晰无雾图像来生成深度图像与有雾图像，生成有雾图像的过程参考 Zhu 等人的方法[15, 42]，其具体过程如图 10.19、10.20 所示。

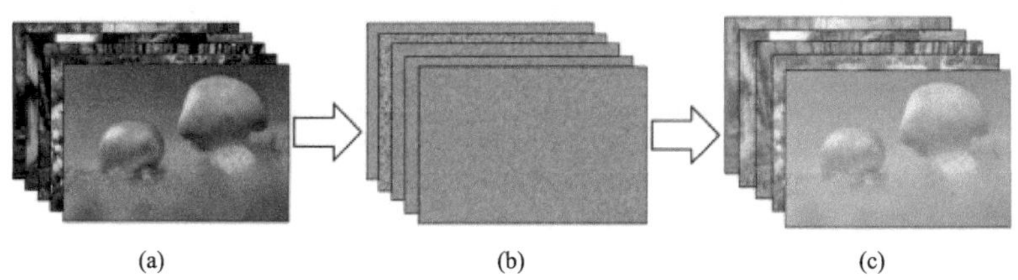

图 10.19　利用无雾图像生成训练样本的过程（(a)：无雾图像。(b)：随机深度图。(c)：生成的无雾图像。该图改编自[378]）

Fig10.19　The process of generating training samples using fog free images ((a) : No fog image. (b) : Random depth map. (c) : The generated fog free image. This image is adapted from[378])

首先，生成与无雾图像尺寸相同的随机深度图，随机深度图是符合区间（0,1）上的标准均匀分布矩阵。然后生成三个随

机数 a_1、a_2、a_3，该随机数同样取自区间 [0.85, 1.0] 上的标准均匀分布，并由 a_1、a_2、a_3 三个随机数构成环境光向量 $A=[a_1, a_2, a_3]$。最后，使用深度图与环境光根据公式 $I^{\beta}(m, n) = J^{\beta}T(m, n) + A^{\beta}(1-T(m, n))$ 合成有雾图像。

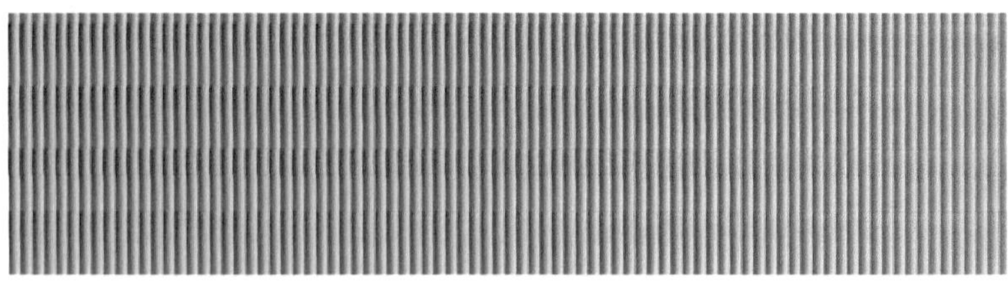

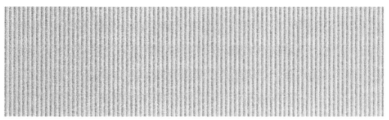

图 10.20　全颜色空间内，利用无雾图像生成训练样本的过程（上侧：无雾图像。下侧：生成的无雾图像）

Fig10.20　The process of generating training samples using fog free images in a full color space (Upper side: No fog image. Bottom: The generated fog free image)

利用神经网络对像素点完成分类训练时，应当包含颜色空间中所有可能的结果。在公开的数据集与合成的数据集上，图像的颜色并不能包含整个颜色空间。因为图像的背景颜色总是集中在部分区间，而非整体。针对上述问题，本章在 RGB 颜色空间 [0, 0, 0] 到 [255, 255, 255] 范围内以 3 为步长，共获取 614125 个具有不同强度的像素点。如图 10.19 所示，将获取到的像素点形成 425×1445 的图像，并执行上述生成有雾图像的过程。稍有不同的是，场景深度的随机数矩阵是由均值为 0、方差为 5.0 的高斯分布生成的，生成后归一化到 (0,1) 范围内。由于形成雾气的过程，其实质是在生成随机数矩阵，确保了每一次执行过程都将得到不同的结果。循环执行该过程，获得足够多的训练样本，以满足模型的训练需求。

10.3.3.2 网络训练的过程

神经网络可以拟合非线性函数，实现分类或者回归问题，并已经在多种应用场景中取得优异的效果。理论上，在给定充足的训练样本、网络层数以及神经元个数，神经网络搭配适当的激活函数后可以表示任意的决策边界，完成分类任务。因此，选用反向传播的神经网络可以很好地解决本章问题。执行分类任务，本章创建了一个具有五层结构的神经网络，包括输入层、两层隐藏层、一层输出层以及用于完成多分类任务的 Softmax 层。图 10.22 显示了神经网络的具体结构。模型以像素点作为样本单元，在模型的输入层中包括了像素点的 RGB 三通道强度值、HSV 通道强度值以及八邻域内的各像素强度共计三十个样本特征，利用样本中的三十个特征值进行训练。模型的隐藏层共两层，其中每一层包括了五十个神经元。输出层则对应一百零一种不同类别的模型输出，最终经Softmax层转化为概率输出后确定最终的像素颜色分类情况。

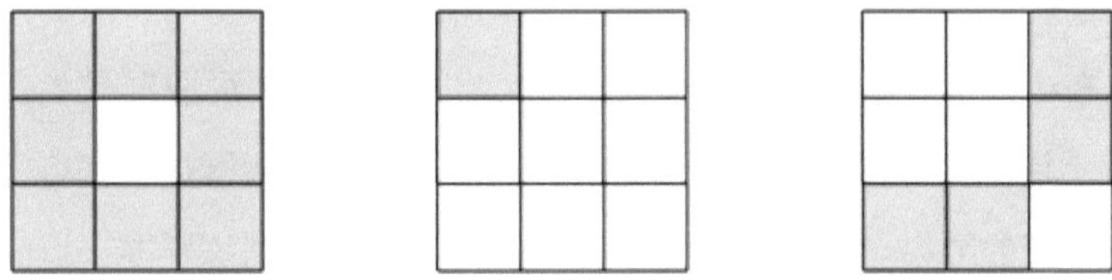

图 10.21　中心像素点八领域内不同分类情况

Fig10.21　Different classification situations within the eight domains of the central pixel point

值得注意的是：在训练图像像素点样本时，其样本特征除去RGB、HSV等常规特征外，本文将像素邻域的通道强度情况引入了像素的特征中。局部先验指明在一个图像局部块中，常可认为具有相同的深度或其他图像信息。尽管上述三种9×9的局部区域中，中心像素点均属于同一类别，而中心像素点与邻域内其他同类像素点在数量上存在差别，但具体输出结果有所不同。图10.21左侧中，中心像素分类情况应与其他邻域分类保持一致；中间图片中，中心像素点则应保持原有分类；右侧图片中，中心像素则应当视邻域内分类情况与数量由模型训练后输出。这样的操作，考虑到像素分类的目的是为了确定单幅图像具有相同类别的颜色分类，进而便于后续去雾实现，而非单纯的实现高精度分类，因此引入该操作是有必要的。

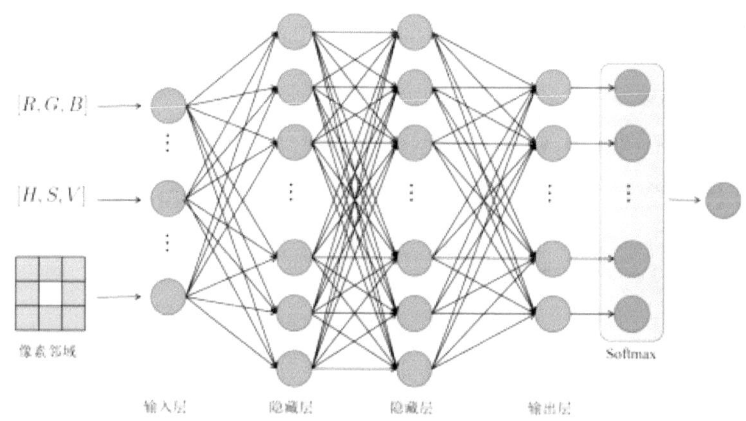

图 10.22　对有雾图像像素点进行颜色分类的神经网络结构

Fig10.22　A neural network structure for color classification of pixels in foggy images

训练神经网络时，隐藏层使用 ReLU 函数作为激活函数，而输出层则使用 Softmax 函数。上述两种函数的表达式为：

$$ReLU\,(x) = max\,(x, 0) \tag{10-23}$$

$$Softmax\left(x_j\right)=\frac{e^{a_j}}{\sum_{i=0}^{n} e^{a_j}} \tag{10-24}$$

在训练神经网络模型时，本文使用交叉熵损失函数计算网络损失，该函数表达为：

$$Loss=-\frac{1}{N}\sum_{i}\sum_{c=1}^{M}y_{ic}logp_{ic} \tag{10-25}$$

上式中N为样本的总数量，y_{ic}则表示为符号函数，样本i的真实类别真或假对应取值为0或1，即训练样本的标签位One-hot编码方式。P_{ic}则对应训练样本i属于类别c的预测概率。

由于训练集数量样本较多，因此为了能够加快训练速度，实现较快收敛，本文使用小批量的梯度下降作为模型参数更新的方法。则对于网络中的模型参数，其更新过程可以表达为：

$$\theta_{i+1}=\theta_i-\alpha\cdot\sum_{j=1}^{M}\nabla L_{\theta}^{(j)}(\theta_i) \tag{10-26}$$

上式中表示第 i+1 层网络参数的更新过程，j表示训练样本标号，M为小批量中的样本总数量，α为学习率，∇L为误差函数梯度，实现误差向前传递。为了训练网络模型，训练过程本文使用了来自公开合成数据集、自建数据集的1000 张图像，这些图像的像素数量超过了一亿，本文利用这些训练样本对网络进行训练，获得最终结果。

10.4 基于多先验约束的透射率估计模块

获取像素点分类后，基于非局部先验策略，针对其不足提出了透射率优化策略。首先基于信息熵等提出了局部透射率最优化评价指标，将求取相同颜色索引中无雾像素点的过程转化为一维搜索问题，有效简化了问题规模。其次引入了最小二乘滤波，在估计透射率的同时有效地保留了图像中的细节信息与边缘信息。

10.4.1 局部最优透射率评价指标

为了获得更准确的透射率 T，我们可以首先假设环境光 A 是已知的量。因此，透射率决定了最终的去雾结果。如公式10-27：

$$I^{\beta}(m,n)=J^{\beta}T(m,n)+A^{\beta}\left(1-T(m,n)\right) \tag{10-27}$$

去雾过程可以简化为：

$$J=Dehaze\,(T,I,A) \tag{10-28}$$

上式中 A 和 T 都是已知量，只有透射率 T 是未知的。对于具有相同景深的有雾模糊图像区域，所有图片像素点均具有相同的透射率 T。通过不断变化 T 的取值，可以得到一系列的去雾结果。因此，图像去雾便可以转换为对 T 的优化问题。在图像处理过程中，图像的方差和信息熵信息用于评估恢复图像的最终结果，并由此确定最佳的透射率值。这是因为与有雾的模糊图像相比较，无雾图像具有更丰富的细节和纹理信息，以及更高的图像方差和信息熵[380]。对于已恢复的图像，信息熵[381]$\xi(J)$可以定义为如下公式：

$$\varepsilon\,(J,T)=\sum_{i=0}^{255}\frac{H_i(T)}{N}log\frac{H_i(T)}{N} \tag{10–29}$$

其中N表示图像局部区域内的像素总数。$Hi(T)$表示在已经恢复的有雾图像中像素强度值等于i的像素总个数。饱和度同样也是对于去雾效果进行评价的重要指标。在一定的范围内，随着饱和度的增加，图像会变亮，最终的去雾图片也将变得鲜艳[352]。此外，当一张有雾模糊图像恢复后，如果透射率T较小，利用公式10–28获得去雾效果后，图片像素中RGB通道的值可能超出[0,255]的强度范围，最终导致颜色失真。因此，我们引入参数C计算超出正常范围的像素数，并由此获得失真率。计算时，恢复图像中超出[0,255]范围的像素会被裁剪掉。受Tan[380]和Ju[382]的启发，我们定义了局部最优透射率评价指标如公式10–30所示：

$$\Psi=-\min_{\beta\epsilon\,(R,G,B)}\frac{1}{N}\sum_{i=1}^{N}\left(C^{\beta}(i)\right)\times\left(\varepsilon(J)+k\cdot\psi(J)+\tau\cdot\varphi(J)\right) \tag{10–30}$$

其中$\varepsilon(\cdot),\psi(\cdot),\varphi(\cdot)$分别表示图像信息熵、图像方差以及饱和度的计算函数。N表示图像像素的总数。使用κ和τ作为调整系数，C_i^{β}用来表示像素点 i是否超出正常的强度范围[0,255]；否则，C_i^{β}设置为1。

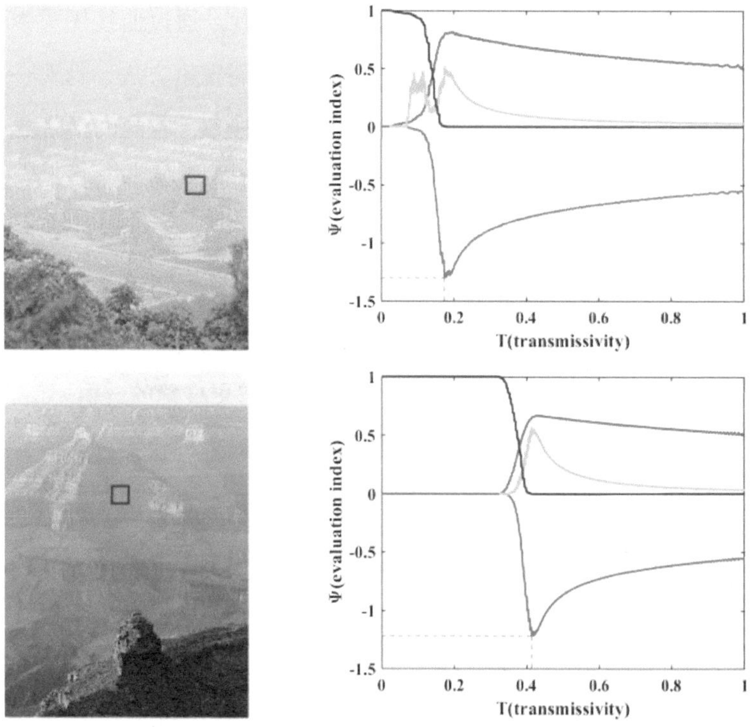

图 10.23　不同透射率下的失真率、饱和度、信息熵以及评价指标的变化曲线

Fig10.23　The variation curves of distortion rate, saturation, information entropy, and evaluation indicators under different transmittance rates

考虑到三种评价指标在取值上的差异指标，使用两个系数进行取值范围上的调整。取 $k = \tau = 1$，并以该值为例，本文在图像中具有同样深度的局部场景中进行实验。各评价指标的变化经过

透射率的实测恢复图像如图10.23所示。因此，通过曲线图可以获得最优的透射率T。本文利用斐波那契数列搜索方法，针对一维的评价指标数据进行搜索，最终获得了图像区域内的最优透射率。

10.4.2 基于非局部策略的透射率估计

在使用散射模型进行除雾时，基于单一先验知识往往存在一定的局限性，本章提出了一种基于局部和非局部先验的有效的透射率优化方法。该方法除雾效果好，能获得更准确的透射率值。基于上述问题，本文将基于非局部先验利用局部评价指标对所提出的透射率进行优化。具体步骤如下：首先，基于非局部先验确定雾霾线中半径最大的像素点，初始透射率$\hat{T} = R_{hazy}/R_{max}$由公式10–31确定。其次，使用局部估计策略和局部最优的评价指标计算局部最优透射率。确定每个雾线中最大半径对应的像素，并将$n \times n$以像素为中心的区域，其中n取为15。因此，结合公式10–30和10–29，该簇中具有最大半径的像素点的局部透射率T'可以获得，并基于此进行透射率优化。

$$\tilde{T}(m, n) = \frac{R(m, n)}{\max\limits_{(m, n)\epsilon H}\{R(m, n)\}} \quad （10–31）$$

$$T' = \frac{R_{max}}{R_{GT}} = argmin\ \overline{\psi}\,(J(T)) \quad （10–32）$$

将上式与公式10–31进行结合。我们便可以得到优化后的基于局部与非局部先验透射率$\hat{T}$估计的准确表达式：

$$\hat{T}= T' \times \frac{R_{hazy}}{R_{max}} = T' \times \tilde{T} \qquad (10\text{-}33)$$

该方法进一步优化了透射率，有效地解决了非局部先验假设不成立的情况。实验表明，该方法是有效的，具体实验结果与分析见10.5节。

10.4.3 全局透射率滤波优化

如前一节所述，为了解决单一先验算法的局限性，在去雾过程中应用了多个先验约束。为了解决非局部先验算法中的第二个问题，采用局部最优透射率来替代失败的像素场景。对透射率进行有效估计后，利用加权最小二乘滤波[383]（WLS）对透射率进行优化。优化的目标是获得整体平滑的透光图像，同时保持边缘的原始形状，避免全息效应。透射率Tn（与10.3节中优化的透过率T一致）和Tl分别由雾线先验算法和局部优化策略估计。根据雾线先验算法，得到可信度权重$\omega1$。高信度像素的透射率接近Tn，低信度像素的透射率接近Tl。根据信度权重，使用01变量$\omega2$从两种估计策略中进行选择。当可靠性较高时，Tl对结果影响不大，局部估计耗时较长，因此设置ω_2=0。当可信度权值较小时，对两个透射率结果同时进行优化，设置ω_2=1。这个过程可以表示为式10-34：

$$\sum_{x}\left(w_1\left(T(x)-T_n(x)\right)\right)^2+w_2(1-w_1)\left(T(x)-T_1(x)\right)^2)+$$

$$\lambda\sum_{x}\sum_{y\in N_x}\frac{\left(T(x)-T(y)\right)^2}{\left|\left|I(x)-I(y)\right|\right|^2} \quad (10\text{–}34)$$

其中λ是一个参数，控制数据和平滑项之间的权衡，Nx表示x在图像平面上的四个最近的邻居。$\omega1$和$\omega2$分别表示可信度权重和估计策略选择。前一项可以看作是一个数据项，通过最小化这一项，得到的透射率尽可能接近于现有的透射率. 第二项是边缘项，它以相邻像素之间的像素强度为约束，该约束与边缘像素强度的变化负相关。通过最小化这一项，尽可能地保留了边缘结构信息。因此，将上述两项之和最小化即可得到最佳透射率图像。将矩阵化表达为：

$$(T-T_n)^T\omega_1(T-T_n)+(T-T_1)^T\omega_2(1-w_1)(T-T_1)+$$

$$\lambda\left(T^TD_x\,A_x\,D_y\,T+T^TD_y\,A_y\,D_y\,T\right) \quad (10\text{–}35)$$

其中x和y分别代表行向和列向，因此边缘部分的约束系数仅由两个方向的梯度表示，而这部分的平滑权系数由Ax和Ay组成的对角矩阵表示。Dy表示离散微分算子，用于计算图像的梯度。要得到上式的最优值，T需要满足式10–36：

$$T=\left(I+\lambda L_g\right)^{-1}\left(\omega_2(1-\omega_1)\right) \quad (10\text{–}36)$$

其中Lg是一个五点空间异构稀疏矩阵，其表达式为：

$$L_g = D_x^T A_x D_x + D_y^T A_y D_y \quad (10\text{-}37)$$

10.5 基于图像场景区域划分的大气光估计模块

在实现像素点分类与透射率优化后，本节首先分析了目前环境光估计算法存在的不足，引入基于区域场景划分的大气光估计策略，详细阐述了利用该策略求解参数的详细过程。基于模糊聚类实现区域分割后，进行线性衰减并获得全局环境光矩阵。

10.5.1 基于模糊 C 均值聚类的图像分割

大气光是散射模型中的一个重要参数，该参数的估计精度对去雾效果有重要影响。在各种算法中提出了不同的大气光值估计策略：Namer 等[384]以图像像素点中最大强度作为大气光值；He 等[354]取暗通道图像中亮度最高的 0.1% 对应的像素强度平均值作为大气光；Berman 等基于雾线模型，提出不同雾线相交于RGB 三维空间中的大气光位置。基于该先验条件，利用霍夫变换投票选出最佳大气光值；Wang 等[386]提出了一种基于四叉树的搜索方法。对输入图像进行统一分解后，通过不断迭代并建立区域评分机制，将得分最高的区域作为大气光候选区域，同时取中心距离最小的像素强度为大气光。然而，当图像或候选区域包含异常明亮的物体或噪声时，上述几种策略通常会出现估计上的误差。虽然四叉树搜索算法有效地降低了这种影响，但问题仍然存在。此外，上述估计策略均假设雾霾图像的成像过程仅受单个光源的影响，并将大气光值视为全局常数值。但是，在众多图像场景中，以大气光作为全局值的假设并不准确，导致图像整体去雾效果下降。为此，基于聚类算法对图像场景的有效划分，本章提出了一种针对图像中不同场景的大气光估计新方法。

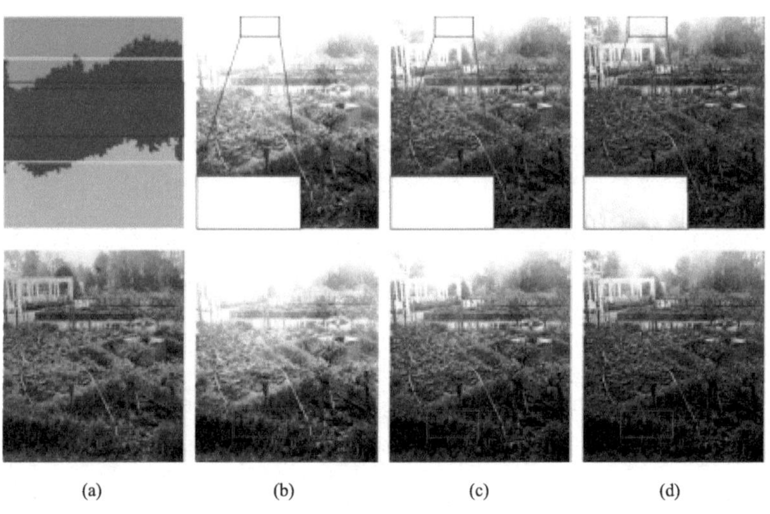

(a) (b) (c) (d)

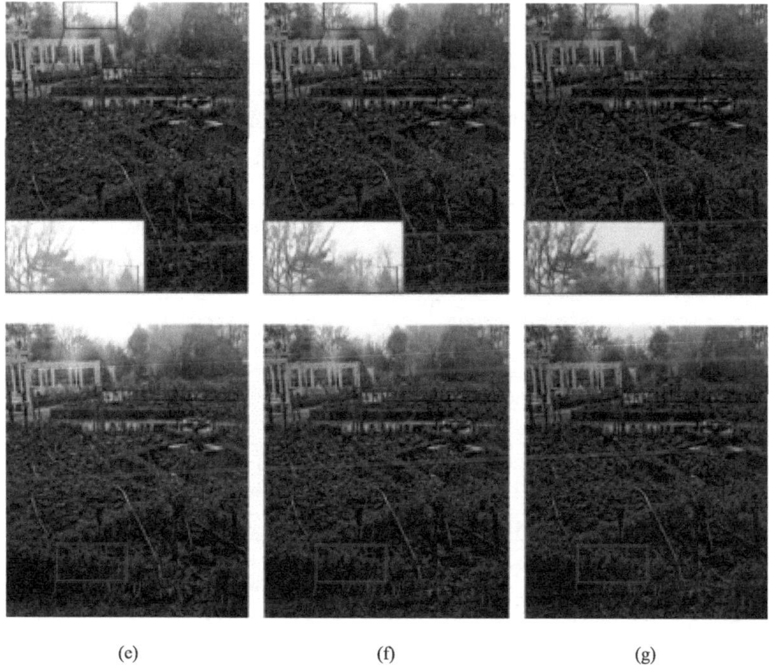

(e) (f) (g)

图 10.24　不同大气光值下图像场景的不同去雾效果（(a)下：真实无雾图。上：场景分割结果和场景测试区域。(b)-(g)：不同大气光值下场景区域的去雾结果）

Fig10.24　Different dehazing effects of image scenes under different atmospheric light values ((a) Below: Realistic no fog image. Above: Scene segmentation results and scene testing area. (b) - (g): Defogging results of scene areas under different atmospheric light values)

表 10-4 不同的全球大气光下，不同场景去雾效果的 SSIM 和 PSNR

Table10-4 SSIM and PSNR of defogging effects in different scenes under different global atmospheric light conditions

	[0.34 0.35 0.35]		[0.50 0.50 0.50]		[0.60 0.60 0.62]		[0.72 0.71 0.78]	
	PSNR	SSIM	PSNR	SSIM	PSNR	SSIM	PSNR	SSIM
SCENE1	0.9883	0.3770	2.2658	0.4171	5.7069	0.5318	12.3871	0.6200
SCENE2	11.2015	0.7554	16.3078	0.8176	21.1713	0.8629	18.7509	0.8341
SCENE3	27.5664	0.9224	24.5794	0.8861	21.8926	0.8301	19.3293	0.7235
	[0.81 0.82 0.84]		[0.85 0.86 0.89]		[0.87 0.89 0.92]		Average	
	PSNR	SSIM	PSNR	SSIM	PSNR	SSIM	PSNR	SSIM
SCENE1	17.5780	0.6216	15.3176	0.5937	13.1590	0.5588	11.2338	0.6200
SCENE2	14.8409	0.7079	13.2907	0.6090	12.3820	0.5307	17.9909	0.8529
SCENE3	17.8679	0.6356	17.2161	0.5824	16.8060	0.5450	24.2013	0.8542

基于上述理论，本文进行实验。如图10.24所示，将图像聚类为三个场景后，选择不同的大气光值，比较其去雾效果。同时，为了便于不同场景之间的结果比较，对矩形框中的图像进行了评价指标 PSNR、SSIM 的计算，其结果如表10-4所示。可以得出：针对不同的场景，不同的大气光值对应的去雾效果最好。因此，在图像全局范围内取恒定的大气光值并不总是准确的。根据上述实验结论，利用聚类算法对粗糙图像场景进行划分。目前

常用的聚类算法主要有：自组织神经网络聚类算法（SOFM）[387]、K-means聚类算法[388]、模糊聚类算法（FCM）[389]。由于含有雾气的模糊图像在不同场景下具有不确定性，模糊聚类算法通过建立不确定性描述可以有效地处理这类问题。因此，选择FCM算法对模糊图像的场景进行有效的分割。该算法将聚类问题简化为一个有约束的线性规划问题，通过目标函数的迭代优化得到模糊场景划分。

基于Enhanced FCM（EnFCM）[390]算法对模糊图像进行场景划分。该算法不对图像像素本身进行聚类，而是直接对图像像素的灰度值进行聚类。图像中的灰度总数量K（最大256）远远小于图像像素的总数量N，这可以提高运行速度。对生成的灰度直方图进行模糊聚类，聚类目标函数可表示为：

$$J_m(u, v)=\sum_{i=1}^{K}\sum_{j=1}^{L}\gamma_i u_{ij}^m\left\|\varepsilon_i-v_j\right\|^2 \tag{10-38}$$

其中是ξi图像中的有效灰度级，L是图像中聚类的总数，$\sum_{i=1}^{K}\gamma_i=N$；u_{ij}是模糊隶属矩阵，$\sum_{j=1}^{L}u_{ij}^m=1$；m为模糊权重指标，用于确定聚类结果的模糊程度；v_j是聚类场景的中心点。利用拉格朗日乘数法，可将上述目标函数转化为无约束最小化优化问题。最优值是通过拉格朗日函数对u_{ij}和v_j求导得到的。u_{ij}和v_j对应的解如下：

$$u_{ij}=\frac{\left\|\xi_i-v_j\right\|^{\frac{-2}{m-1}}}{\sum_{l=1}^{L}\left\|\xi_i-v_j\right\|^{\frac{-2}{m-1}}} \tag{10-39}$$

$$u_j=\frac{\sum_{i=1}^{K}\gamma_i u_{ij}^{m}\varepsilon_i}{\sum_{i=1}^{K}\gamma_i u_{ij}^{m}} \tag{10-40}$$

因此，在使用 FCM 聚类时，首先要初始化聚类中心和隶属度矩阵。然后迭代上述，不断更新公式10–39和公式10–40，计算出目标函数。如果小于设置的阈值，则停止迭代，完成图像聚类。在上述过程中，将权重指标m=2，对图像中的三个目标场景进行了划分（在算法中，将自然图像划分为三个场景：特写、远处和天空）。虽然传统的FCM 对于纹理和背景简单的图像是有效的，但是对于纹理复杂的噪声或雾霾图像，由于它只考虑灰度信息而不考虑空间信息，所以效果不明显[407]。在进行模糊 c 均值聚类之前，首先对图像进行形态重构。形态学重建（MR）可以在去除图像噪声的同时保留重要的目标轮廓[391]。此外，利用形态学重建去除图像中孤立的像素，平滑物体边界。这对进一步利用 FCM 进行图像场景分割具有重要意义。为了在模糊图像中获得更准确的结构信息，在对图像进行聚类之前，利用主成分分析（PCA）降维技术计算彩色图像的梯度。PCA 通过降维来简化数据结构，即利用变换后的协方差矩阵的特征值来反映整体结构信息，得到灰度图像。利用 PCA 进行重构时，重构得到的最大特征值对应的特征向量，得到包含主要信息的灰度图像。

完成形态重建算法需要两个基本操作：扩张和侵蚀[392]。侵蚀过程定义如下：如果g是标记图像，f是输入图像，B是结构单元，$g\subseteq f$，则g对f大小为1的侵蚀算子是：$E_f^n(g)=(g\oplus B)\cup f$，那么$g$对$f$大小为$n$的侵蚀算子，定义为：

$$E_f^n(g)=E_f^1\left(E_f^{n-1}(g)\right) \tag{10-41}$$

在上式中，$E_f^0(g)=g$。

扩张过程定义如下：如果g是标记图像，f是输入图像，B是结构单元，$g\subseteq f$，则g对f的大小为1的扩张算子是：$D_f^1(g)=(g\oplus B)\cap f$，那么$g$对于$f$大小为$n$的扩张算子，定义为：

$$D_1^n(g)=D_f^1\left(D_f^{n-1}(g)\right) \tag{10-42}$$

在上式中，$D_f^0(g)=g$。

通过形态扩张算子与侵蚀算子的结合运算，可以得到一些滤波能力较强的重构算子，如形态开闭重建算子，因为形态开闭重建算子更适合于平滑纹理细节。因此，我们采用形态学闭合重构算子对含雾噪声图像进行重构。因此，大小为n的图像g的闭合重构算子可以表示为：

$$C_f^n(g)=R_g^E[(g\oplus nB)] \tag{10-43}$$

利用 PCA 进行重构时，重构得到的最大特征值对应的特征向量，得到包含主要信息的灰度图像。在上述运算中，$g\oplus nB$表示B到g的n次扩展。通过形态重建可以有效地对图像进行平滑处理。对图像进行模糊聚类后，可以有效地将图像划分为三个场景。根据场景的平坦特征，再次对场景地图L进行形态学重构处理，得到场景地图$\tilde{L}$。

$$\tilde{L}=(L\bullet\Lambda)\circ\Lambda \tag{10-44}$$

其中∘和•分别为开和闭操作符号，Λ为执行开合操作的结构元素。以上操作的目的是消除或连接离散的边缘像素，使场景被划分成簇，边界清晰。

图 10.25　环境光估计的中间过程（(a)有雾图像；(b)场景聚类图像；(c)形态重建图像；(d)原始环境光图；(e)优化的环境光图）

Fig10.25　The intermediate process of ambient light estimation ((a) Misty images; (b) Scene clustering images; (c) Morphological reconstruction images; (d) Original ambient light map; (e) Optimized ambient light map)

10.5.2 大气光值估计

大部分现有的方法将大气光设置为一个恒定值。考虑到室外图像中不同场景的大气光差异较大，需要对不同场景进行估计。但在室内和特写图像中，场景差异较小，受单一光源影响较大，故大气光仍设为定值。为了估计场景的大气光图像，首先比较三个场景中亮度最高 30% 的平均值 AC，并将亮度最大的区域作为预选区域 Lmax。将大气光按 λC 比例线性衰减后，得到大气光图。对于全球估算大气光的图像，*Amax c* 设置为恒定的大气光值。由自适应衰减尺度得到的大气光图表示为：

$$A_{max}^{c}*\lambda_{c}=A_{max}^{c}\begin{cases}\dfrac{A^{c}}{A_{max}^{c}}, W<0.13\\ 1,\quad W\geqslant 0.13\end{cases}\tag{10-45}$$

其中 c 是集群的数量，$c=3$。分析上述公式可知，大气光的选择与场景的平均亮度直接相关。随着亮度降低，大气光的衰减率增加。遍历所有聚类单元后，对大气光图进行细化，再通过导光滤波器 $GF(\cdot)$ 对大气光图进行细化，得到非全局大气光图。其中大气光图具体细化过程可以表达为：$A=GF(A*U)$，其中 $A=[A_1^T, A_2^T, A_3^T]$。

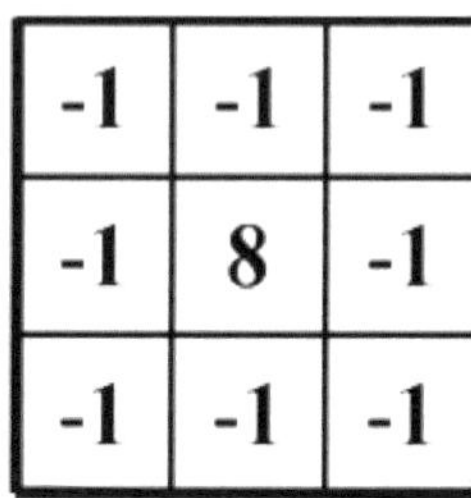

图 10.26　Kirsch算子对预选区域的二值图像运算，计算候选区域边缘和细节信息

Fig10.26　The Kirsch operator performs binary image operations on pre selected regions, calculating edge and detail information of candidate regions

考虑到不同场景中环境光的差异，本节采用以下方法对两幅图像进行识别，采用不同的大气光估计策略。对于图像$L = L1 \cup L2 \cup L3$，$L1, L2, L3$是不同的图像场景，场景中的大气光通常是恒定的。首先，根据像素是否属于预选择的平均亮度最大的区域 $L\max$，得到平面二值图像 LA。如图 10.26所示，利用 Kirsch 检测算子 D 对二值图像 LA 的边缘进行检测，利用边缘图像的统计平均边缘信息描述预选区域$L\max$的分布，得到决策因子,具体过程如下所示：

$$W = \sum L_A \otimes \frac{D}{\sum L_A} \tag{10-46}$$

图 10.27 使用 Kirsch 算子对预选区域的二值图像进行操作，并计算候选区域的边缘和详细信息

Fig10.27 Use the Kirsch operator to manipulate the binary image of the pre-selected region and calculate the edges and detailed information of the candidate region

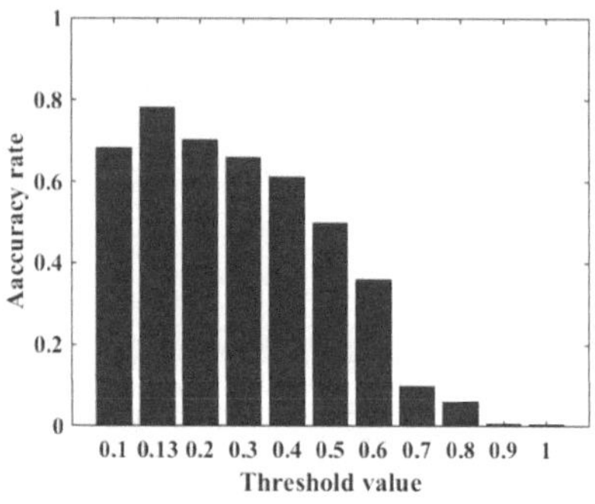

图 10.28 不同阈值下室内外图像识别的准确性 W0

Fig10-28 Accuracy W0 of indoor and outdoor image recognition under different thresholds

场景间大气光差异较大的图像通常位于室外，预选亮度最大的区域*L*max通常为天空或雾霾密集的地区，而有小差异的图像通常位于室内，*L*max场景通常是高亮度的物体。如图10.27所示，与室外图像相比，室内图像中的*L*max通常更加离散，边缘信息更加丰富，分布在图像的不同位置。根据这个假设，当经验阈值*W*小于 0.13 时，认为图像是室内图像，选择大气光全球恒定值。否则，根据场景策略估计大气光。在 Resides 和 SOTS 等数据集上进行了模糊图像实验，不同阈值下的识别率如图10.28所示。当将阈值*W*0设置为 0.13 时，精度达到 80%。

10.6 实验结果与分析

10.6.1 实验设置

本文的实验在一台 Intel(R) Core (Tm) i7-8565 CPU@ 1.80 GHz 8.00 GB RAM PC机，另一台 Intel(R) Xeon(R) Gold 5218 CPU @ 2.30GHz 2.29 GHz 128 GB RAM PC机上进行。使用Matlab（R2019a）对本文算法进行仿真，运行环境为 Windows 10。在实验中，我们使用一组固定参数：颜色簇的数量在每张图像中是1000；参数$\kappa=5$, $\tau=1$局部评价指数Ψ，其作用是约束不同指标的取值范围相近；加权最小二乘滤波器$\lambda=0.1$；引导过滤窗口$r=15$；不同的大气光估计策略是选择模糊图片，阈值 W0 设置为 0.15，并且其余参数在文章中给出。

10.6.2 环境光估计模块

图 10.29 自然图像评估大气光估计准确性[上侧：通过不同的大气光算法（包括DCP、NLD、ARAL、四叉树和本文方法）提取的真实大气光。下侧：不同场景下的真实图像]

Fig10-29 The accuracy of atmospheric light estimation in natural image evaluation [Upper side: Real atmospheric light extracted through different atmospheric light algorithms (including DCP, NLD, ARAL, quadtree, and our method). Bottom: Real images in different scenes]

本章首先评估了算法大气光估计的准确性。与现有的大气光估计策略不同，该算法基于场景划分来估计大气光。为了说明这种估计策略的有效性，我们选择了四个有雾图像的场景进行实验。基于大气散射模型，我们选择了四种经典的透射率估计策略：DCP[354]、CAP[355]、NLD[350]和BCCR[394]。同时，选择了五种大气光估计策略，包括DCP[354]、ARAL[349]、NLD[350]、四叉树[386]以及本文中提出的算法。将它们结合起来以获得实验结果。在图10.29中，我们手动着色了不同的大气光估计策略，以显示不同算法之间的差异。在表10-5中，通过比较评价指标SSIM和PSNR的值来确定大气光估计策略的有效性。与其他几种大气光估计方法相比，本章所提出的大气光估计策略可以适用于各种算法：它们都显示出更好的结果，见表10-5。

表 10-5　结合不同透射率和大气光估计算法后的 PSNR 和 SSIM 结果

Table10-5　PSNR and SSIM results after combining different transmittance and atmospheric light estimation algorithms

A	T	Fig.1	Fig.2	Fig.3	Fig.4	平均值
DCP	DCP	0.5621/20.3544	0.5764/13.6121	0.7773/13.6609	0.7557/12.3738	0.6679/15.0003
NLD		0.7091/22.1423	0.5951/12.1158	0.7711/13.5291	0.7119/12.0293	0.6968/14.9541
四叉树		0.7581/22.2103	0.5381/13.3097	0.7738/14.1005	0.4279/10.6962	0.6245/15.0791
ARAL		0.5156/20.0446	0.5609/3.3881	0.2424/4.3861	0.1728/3.8104	0.3729/7.90734
本文		0.7637/22.5693	0.6180/12.3850	0.6722/16.3221	0.6943/12.9989	0.6870/16.0688

续表

A	T	Fig.1	Fig.2	Fig.3	Fig.4	平均值
DCP	NLD	0.4346/13.3158	0.4167/10.5731	0.8444/15.7224	0.9444/21.0217	0.6600/15.1582
NLD		0.5525/14.5511	0.6030/12.9818	0.8359/15.4510	0.9015/22.4981	0.7232/16.3705
四叉树		0.5841/16.0961	0.0785/6.2686	0.8486/16.4745	0.7916/22.7309	0.5757/15.3925
ARAL		0.4662/14.1014	0.6485/10.2134	0.7755/8.2256	0.7431/12.4876	0.6583/11.2570
本文		0.5538/15.3296	0.6558/14.8684	0.8345/17.5896	0.9450/26.3839	0.7473/18.5429
DCP	BCCR	0.5405/18.2923	0.6313/14.6371	0.7545/13.0512	0.8024/14.0007	0.6821/14.9953
NLD		0.5608/17.2308	0.6446/14.2895	0.7479/12.9134	0.7497/13.3315	0.6757/14.4413
四叉树		0.6835/17.2230	0.6023/14.4832	0.7529/13.4229	0.4877/13.7601	0.6316/14.7223
ARAL		0.5608/17.2308	0.6446/9.8020	0.7273/8.4394	0.5797/10.6864	0.6281/11.5396
本文		0.4561/20.9279	0.6587/15.2161	0.7916/16.9311	0.8735/19.7810	0.6950/18.2140
DCP	CAP	0.5674/18.6454	0.6279/14.1990	0.7966/15.1874	0.9031/18.0871	0.7237/16.5297
NLD		0.6856/20.3290	0.6631/13.7953	0.7877/14.9764	0.9021/19.3493	0.7596/17.1125
四叉树		0.7357/20.0852	0.5296/13.0080	0.8033/15.6748	0.7849/21.5205	0.7134/17.5721
ARAL		0.5912/21.5012	0.6655/12.0488	0.7967/9.4011	0.7326/11.9891	0.6965/13.7350
本文		0.7416/19.8414	0.6743/14.3797	0.8421/17.2091	0.9400/26.0459	0.7995/19.3690
本文算法	—	0.7803/21.6443	0.6694 15.4416	0.8949 21.4615	0.9564/26.6160	0.8252/21.2908

10.6.3 去雾效果评价

为了进一步验证我们算法的有效性，我们对自然真实图像进行实验并进行比较使用最先进的单图像去雾算法。这些比较对象包括开创性的暗通道先验（DCP）算法和基于散射模型的去雾算法，例如IDE[360]、BCCR[394]、MOF[395]、OTM-ALL[396]和 DDAP[397]。此外，它还包括五个基于深度学习的去雾网络算法Dehaze-Net[362]、GCA[372]、FFA[398]、FADU-Net[399]和

MSCNN[365]。选择了不同雾度的朦胧图像水平与图像场景，以保证实验的有效性。为了进行全面评估，我们使用了合成图像数据和真实的图像。RESIDE 数据集[400]是一个合成的广泛用于图像去雾领域的数据集。分为五个子集：室内训练集（ITS）、室外训练集（OTS）、合成对象测试集（SOTS）、真实世界任务驱动测试集（RTTS）和混合主观测试集（HSTS）[401]。ITS、OTS和SOTS是合成数据集，包括 14279、74196 和 1000 张图像。RTTS是现实世界数据集，HSTS由合成和真实世界的模糊图片。此外，模糊图像的去雾性能还使用O-HAZE和 I-HAZE数据集[402]进行评估，分别包含真实的室外和室内场景。 O-HAZE由45对无雾和有雾的图像组成。而 I-HAZE 由 30 对无雾和在室内拍摄的朦胧图像组成。我们使用图像可见性评价标准和图像结构相似性评价标准，采用峰值信噪比（PSNR）和结构相似性（SSIM评价指标综合评价分析画面质量。峰值信噪比（PSNR）使用平均值平方误差（MSE）来计算图像的不同值像素。恢复的图像的值越大，质量越好。[结构相似性（SSIM），适用于图像的亮度通道并评估相似度。] SSIM的取值范围是[0,1]，其中较高的分数表明去雾图像更接近无雾图像。在我们的评估中，使用了SSIM与PSNR一起评估八种方法的去雾能力算法。

10.6.3.1 合成有雾图像

表 10-6　不同去雾算法对有雾图像去雾结果评价指标 PSNR、SSIM 和 NIQE

Table10-6　Evaluation metrics PSNR, SSIM, and NIQE for defogging results of foggy images using different defogging algorithms

	E1			E2		
	SSIM	PSNR	NIQE	SSIM	PSNR	NIQE
DCP	0.7357	14.958	6.0758	0.8422	16.518	5.1194
IDE	0.7499	15.094	7.1779	0.8811	16.609	4.9029
MOF	0.7268	15.461	10.732	0.8249	13.928	3.7567
DDAP	0.6895	15.395	7.0044	0.8419	16.035	5.8262
OTM-ALL	0.8046	15.714	9.2268	0.7762	14.235	4.8658
DehazeNet	0.7103	18.976	10.035	0.9612	21.298	4.7833
GCA	0.7981	18.413	8.7436	0.9070	17.625	4.6719
MSCNN	0.9324	21.410	8.9986	0.9302	22.783	4.9632
FFA	0.8522	16.070	12.098	0.8469	20.733	4.9465
FAD-UNet	0.9400	26.290	12.974	0.9400	30.870	5.0290
本文算法	0.9212	23.970	7.2153	0.9488	22.893	5.6181

E3			E4			Average		
SSIM	PSNR	NIQE	SSIM	PSNR	NIQE	SSIM	PSNR	NIQE
0.8130	17.343	4.7894	0.8065	15.522	3.5244	0.7993	16.085	4.8772

续表

E3			E4			Average		
0.7530	15.418	4.6500	0.8331	16.633	10.110	0.8042	15.939	6.7102
0.7702	17.450	6.0263	0.3144	7.8553	4.9174	0.6590	13.673	6.3581
0.8541	19.888	4.9011	0.7480	15.962	7.4763	0.7833	16.820	6.3020
0.8046	15.714	5.3552	0.7032	17.567	6.2929	0.7721	15.807	6.4351
0.8140	22.686	5.4970	0.9351	22.353	7.4467	0.8587	21.328	6.9405
0.9263	28.790	5.2029	0.6649	20.237	9.7444	0.8240	21.266	7.0907
0.9367	23.115	5.5630	0.9105	25.016	6.9377	0.9274	23.081	6.3581
0.9154	20.437	5.3323	0.7209	16.429	7.9320	0.8338	18.417	7.5772
0.8800	21.110	6.8657	0.9200	20.080	8.4073	0.9200	24.587	8.3190
0.9395	25.616	4.9685	0.9494	25.950	12.426	0.9361	24.607	7.5661

图10.30显示了RESIDE数据集中四张图像在不同算法下的去雾效果。表10-6显示了不同算法下的SSIM、PSNR和平均结果，最佳结果用粗体标记。可以看出，所提出的算法在SSIM和PSNR方面表现出最好的性能。这可以归因于基于不同场景的大气光的准确估计和透射率估计策略的优化。本文算法的高SSIM和PSNR分数可以解释为整个图像场景中亮度分布不均匀，全局大气光的应用很可能导致暗区图像细节的丢失。比如E1和E3的特写墨绿色的树木和建筑。当使用全局大气光时，它的窗口会褪色并导致颜色失真。本文算法对图像场景进行划分，利用自适应

大气光有效解决了这一问题。因此，与其他算法相比，本文算法可以保留暗部和近距离场景的细节，从而获得更高的评价分数。此外，本文算法有效地估计和优化了透射率，并融合了局部和非局部先验策略，解决了天空区域和白色物体的透射率难以估计的问题。例如，E2和E4中的白色建筑物和天空区域比其他算法具有更好的去雾效果。从以上实验结果可以看出，DCP、DDAP、GCA和MOF方法的结果存在色彩失真，SSIM和PSNR值偏低等问题。造成这种现象的原因是在不考虑大气光的场景差异的情况下，低亮度图像细节（如近距离建筑物）丢失，天空区域的透射率估计不够准确。同样，DehazeNet也会丢失近距离低亮度细节。这样做的原因是CNN用于学习转移图，而DehazeNet仍然利用全局大气光。IDE算法显著增加了图像亮度，但增加的亮度会导致某些区域的颜色失真和细节丢失，例如白色建筑物。MOF算法虽然有效解决了去雾图像的边缘伪影问题，但最终的去雾效果亮度过低，细节丢失严重。从图10.30和表10-6可以看出，本文的算法在视觉上是最令人满意的，因为近距离低亮度建筑物的所有细节都被保留了，天空和高亮度区域没有颜色变形，有效去除雾霾。

(a)
(b)
(c)
(d)
(e)
(f)

图 10.30　含噪声的真实场景有雾图像的不同去雾算法比较[(a)(b)(c)(e)(f)：基于散射模型的去雾算法结果，包括DCP、DDAP、ID和OTM-ALL；(c)(d)(g)基于深度学习网络的去雾算法结果，包括DehazeNet，FFA和FADUNet；(h)本文算法；(i)原图]

Fig10.30　Comparison of Different Defogging Algorithms for Misty Images in Real Scenes with Noise [(a) (b) (c) (e) (f): Results of defogging algorithm based on scattering model, including DCP, DDAP, ID, and OTM-ALL; (c) (d) (g) Results of dehazing algorithms based on deep learning networks, including DehazeNet, FFA, and FADUNet; (h) This article's algorithm; (i) Original image]

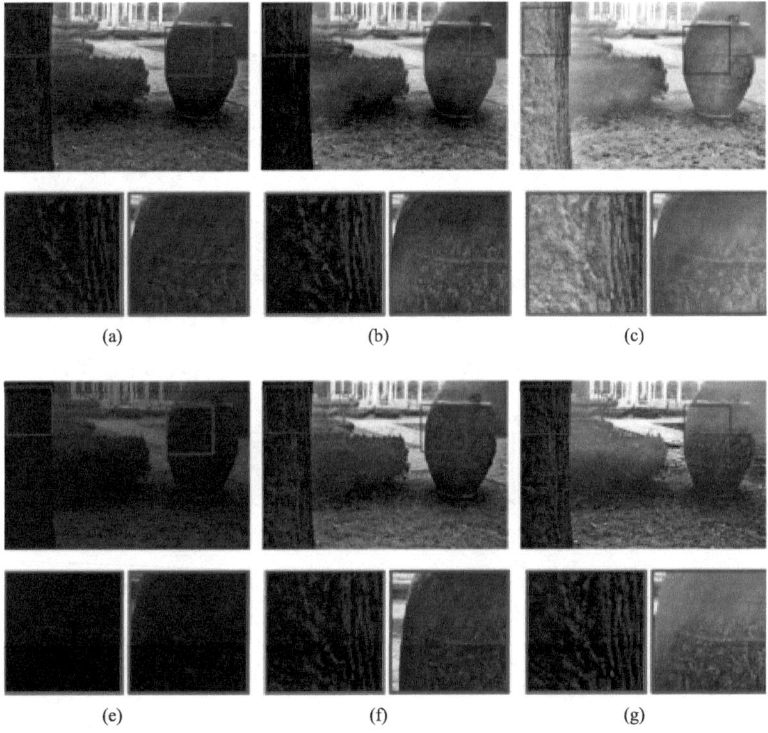

图 10.31　真实模糊合成图像的不同去模糊方法的比较[（a）-（f）包括 DCP、DDAP、IDE、MOF、OTM-ALL 和本文算法不同去雾方法的结果]

Fig10-31　Comparison of different deblurring methods for real blurred composite images [(a) - (f) Results of different dehazing methods including DCP, DDAP, IDE, MOF, OTM-ALL, and our algorithm]

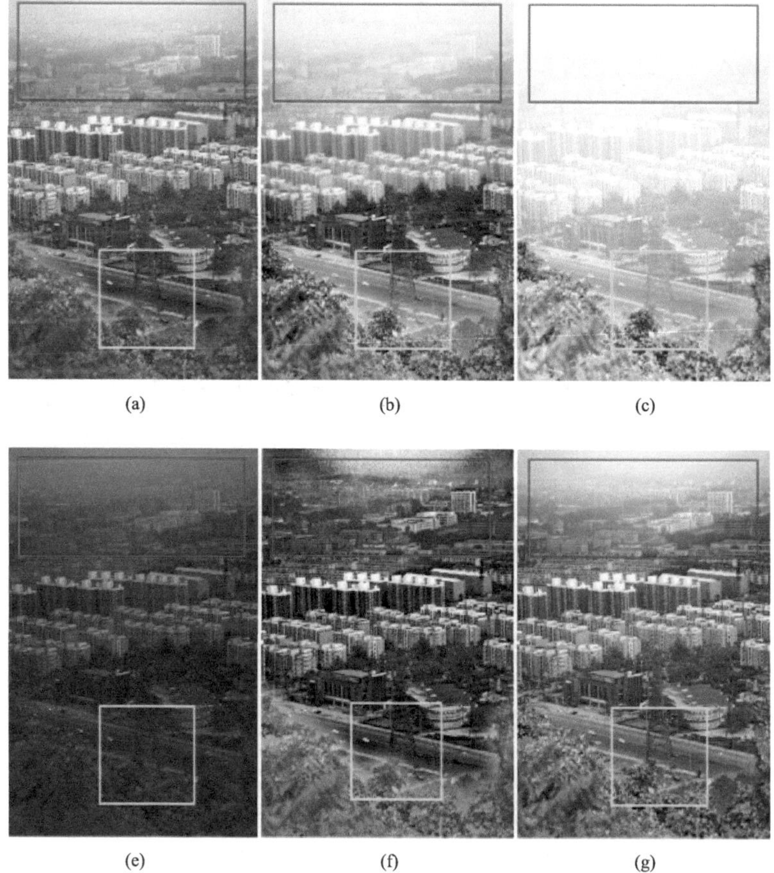

图 10.32　真实模糊有雾图像的不同去模糊方法的比较[（a）-（f）包括 DCP、DDAP、IDE、MOF、OTM-AAL和本文算法不同去雾方法的结果]

Fig10-32　Comparison of different deblurring methods for real blurred foggy images [(a) - (f) Results of different dehazing methods including DCP, DDAP, IDE, MOF, OTM-AAL, and our algorithm]

我们继续试验室外朦胧场景图像，并将我们的算法与DCP、DDAP、IDE、MOF和OTM-ALL进行比较，结果如图10.31和图10.32所示。可以看出，尽管所有六种方法都产生了令人满意的结果，但本文所提出的方法的结果更优越。在图10.31中，本文的算法不仅保留了树干弱光区域的细节，而且在远处区域也没有产生明显的失真。相比之下，其他几种算法很难兼顾以上两点。图10.32是浓雾场景的图像。与其他几种算法相比，本文算法在解决图像失真现象的同时，仍然实现了局部细节信息的保留和图像去雾。因此，从以上实验对比可以看出，本文所提算法在图像细节处理上可以达到更精细的效果，得到的图像更加逼真。

10.6.4 算法鲁棒性

为了验证大气光估计策略的鲁棒性，将不同程度的噪声人为地添加到朦胧的图像中以测试场景划分的效果。如图10.33所示，分别添加了$\mu=0.01$、$\mu=0.02$、$\mu=0.03$、$\mu=0.05$ 的高斯噪声。分别添加了$\sigma=5\%$，$\sigma=10\%$，$\sigma=15\%$，$\sigma=20\%$的椒盐噪声。将场景划分结果与无噪声场景分区图进行比较，我们的划分策略仍然表现良好。在相同的雾度浓度下，随着噪声水平的增加，算法对不同程度的噪声具有很强的鲁棒性。当高斯噪声$\mu>0.05$、椒盐噪声$\sigma>20\%$，分类性能有所下降，但这对于场景划分来说是可以接受的。

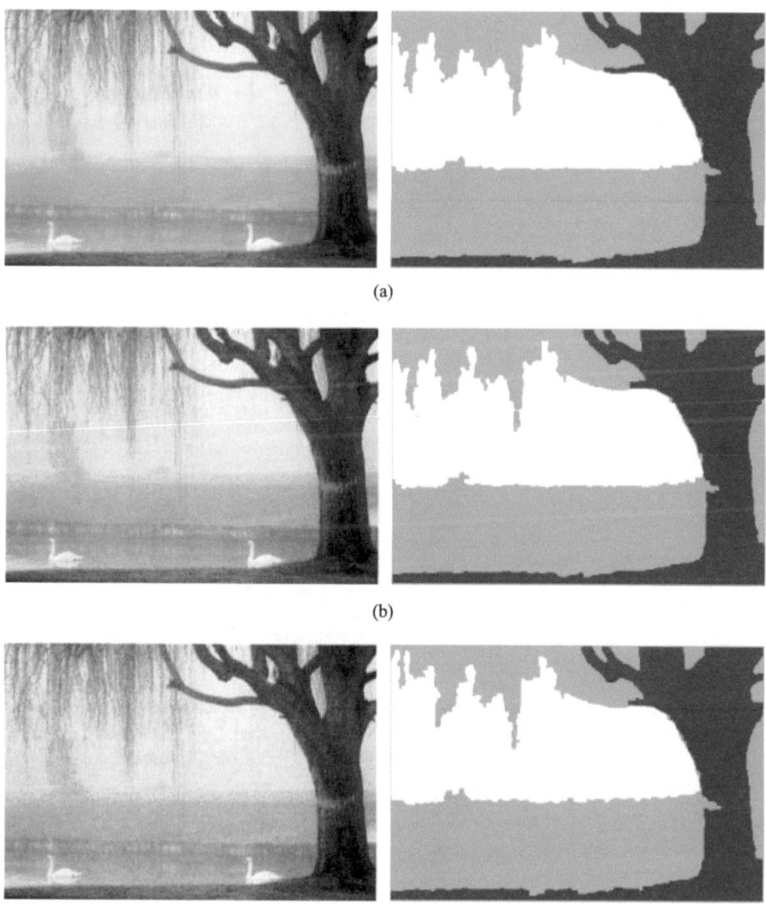

(a)

(b)

(c)

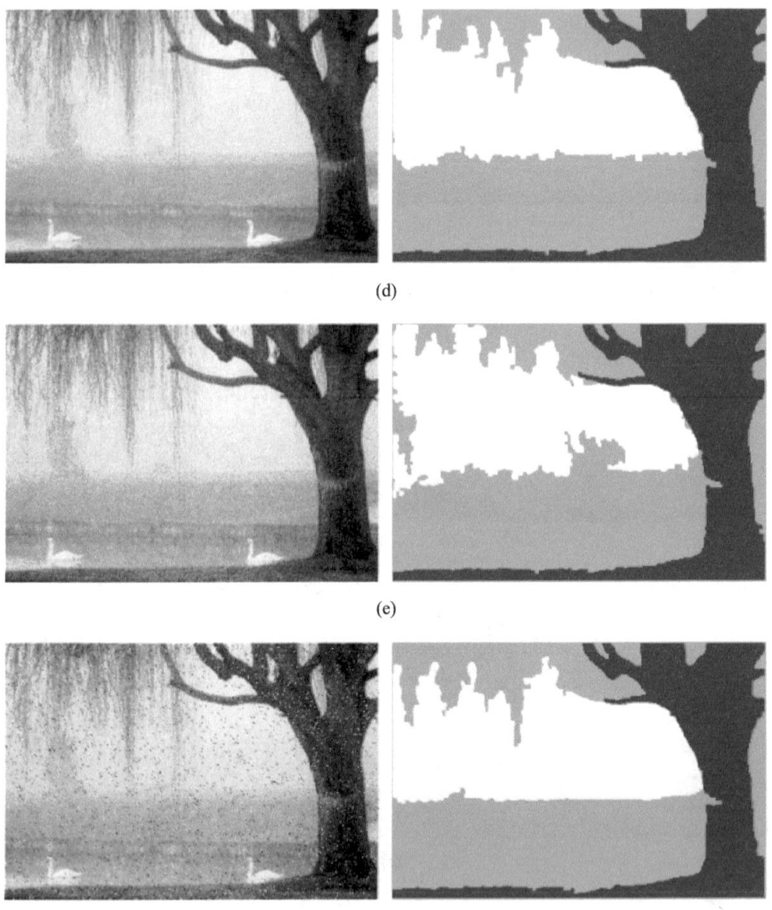

(d)

(e)

(f)

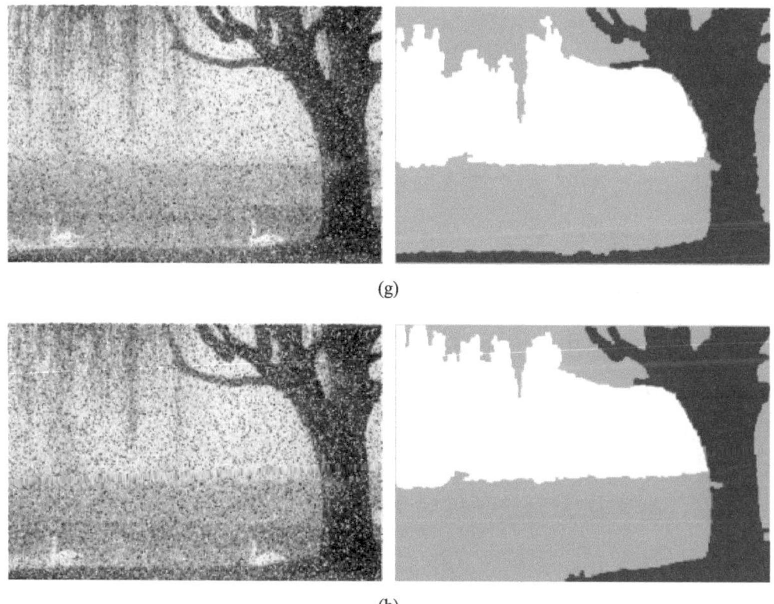

图 10.33　场景分割对不同级别和类型噪声的鲁棒性[左侧：模糊噪声图像；右侧：场 景分割结果。高斯噪声：(a) $\mu=0$ 和 $\sigma=0.01$；(b) $\mu=0$，$\sigma=0.02$；(c) $\mu=0$，$\sigma=0.03$；(d) $\mu=0$，$\sigma=0.05$；(e) $\mu=0$，$\sigma=0.06$；(f) 椒盐噪音 $\sigma=5\%$。(g) 椒盐噪声 $\sigma=15\%$；(h) 椒盐噪音 $\sigma=30\%$]

Fig10.33　The robustness of scene segmentation to different levels and types of noise [Left side: Blurred noise image; On the right: Scene segmentation results. Gaussian noise: (a) $\mu=0$ and $\sigma=0.01$; (b) $\mu=0$ $\sigma=0.02$; (c) $\mu=0$ $\sigma=0.03$; (d) $\mu=0$ $\sigma=0.05$; (e) $\mu=0$ $\sigma=0.06$; (f) Salt and pepper noise $\sigma=5\%$. (g) Salt and pepper noise $\sigma=15\%$; (h) Salt and pepper noise $\sigma=30\%$]

10.7 本章小结

本文针对单幅图像去雾技术展开研究，基于多先验约束与大气散射模型对图像去雾原理与实际应用方法进行深入探索研究。对于单幅图像的去雾流程如9–22所示，本文主要的工作内容及研究结果如下：

一，本文提出了一种基于大气散射模型的图像去雾算法。该算法有效地融合了像素尺度、局部尺度、非局部尺度和场景尺度去雾策略的优点，以克服单个先验条件的限制。

二，本文认为背景颜色对于图像的去雾过程有着重要影响。如何针对具有相同背景颜色的有雾图像像素点进行有效聚类，从而执行非局部先验去雾算法。为了解决该问题，本文设计了背景颜色分类模块。该模块利用神经网络将无监督的聚类问题转化为有监督的分类问题的具体过程，从而实现对单幅图像中具有相同背景颜色像素点的有效划分。

三，针对非局部先验问题，本文算法使用局部透射率最优评价指标来搜索局部透射率的最优值，并融合非局部策略的去雾过程，对透射率进行优化。此外，通过加权最小二乘滤波将局部和非局部策略获得的透射率结果进行融合，在保持图像结构和细节的情况下获得最佳透射率传输图。

四，由于各种大气光估计策略容易受到异常高亮度像素的影响，本文提出了一种全新的大气光估计方法。本文认为，有雾模糊图像中的大气光是全局恒定的假设并不总是成立。因此基于模糊C均值聚类对有雾模糊图像进行场景划分，计算高亮度场景的大气光值，通过设置线性衰减比例获得大气光图。最后，针对室外场景执行上述过程，而室内图片则仍视为全局大气光。本章通过全局操作的卷积运算对图片打分，设定阈值后区分室内室外场景，进而执行不同估计算法。

实验表明，在不同类型不同强度的噪声干扰下，本文算法对噪声具有较强的鲁棒性。在客观定量指标方面，优化的图像去雾算法优于大多数去雾算法。为了实现更好的除雾效率，将探索更好的解决方案。

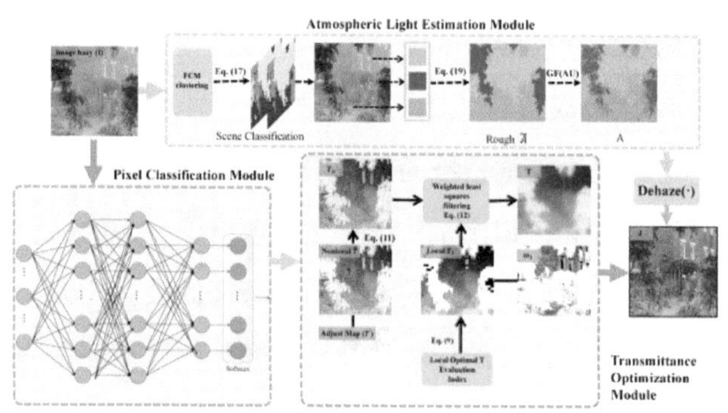

图 10.34　本章所提出的去雾算法流程图，GF（ ）为导向滤波操作，A=[A1,A2,A3]为大气光矩阵，U为聚类操作后的隶属矩阵

Fig10.34　The flowchart of the dehazing algorithm proposed in this chapter shows GF() as the guided filtering operation, A=[A1, A2, A3] as the atmospheric light matrix, and U as the membership matrix after clustering operation

11 总结与展望

11.1 工作总结

随着社会的发展和数字图像处理技术的进步，现实生活中对图像数据的应用也越来越广泛。而在采集或传输图像的过程中，一些不可避免的原因往往会对图像的质量造成负面影响。例如，在拍照时，一些不必要的图像遮挡；在传输过程中，由于网络导致的图像噪声或图像失真；艺术品或者老照片在保存过程中，由于不妥善的存储手段导致的图像损坏。为了在上述情况下仍然可以得到尽量准确或符合人眼习惯的图像，图像修复技术应运而生，成为了计算机视觉领域的热门研究方向之一。近几年基于学习的图像修复方法，相比于传统算法，取得了巨大的进展，但在具体研究中，如何增强深度模型对图像特征的表达能力，以提高图像修复结果在结构上的连续性和纹理颜色的连贯性，一直是该研究方向的关键。尤其是在大面积缺失图像和随机破损图像的修复中，如何保证修复质量，提高结果的视觉连通性和语义一致性，尤为重要。本书围绕现有图像修复中仍然存在的问题，针对图像中的大面积缺失和随机缺失，以求通过增强特征表征能力而提高修复性能。本书主要包含了以下工作内容：

1. 提出了一个基于加权相似集的人脸图像修复算法，将相似人脸图像作为先验信息引入到修复中，增强网络特征的表征能力，从而更准确地修复人脸图像。具体来说，人脸作为重要的身份识别信息，修复的准确性尤为重要。然而，当人脸图像包含大面积缺失时，由于缺少先验信息而难以修复。为了当大面积缺失下依旧能够生成接近原图的人脸信息，提出了一个加权相似人脸集，将相似人脸作为辅助信息，通过构建相似人脸与待修复人脸之间的关系增强网络的表达能力，从而得到更加准确的修复结果。

2. 提出了一种基于双注意力机制的多尺度图像修复算法，通过结合多尺度结构和注意力机制的方式提高网络表征能力，准确修复图像中不规则丢失区域。在该算法中设计了基于注意力机制的空间金字塔结构，选择性地突出特征在全局语义结构和局部空间特性上的重要内容。其中，从空间结构的角度分析和增强各个感受野下特征的表达能力，并从通道维度上提高多尺度特征在全局语义上的表征能力。除此之外，还提出了一个基于最大池化的掩码更新机制标记局部卷积操作下的有效区域和待修复区域，从而引导网络从缺失区域的边缘向中心逐步修复，从而得到更加准确的修复结果。

3.提出了一个基于空间相似度的多层增强图像修复算法，通过优化多层结构中层内和层间特征的表征能力提高其修复性能。其中，该算法通过设计多层并行金字塔结构融合不同尺度下的解码特征，将纹理细节嵌入到结构信息中。除此之外，在该多层并行结构中，为每一层设计了一个基于空间相似度的注意力机制，通过相似度加权后的特征块来修复缺失区域的信息提高修复结果的视觉连通性和纹理一致性。最后，这些多层特征被进一步地分析和融合，在准确修复的同时，能获得更清晰的纹理和更好的视觉质量。

4.提出了一个在图像内部空间和外部语义引导下的多元生成修复算法，通过引入图像级的辅助信息生成多样化的修复结果。具体来说，不同的人对于同一张缺失图像，由于其经验和背景的不同，往往会产生不同的解读。为了平衡修复结果的多样性和准确性，该算法包含了基于块匹配的自修复和参考信息下多样性生成两个阶段。基于块匹配的自修复阶段通过图像块匹配的方式在图像层面上建立已知区域和缺失区域之间的内在联系，并为缺失区域的修复引入纹理和细节。而在参考信息下的多样性生成阶段中，引入了不同的参考图像来实现多样性的生成。其中，修复特征在深层语义上与参考图像进行融合，从而引导网络在解码语义信息的过程中，生成具有多样性的结果。

5. 提出了一种名为MLA-Net的基于空间相似度的多层并行

增强修复算法。该算法通过建立层内特征块和多层特征之间的联系，采用多层并行金字塔重建结构（PRS）来解码和融合不同尺度的特征，将细节纹理嵌入到特征结构信息中。为了保证修复区域和已知区域的纹理连续性和视觉一致性，每个PRS层引入了基于空间相似性的注意力机制（SSA）。该算法在建筑物图像集、脸部图像集和自然图像集上进行了验证，并在视觉效果和内容准确性方面展现出了优越性。

6. 提出了一项创新性的图像修复算法，即图像内部空间信息和外部语义引导下的多元生成修复算法（DGI–Net）。该算法旨在满足不同人对图像的多样理解需求，通过两个关键阶段的精巧设计实现了图像修复的准确性和多样性。首先，基于块匹配的自修复阶段利用基于相似度的图像块匹配机制（SPMS），在图像层面上建立已知区域和缺失区域之间的内在联系，优化未知区域的细节信息，增强特征表征能力。其次，在参考信息下的多样性生成阶段引入同类型具有完整语义的图像作为实例图像，通过探索修复特征与参考信息之间的外部联系实现了修复结果的多样性。在这一阶段，自修复后特征和实例图像的语义信息被提取和融合，从而生成多样化的修复结果。

7. 提出了一种超分辨率修复器（SRInpaintor），该方法继承了超分辨率（SR）和Transformer的优点，构建了一个多阶段框架。该超分辨率修复器通过多尺度空间逐步理解受损图像，从低分辨率到高分辨率实现全局结构和局部纹理的推理，实现了由粗到细的结构不规则性修正和纹理细化。关键组成部分HieFormer被嵌入到紧凑的潜在空间中，以建模跨多个阶段的远程上下文和孔洞之间的长期关联。采用分层Transformer设计的跨尺度方式使得模型能够有针对性地改进和更新缺失区域的纹理。实验证明了所提出的组件的有效性，以及超分辨率修复器相对于最近的图像修复方法的卓越性能。

8.提出了一种基于生成多分支卷积神经网络（GMCNN）的图像修复算法，该算法主要由生成模型、判别模型和一个VGG19 网络组成，其损失函数结合了隐式多样化马尔可夫随机场（ID-MRF）损失、空间可变重建损失以及对抗损失。接着分析了该网络的结构和目标函数，并通过实验进行了测试对比，结果表明该算法对图像的结构和纹理的修复效果良好，可以产生具有结构适应性、纹理相似性和边界一致性的图像修复结果，并且不需要任何的后处理操作。

9. 提出了一种对于基于雾线先验的图像去雾算法进行改进的方法，根据原算法的不足之处，提出了改进思路。对原有雾线先验算法理论基础上进行学习和总结，并对国内外图像去雾技术进行归纳概括，接着根据NYU-Depth V2 图像数据集所给图像，严格按照大气散射模型逆推合成对应的有雾图像。针对Berman方法对于偏白光图像去雾后图像边缘处存在光晕现象和图像颜色对比度不强问题提出了改进思路。采用高斯滤波、Retinex算法和软抠图细化透射率对原有算法进行改进，在主观评价以及客观评价上改进后算法表现都比改进前有所提升。提出PSNR与SSIM的联合评价PCS，并在实验结果验证下得到论证PCS值越小时图像去雾效果最好。

10. 提出了一种基于大气散射模型的鲁棒、高效的图像去雾技术。该技术有效地克服了单一先验条件的限制，它由背景颜色分类模块、透射率估计模块和大气光估计模块组成。背景颜色估计模块中首先指明有雾图像的背景颜色对于图像去雾策略应用的影响。在指明这种差异性之后，本文基于散射模型在物理层面对其差异性产生的原因进行解释。针对该问题基于神经网络将无监督聚类问题转化为有监督的分类问题，并由二维动态规划思想确定训练集标签后，训练网络，从而确定单幅图像中的像素簇。透射率估计模块融合了多种去雾先验策略，并有效地优化了透射率估计和算法适用范围。首先基于信息熵等提出了局部透射率最优化评价指标，有效简化了问题规模。其次引入了加权最小二乘滤波，在估计透射率的同时有效地保留了图像中的细节信息与边缘信息。大气光估计模块使用模糊C均值聚类算法（FCM）与多次形态学重建来估计图像中不同场景的大气光。同时，提出了一种区分不同图像场景，进而执行不同估计策略的算法。与前面的工作不同，该模块中的大气光是非全局的，获得的是像素级大气光值矩阵。大量实验表明，所提出的去雾算法优于目前最先进的方法。

11.2 未来工作展望

深度学习是对数据进行表征学习的算法，它试图通过多个包含复杂结构或者非线性变换组成的处理层，从大量数据中学习出潜在的复杂的映射关系。近年来，深度学习作为机器学习的分支，在计算机视觉领域取得了突破性的进展。在图像修复网络中，神经网络可以对图像信息进行高度抽象，从而将图像中的缺失区域和未缺失区域联系起来，得到更好的修复结果。随着近年来图像修复算法的性能不断提升，它也被渐渐地应用到了各个领域中。因此，如何将图像修复技术扩展到视频或者其他领域中，是一个至关重要的问题。这里，结合图像修复算法的发展以及本书对图像修复的研究，对于未来的工作提出了以下几个方面的展望：

（1）将图像修复扩展到视频修复中。目前对比于基于学习的图像修复方法，基于学习的视频修复方法相对较少，并且仍然有可以改进的方面。视频修复与图像修复的不同在于，它不仅有视频帧内的空间信息，也包含了帧与帧之间的联系。众所周知，视频前后帧之间在内容上具有较大的关联性。如何有效利用前后帧中的联系来准确的修复视频，也是一个值得深入研究的内容。

（2）将修复算法与视频压缩相结合。根据上一点可知，视频中帧与帧之间存在着密不可分的联系，尤其是大多数前后帧之间，包含了大量的相似空间信息。

这也不可避免地使得视频在保存和传输过程中，存在庞大的冗余数据。因此，为了降低视频传输时对带宽的压力，修复算法的引入可以在视频编码之前，引导其丢弃掉一些缺失区域，并在解码端通过视频修复的方式，将这些信息补全出来。

（3）将图像修复算法应用到信息安全中。图像编辑和目标物体去除是图像修复算法的常见的应用之一。因此，图像修复算法也可以用于图像篡改和数字图像水印去除中。而基于生成对抗网络图像修复算法的判别器，在判断生成的图像和现实存在的图像上，有着强大的功能。因此，可以进一步地分析修复网络中判别器的参数信息，将其应用到信息安全中去检测被篡改或去除水印的图像。

参考文献

1. 张超.基于生成对抗网络的图像修复算法[D].上海：东华大学，2021.
2. 张君，常霞，王利娟.基于样本块的图像修复方法[J].科技视界，2019（33）.
3. 唐志文.浅析数字图像处理技术的研究现状及其发展方向[J].硅谷，2010（5）：30.
4. 陈奕瑾.文化传播与视觉传达设计的内在关系问题研究[J].今古文创，2020（41）：47–48.
5. 吴丹.全球每天传播30亿张图片，带动经济也暗藏危机[EB/OL]. https：//baijiahao.baidu.com/s?id=1701991602624744964&wfr=spider&for=pc
6. 弗若斯特沙利文. 沙利文联合头豹研究院发布《2021年中国计算机视觉市场报告》[EB/OL]. https：//www.163.com/dy/article/GSABIH6805387KQ6.html
7. Bertalmio M，Sapiro G，Caselles V，Ballester C. Image inpainting[C]. In Computer Graphics and Interactive Techniques，2000：417–424.

8. Goodfellow I, Pouget-Abadie J, Mirza M, et al. Generative adversarial nets[C]. In Neural Information Processing System, 2014: 2672–2680.
9. 朱为，李国辉，涂丹. 纹理合成技术在旧照片修补中的应用[J]. 计算机工程与应用, 2007, 43（28）: 220–222.
10. 梁龙，王凯. 壁画图像修复算法研究[J]. 计算机光盘软件与应用, 2013（7）: 114–114，116.
11. 赵晓亮，王艳阁. 虚拟现实的图像复原真实性优化仿真研究[J]. 计算机仿真, 2017, 34（4）: 440–443，447.
12. Chen K Y, Tsung P K, Lin P C. Hybrid motion/depth-oriented inpainting for virtual view synthesis in multiview applications[C]. In 3DTV-Conference: The True Vision – Capture, Transmission and Display of 3D Video, 2010: 1–4.
13. Criminisi A, Perez P, Toyama K. Object removal by exemplar-based inpainting[C]. In IEEE Conference on Computer Vision and Pattern Recognition, 2003: 721–728.
14. Criminisi A, Perez P, Toyama K. Region filling and object removal by exemplar-based image inpainting[J]. IEEE Transactions on Image Processing, 2004, 13（9）: 1200–1212.
15. Liu L, Cappelle C, Ruichek Y. Image-based place recognition using semantic segmentation and inpainting to remove dynamic

objects[C]. In International Conference on Image and Signal Processing，2020：262–270.

16. Yu L，Zhu D，He J. Semantic segmentation guided face inpainting based on SN–PatchGAN[C]. In International Congress on Image and Signal Processing，BioMedical Engineering and Informatics，2020：110–115.
17. Liu D，Sun X，Wu F. Image compression with edge–based inpainting[J]. IEEE Transactions on Circuits and Systems for Video Technology，2007，17（10）：1273–1287.
18. Xiong H，Xu Y，Zheng Y F，Chen C W. Priority belief propagation–based inpainting prediction with tensor voting projected structure in video compression[J]. IEEE Transactions on Circuits and Systems for Video Technology，2011，21（8）：1115–1129.
19. Zhang H，Dong Y，Fan Q. Wavelet frame based Poisson noise removal and image deblurring[J]. Signal Processing，2017：363–372.
20. Lin Z. A nonlocal means based adaptive denoising framework for mixed image noise removal[C]. In IEEE International Conference on Image Processing，Melbourne，VIC，2013：454–458.
21. Rakhshanfar M，Amer M A. Low–frequency image noise

removal using white noise filter[C]. In IEEE International Conference on Image Processing, Athens, 2018: 3948–3952.

22. Deng H, Zhu q, Song x. A nonlinear diffusion for salt and pepper noise removal[C]. In International Computer Conference on Wavelet Active Media Technology and Information Processing, Chengdu, 2016: 231–234.

23. 沈玲. 基于语义感知深度模型的图像修复方法研究[D]. 安徽：合肥工业大学，2020.

24. 张红英，彭启琮. 数字图像修复技术综述[J]. 中国图象图形学报，2007，12（1）: 1–10.

25. Chan T, Shen J. Mathematical models for local non–texture inpainting[J]. SIAM Journal on Applied Mathematis, 2002, 62: 1019–1043.

26. Chan T, Shen J. Non–texture inpainting by currature–driven diffusions（CDD）[J]. Journal of Visual Communication and Image Representation, 2001, 12（4）: 436–449.

27. Landi G. A truncated LaGrange method for total variation–based image restoration[J]. Journal of Mathematical Image&Vision, 2007, 28（2）: 113–123.

28. 张福美. Euler 弹性模型在图像修复中的应用[J]. 微计算机应用, 2009, 30（8）: 7–11.

29. Fush S M, Muller J. A higher order TV-type variational problem related to the denoising and inpainting of images[J]. Nonlinear Analysis Theory Methods and Applications, 2017, 154: 122-147.

30. 邵肖伟，刘政凯，宋璧. 一种基于TV模型的自适应图像修复方法[J]. 电路与系统学报，2004，9（2）：113-117.

31. 何仕文，刘琳，张永强，等. 改进TV-H-1模型的图像修复方法[J]. 哈尔滨工业大学学报，2016，48（2）：167-172.

32. Chan T F, Shen K J. Euler’s elastica and curvature-based inpainting[J]. Siam Journal on Applied Mathematics, 2003, 63（2）: 564-592.

33. Esedoglu S, Shen J. Digital inpainting based on the Mumford-Shah-Euler image model[J]. European Journal of Applied Mathematics, 2002.13（4）: 353-370.

34. Tsai A, Yezzi A, Willsky A S. Curve evolution implementation of the Mumford-Shah functional for image segmentation, denoising, interpolation, and magnification[J]. IEEE Transactions on Image Processing, 2001.10（8）: 1169-1186

35. Barnes C, Shechman E, Finkelstein S, Goldman D B. Patchmatch: a randomized correspondence algorithm for structural image editing[J]. ACM Transactions on Graphics,

2009, 28（3）.

36. Efros A, Freeman W T. Image quilting for texture synthesis and transfer[C]. In Computer Graphics and Interactive Techniques. 2001: 341–346.

37. Guo B, Xu Y Q. Chaos Mosaic: Fast and memory efficient texture synthesis[R]. Technical Report MSR–TR–2000–32, 2000.

38. 桂要生，邹孝，肖盛，等. 一种改进的基于纹理合成的数字图像修复方法[J]. 计算机与数字工程，2015（9）: 1651-1654

39. 刘华明，毕学慧，叶中付，等. 样本块搜索和优先权填充的弧形推进图像修复[J]. 中国图象图形学报，2016，21（08）: 993–1003.

40. Qin C, Wang S Z, Zhang X P. Simultaneous inpainting for image structure and texture using anisotropic heat transfer model[J]. Multimedia Tools and Applications, 2012, 56（3）: 469–483.

41. Li S T, Zhao M. Image inpainting with salient structure completion and texture propagation[J]. Pattern Recognition Letters, 2011, 32（9）: 1256–1266.

42. Cai J F, Chan R H, Shen Z W. Simultaneous cartoon and texture inpainting[J]. Inverse Problems and Imaging, 2010, 4（3）: 379–395.

43. Bertalmio M，Vese L，Sapiro G，et al. Simultaneous structure and texture image inpainting[J]. IEEE Transactions on Image Processing，2003，12（8）：882–889.

44. Efros A and Leung T. Texture synthesis by non–parametric sampling in computer vision[C]. In IEEE International Conference on Computer Vision，1999：1033–1038.

45. 高成英，徐仙儿，罗燕媚，等. 基于稀疏表示的物体图像修复[J]. 计算机学报，2019，42（9）：1953–1965.

46. 甘玲，赵福超，杨梦. 一种自适应组稀疏表示的图像修复方法[J]. 计算机科学，2018，45（8）：272–276.

47. 史金钢，齐春. 一种双约束稀疏模型图像修复算法[J]. 西安交通大学学报，2012，46（2）：6.

48. 祝孔儒. 基于稀疏表示的图像修复算法研究[J]. 机械设计与制造工程，2017，46（7）：94–96.

49. Fadili J M，Starck J L. EM algorithm for sparse representation–based image inpainting[C]. In IEEE International Conference on Image Processing，2005.

50. Whyte O，Sivic J，Zisserman A. Get out of my picture! Internet–based inpainting[C]. In British Machine Vision Conference，2009：116.1–116.11.

51. Hays J，Efros A A. Scene completion using millions of

photographs[J]. ACM Transactions on Graphics, 2007, 26 (3): 4.

52. Wang Q, Wang Z, Chang C S, et al. Multilayer image inpainting approach based on neural networks[C]. In International Conference on Natural Computation, 2009: 459–462.

53. Alilou V K, Yaghmaee F. Application of GRNN neural network in non–texture image inpainting and restoration[J]. Pattern Recognition Letters, 2015, 62: 24–31.

54. 贺文熙，叶坤涛. 基于 BP 神经网络的数字图像修复[J]. 江西理工大学学报, 2014, 35 (01): 65–69.

55. He K, Chen X, Xie S, Li Y, Dollar P, Girshick R. Masked autoencoders are scalable vision learners. In IEEE Conference on Computer Vision and Pattern Recognition, 2021: 16000–16009.

56. Cai X, Song B. Semantic object removal with convolutional neural network feature–based inpainting approach[J]. Multimedia Systems, 2018, 24 (5): 597–609.

57. Xiang P, Wang L, Cheng J, et al. A deep network architecture for image inpainting[C]. In IEEE International Conference on Computer and Communications, 2017: 1851–1856.

58. Xie J, Xu L, Chen E. Image denoising and inpainting with deep neural networks[C]. In Neural Information Processing Systems,

2012: 341–349.

59. Wen P, Wu X, Wu C. An interactive image inpainting method based on RBF networks[C]. In the Third International Conference on Advnaces in Neural Networks - Volume Part II, 2006: 629–637.

60. Kohler R, Schuler C, Schlkopf B, Harmeling S. Mask–specific inpainting with deep neural networks[J], Pattern Recognition, 2014: 523–534.

61. Mehdi M, Simon O. Conditional generative adversarial nets[J]. arXiv preprint arXiv: 1411.1784v1, 2014.

62. Michelucci U. An introduction to autoencoders[J]. arXiv preprint arXiv: 2201.03898, 2022.

63. Pathak D, Krahenbuhl P, Donahue J, Darrell T, Efros A. Context encoders: feature learning by inpainting[C]. In IEEE Conference on Computer Vision and Pattern Recognition. 2016: 2536–2544.

64. Iizuka S, Simo–Serra E, Ishikawa H. Globally and locally consistent image completion[J]. ACM Transactions on Graphics, 2017: 1–14.

65. Liu G, Reda F A, Shih K J, Wang T, Tao A, Catanzaro B. Image inpainting for irregular holes using partial convolutions[C].

In European Conference on Computer Vision, 2018: 85–100.

66. Yeh R A, Chen C, Lim T Y. Semantic image inpainting with deep generative models[C]. In IEEE Conference on Computer Vision and Pattern Recognition, 2017: 6882–6890.

67. Yu T, Guo Z, Jin X, Wu S, Chen Z. Region normalization for image inpainting[C]. In Association for the Advance of Artificial Intelligence, 2020: 12733–12740.

68. Wang Y, Tao X, Qi X, Shen X, Jia J. Image inpainting via generative multi–column convolutional neural networks[C]. In Neural Information Processing System, 2018: 331–340.

69. Liu H, Jiang B, Song Y, Huang W, Yang C. Rethinking image inpainting via a mutual encoderdecoder with feature equalizations[C]. In European Conference on Computer Vision, 2020.

70. Xu S, Liu D, Xiong Z. E2I: generative inpainting from edge to image[J]. IEEE Transactions on Circuits and Systems for Video Technology, 2020, 31 (4): 1308–1322.

71. Yu J, Lin Z, Yang J, Shen X, Lu X, Huang T. Free–form image inpainting with gated convolution[C]. In IEEE International Conference on Computer Vision, 2019: 4470–4479.

72. Nazeri K, Ng E, Joseph T, Qureshi F, Ebrahimi M.

EdgeConnect: generative image inpainting with adversarial edge learning[C]. In IEEE International Conference on Computer Vision, 2019.

73. Zeng Y, Fu J, Chao H, Guo B. Learning pyramid-context encoder network for high-quality image inpainting[C]. In IEEE Conference on Computer Vision and Pattern Recognition, 2019: 1486–1494.

74. Wang N, Ma S, Li J, Zhang Y, Zhang L. Multistage attention network for image inpainting[J]. Pattern Recognition, 2020, 106: 107448.

75. Yang C, Lu X, Lin Z, Shechtman E, Wang O, Li H. High-resolution image inpainting using multi-scale neural patch synthesis[C]. In IEEE Conference on Computer Vision and Pattern Recognition, 2017: 6721–6729.

76. Yu J, Lin Z, Yang J, Shen X, Lu X, Huang T S. Generative image inpainting with contextual attention[C]. In IEEE Conference on Computer Vision and Pattern Recognition, 2018: 5505–5514.

77. Zhao S, Cui J, Sheng Y, Dong Y, Liang X, Chang E I, Xu Y. Large scale image completion via CO-MODulated generative adversarial networks[C]. In International Conference on Learning

Representations, 2021.

78. Zheng C, Cham T, Cai J. Pluralistic image completion[C], In IEEE Conference on Computer Vision and Pattern, 2019: 1438–1447.

79. Zhao L, Mo Q, Lin S, Wang Z, Zuo Z, Chen H. UCTGAN: diverse image inpainting based on unsupervised cross-space translation[C]. In IEEE Conference on Computer Vision and Pattern Recognition, 2020: 5740–5749.

80. Han X, Wu Z, Huang W, Scott M, Davis L. FiNet: compatible and diverse fashion image inpainting[C]. In IEEE International Conference on Computer Vision, 2019: 4481–4491.

81. Liu H, Wan Z, Huang W, Song Y, Han X, Liao J. PD-GAN: probabilistic diverse GAN for image inpainting[C]. In IEEE Conference on Computer Vision and Pattern Recognition, 2021: 9367–9376.

82. Peng J, Liu D, Xu S, Li H. Generating diverse structure for image inpainting with hierarchical VQ-VAE[C]. In IEEE Conference on Computer Vision and Pattern Recognition, 2021: 10775–10784.

83. Wan Z, Zhang J, Chen D, Liao J. High-fidelity pluralistic image completion with transformers[C]. In IEEE International

Conference on Computer Vision, 2021: 4672–4681.

84. Zhou B, Lapedriza A, Khosla A, Oliva A, Torralba A. Places: a 10 million image database for scene recognition[J]. IEEE Transactions on Pattern Analysis & Machine Intelligence, 2018, 40 (6): 1452–1464.

85. Liu Z, Luo P, Wang X, Tang X. Deep learning face attributes in the wild[C]. In IEEE International Conference on Computer Vision, 2015: 3730–3738.

86. Tero K, Timo A, Timo L, Jaakko L. Progressive growing of gans for improved quality, stability, and variation[C]. In International Conference on Learning Representations, 2018: 1–26.

87. Karras T, Laine S, Aila T. A style-based generator architecture for generative adversarial networks[C]. In IEEE Conference on Computer Vision and Pattern Recognition, 2019: 4396–4405.

88. Choi Y, Uh Y, Yoo J. StarGAN v2: diverse image synthesis for multiple domains[C]. In IEEE Conference on Computer Vision and Pattern Recognition, 2020: 8185–8194.

89. Doersch C, Singh S, Gupta A, Sivic J, Efros A A. What makes paris look like paris?[J]. ACM Transactions on Graphics, 2012, 58 (12): 103–110.

90. Wang Z, Bovik A C, Sheikh H R, Simoncelli E P. Image quality assessment: from error visibility to structural similarity[J]. IEEE Transactions on Image Process, 2004: 600–612.

91. Heusel M, RaMSAUer H, Unterthiner T, Nessler B, Hochreiter S. GANs trained by a two timescale update rule converge to a local Nash equilibrium[C]. In Neural Information Processing Systems, 2017.

92. Zhang R, Isola P, Efros A A, Shechtman E, Wang O. The unreasonable effectiveness of deep features as a perocptual metric[C]. In IEEE Conference on Computer Vision and Pattern Recognition, 2018: 586–595.

93. Szegedy C, Vanhoucke V, Ioffe S, Shlens J, Wojna Z. Rethinking the inception architecture for computer vision[C]. In IEEE Conference on Computer Vision and Pattern Recognition, 2016: 2818–2826.

94. Barnes C, Shechtman E, Finkelstein A, Goldman D B. Patchmatch: a randomized correspondence algorithm for structural image editing[J], ACM Transactions on Graphics, 2009, 28 (3): 1–11.

95. Levin A, Zomet A, Peleg S, Weiss Y. Seamless image stitching in the gradient domain[C], In European Conference on Computer

Vision, 2004: 377–389.

96. Criminisi A, Perez P, Toyama K. Object removal by examplar-based inpainting[C], In IEEE Computer Society Conference on Computer Vision and Pattern Recognition, 2003: 721–728.

97. Zhang H, Dong Y, Fan Q. Wavelet frame based poisson noise removal and image deblurring[J]. Signal Process, 2005: 363–372.

98. Criminisi A, Perez P, Toyama K. Region filling and object removal by exemplar-based image inpainting[J]. IEEE Transactions on Image Processing, 2004, 13 (9): 1200–1212.

99. Chang R, Sie Y, Chou S, Shih T K. Photo defect detection for image inpainting[C]. In IEEE International Symposium on Multimedia, 2005: 403–407.

100. Rahim R, Afriliansyah T, Winata H, et al. Research of face recognition with fisher linear discriminant[C]. In IOP Conference Series Materials Science and Engineering, 2018, 300 (1): 1532–1546.

101. Luo J, Person-specific sift features for face recognition[C]. In IEEE International Conference on Acoustics, Speech and Signal Processing, 2007: II–593–II–596.

102. Deng W, Hu J, Lu J. Transform-Invariant PCA: a unified

approach to fully automatic face alignment, representation, and recognition[J]. IEEE Transactions on Pattern Analysis and Machine Intelligence, 2014, 36（6）: 1275–1284.

103. Blanz V, Vetter T. Face recognition based on fitting a 3D morphable model[J]. IEEE Transactions on Pattern Analysis and Machine Intelligence, 2003, 25（9）: 1063–1074.

104. Zhou X, Jin K, Xu M, Guo G. Learning deep compact similarity metric for kinship verification from face images[J]. Information Fusion, 2019, 48: 84–94.

105. Mahpod S, Keller Y. Kinship verification using multi-view hybrid distance learning[J]. Computer Vision and Image Understanding, 2018: 28–36.

106. Liu H, Cheng J, Wang F. Kinship verification based on status-aware projection learning[C]. In IEEE International Conference on Image Processing, 2017: 1072–1076.

107. Xu B, Wang N, Chen T, Li M. Empirical evaluation of rectified activations in convolutional network[J]. arXiv preprint arXiv: 1505.00853, 2015.

108. Glorot X, Bordes A, Bengio Y. Deep sparse rectifier neural networks[J]. Journal of Machine Learning Research, 2010, 15: 315–323.

109. Guo Z, Zhang L, Zhang D. Hierarchical multiscale LBP for face and palmprint cognition[C]. In IEEE International Conference on Image Processing, 2010: 4521–4524.

110. Li C, Wei W, Li J. A cloud-based monitoring system via face recognition using gabor and CS-LBP features[J]. The Journal of Supercomputing, 2017, 73 (4): 1532–1546.

111. Nazari A, Shouraki S B. A constructive genetic algorithm for LBP in face recognition[C]. In International Conference on Pattern Recognition & Image Analysis 2017: 182–188.

112. Olivares-Mercado J, Toscano-Medina K, Sanchez-Perez G. Face recognition system for smartphone based on LBP[C]. In International Workshop on Biometrics & Forensics, 2017: 1–6.

113. Guo Z, Zhang L, Zhang D. Hierarchical multiscale LBP for face and palmprint recognition[C]. In IEEE International Conference on Image Processing, 2010: 4521–4524.

114. Huang G, Mattar M, Honglak L, Learned-miller E G. Learning to align from scratch[C]. In Neural Information Processing Systems, 2012.

115. Amos B, Ludwiczuk B, Satyanarayanan M. OpenFace: a general-purpose face recognition library with mobile applications[R]. Technical Report, CMU-CS-16-118, CMU

School of Computer Science, 2016.

116. Guo Z, Chen Z, Yu T, Chen J, Liu S. Progressive image inpainting with full-resolution residual network[C]. In ACM International Conference on Multimedia, 2019: 2496–2504.

117. Chen L, Zhang H, Xiao J. SCA-CNN: spatial and channel-wise attention in convolutional networks for image captioning[C]. In IEEE Conference on Computer Vision and Pattern Recognition, 2017: 6298–6306.

118. Xu K, Ba J, Kiros R, Cho K, Courville A, Salakhutdinov R, Zemel R S. Show, attend and tell: neural image caption generation with visual attention[C]. In International Conference on Machine Learning, 2015, 37: 2048–2057.

119. Woo S, Park J, Lee J Y. CBAM: convolutional block attention module[C]. In European Conference on Computer Vision, 2018: 3–19.

120. Zhu Y, Groth O, Bernstein M, Li F. Visual7w: grounded question answering in images[C]. In IEEE Conference on Computer Vision and Pattern Recognition, 2016: 4995–5004.

121. Hu J, Shen L, Albanie S. Squeeze-and-excitation networks[J]. IEEE Trans Pattern Anal Mach Intell, 2020, 42 (8): 2011–2023.

122. 伍邦谷，张苏林，石红，等. 基于多分支结构的不确定性局部通道注意力机制[J]. 电子学报，2022，50（2）：9.

123. Uhrig J，Schneider N，Schneider L. Sparsity invariant CNNs[C]. In International Conference on 3D Vision，2017：11–20.

124. Gatys L A，Ecker A S，Bethge M. A neural algorithm of artistic style[J]. arXiv preprint arXiv：1508.06576，2015.

125. Lim B，Son S，Kim H，Nah S，Lee K M. Enhanced deep residual networks for single image super-resolution[C]. In IEEE Conference on Computer Vision and Pattern Recognition，2017：1132–1140.

126. Deng J，Dong W，Socher R. ImageNet：a large-scale hierarchical image database[C]. In IEEE Conference on Computer Vision and Pattern Recognition，2009：248–255.

127. Zhou B，Khosla A，Lapedriza A，Oliva A，Torralba A. Learning deep features for discriminative localization[C]. In IEEE Conference on Computer Vision and Pattern Recognition，2016：2921–2929.

128. Kingma D P，Ba J L. Adam：a method for stochastic optimization[C]. In International Conference on Learning Representations，2015.

129. Hong X，Xiong P，Ji R，Fan H. Deep fusion network for image

completion[C]. In ACM International Conference on Multimedia, 2019: 2033–2042.

130. Li J, Wang N, Zhang L, Du B, Tao D. Recurrent feature reasoning for image inpainting[C]. In IEEE Conference on Computer Vision and Pattern Recognition, 2020: 7757–7765.

131. Kumar V, Mukherjee J, Mandal S K D. Image inpainting through metric labeling via guided patch mixing[J]. IEEE Transaction on Image Process, 2016, 25: 5212–5226.

132. Liu H, Jiang B, Xiao Y. Coherent semantic attention for image inpainting[C]. In IEEE International Conference on Computer Vision, 2019: 4169–4178.

133. Kingma D P, Welling M. Auto-encoding variational bayes[J], arXiv preprint arXiv: 1312.6114, 2013.

134. Zheng C, Cham T, Cai J. Pluralistic free-from image completion[J]. International Journal of Computer Vision, 2021: 1–20.

135. Zhang H, Goodfellow I, Metaxas D, Odena A. Self-attention generative adversarial networks[J]. arXiv preprint arXiv: 1805.08318, 2018.

136. A. Criminisi, P. Pérez, and K. Toyama, “Region filling and object removal by exemplar-based image inpainting,” IEEE Trans.

Image Process., vol. 13, no. 9, pp. 1200–1212, Sep. 2004.

137. R. Shetty, M. Fritz, and B. Schiele, “Adversarial scene editing: Automatic object removal from weak supervision,” in Proc. Adv. Neural Inf. Process. Syst., 2018, pp. 7717–7727.

138. D. Simakov, Y. Caspi, E. Shechtman, and M. Irani, “Summarizing visual data using bidirectional similarity,” in Proc. IEEE/CVF Conf. Comput. Vis. Pattern Recognit., 2018, pp. 1–8.

139. Y. Matsushita, E. Ofek and W. Ge, X. Tang, and H.–Y. Shum, “Full–frame video stabilization with motion inpainting,” IEEE Trans. Pattern Anal. Mach. Intell., vol. 28, no. 7, pp. 1150–1163, Jul. 2006.

140. E. Park, J. Yang, E. Yumer, D. Ceylan, and A. C. Berg, “Transformation grounded image generation network for novel 3D view synthesis,” in Proc. IEEE/CVF Conf. Comput. Vis. Pattern Recognit., 2017, pp. 702–711.

141. C. Barnes, E. Shechtman, A. Finkelstein, and D. B. Goldman, “Patch match: A randomized correspondence algorithm for structural image editing,” in Proc. ACM SIGGRAPH, 2009, pp. 1–11.

142. D. Gilton, G. Ongie, and R. Willett, “Neumann networks for linear inverse problems in imaging,” IEEE Trans. Comput. Imag.,

vol. 6, pp. 328–343, 2020, doi: 10.1109/TCI.2019.2948732.

143. C. Ballester, M. Bertalmio, V. Caselles, G. Sapiro, and J. Verdera, "Filling in by joint interpolation of vector felds and gray levels," IEEE Trans. Image Process., vol. 10, no. 8, pp. 1200–1211, Aug. 2001.

144. M. Bertalmio, G. Sapiro, V. Caselles, and C. Ballester, "Image inpainting," in Proc. 27th Annu. Conf. Comput. Graph. Interactive Techn., 2000, pp. 417–424.

145. A. Levin, A. Zomet, and Y. Weiss, "Learning how to inpaint from global image statistics," in Proc. IEEE/CVF Int. Conf. Comput. Vis., 2003, pp. 305–312.

146. K. He and J. Sun, "Image completion approaches using the statistics of similar patches," IEEE Trans. Pattern Anal. Mach. Intell., vol. 36, no. 12, pp. 2423–2435, Dec. 2014.

147. Z. Xu and J. Sun, "Image inpainting by patch propagation using patch sparsity," IEEE Trans. Image Process., vol. 19, no. 5, pp. 1153–1165, May 2010.

148. D. Pathak, P. Krahenbuhl, J. Donahue, T. Darrell, and A. A. Efros, "Context encoders: Feature learning by inpainting," in Proc. IEEE/CVF Conf. Comput. Vis. Pattern Recognit., 2016, pp. 2536–2544.

149. S. Iizuka, E. Simo–Serra, and H. Ishikawa, "Globally and locally consistent image completion," ACM Trans. Graph., vol. 36, no. 4, pp. 107:1–107:14, 2017.

150. G. Liu, F. A. Reda, K. J. Shih, T. C. Wang, A. Tao, and B. Catanzaro, "Image inpainting for irregular holes using partial convolutions," in Proc. Eur. Conf. Comput. Vis., 2018, pp. 89–105.

151. J. Yu, Z. Lin, J. Yang, X. Shen, X. Lu, and T.–S. Huang, "Generative image inpainting with contextual attention," in Proc. IEEE/CVF Conf. Comput. Vis. Pattern Recognit., 2018, pp. 5505–5514.

152. J. Yu, Z. Lin, J. Yang, X. Shen, X. Lu, and T.–S. Huang, "Free–form image inpainting with gated convolution," in Proc. IEEE/CVF Int. Conf. Comput. Vis., 2019, pp. 4470–4479.

153. Y. Ma, X. Liu, S. Bai, L. Wang, D. He, and A. Liu, "Coarse–to–fine image inpainting via region–wise convolutions and non–local correlation," in Proc. Int. Joint Conf. Art. Intell., 2019, pp. 3123–3129.

154. [J. Qin, H. Bai, and Y. Zhao, "Multi–scale attention network for image inpainting," Comput. Vis. Image Und., vol. 24, no. 8, pp. 1–12, 2020.

155. T. Yu et al., “Region normalization for image inpainting,” in Proc. Assoc. Advan. Artif. Intell., 2020, pp. 12733–12740.

156. O. Ronneberger, P. Fischer, and T. Brox, “U–net: Convolutional networks for biomedical image segmentation,” in Proc. Int. Conf. Med. Image Comput. Computer–Assisted Interv., 2015, pp. 234–241.

157. I. J. Goodfellow et al., “Generative adversarial nets,” in Proc. Adv. Neural Inf. Process. Syst., 2014, pp. 2672–2680.

158. C. Yang, X. Lu, Z. Lin, E. Shechtman, O. Wang, and H. Li, “High resolution image inpainting using multi–scale neural patch synthesis,” in Proc. IEEE/CVF Conf. Comput. Vis. Pattern Recognit., 2017, pp. 4076– 4084.

159. C. Yang, X. Lu, Z. Lin, E. Shechtman, O. Wang, and H. Li, “Shift–net: Image inpainting via deep feature rearrangement,” in Proc. Eur. Conf. Comput. Vis., 2018, pp. 3–19.

160. C. Xie et al., “Image inpainting with learnable bidirectional attention maps,” in Proc. IEEE/CVF Int. Conf. Comput. Vis., 2019, pp. 8857–8866.

161. Z. Guo, Z. Chen, T. Yu, J. Chen, and S. Liu, “Progressive image inpainting with full–resolution residual network,” in Proc. ACM Multimedia, 2019, pp. 2496–2504.

162. K. Nazeri, E. Ng, T. Joseph, F. Qureshi, and M. Ebrahimi, "Edgeconnect: Structure guided image inpainting using edge prediction," inProc. IEEE/CVF Int. Conf. Comput. Vis. Workshop, 2019, pp. 3265–3274.
163. Y. Zeng, J. Fu, H. Chao, and B. Guo, "Learning pyramid–context encoder network for high–quality image inpainting," in Proc. IEEE/CVF Int. Conf. Comput. Vis., 2019, pp. 1486–1494.
164. G. Zhai, X. Yang, W. Lin, and W. Zhang, "Bayesian error concealment with DCT pyramid for images," IEEE Trans. Circuits Syst. Video Tech., vol. 20, no. 9, pp. 1224–1232, Sep. 2010.
165. F. Yang, H. Yang, J. Fu, H. Lu, and B. Guo, "Learning texture transformer network for image super–resolution," in Proc. IEEE/CVF Conf. Comput. Vis. Pattern Recognit., 2020, pp. 5791–5800.
166. Y. Zeng, J. Fu, and H. Chao, "Learning joint spatial–temporal transformations for video inpainting," in Proc. Eur. Conf. Comput. Vis., 2020, pp. 528–543.
167. M. Bertalmio, L. Vese, G. Sapiro, and S. Osher, "Simultaneous structure and texture image inpainting," IEEE Trans. Image Process., vol. 12, no. 8, pp. 882–889, Aug. 2003.

168. S. Darabi, E. Shechtman, C. Barnes, D. B. Goldman, and P. Sen, "Image melding: Combining inconsistent images using patch-based synthesis," ACM Trans. Graph., vol. 31, no. 4, pp. 1–10, 2012.

169. J.-B. Huang, S. B. Kang, N. Ahuja, and J. Kopf, "Image completion using planar structure guidance," ACM Trans. Graph., vol. 33, no. 4, pp. 1–10, 2014.

170. D. Jin and X. Bai, "Patch-sparsity-based image inpainting through a facet deduced directional derivative," IEEE Trans. Circuits Syst. Video Technol., vol. 29, no. 5, pp. 1310–1324, May 2019.

171. J. Zhou and C. Kwan, "High performance image completion using sparsity based algorithms," in Proc. Int. Soc. Opt. Eng. 10669, Comput. Imag. III, 2018, pp. 1–16.

172. J. Zhou, B. Ayhan, C. Kwan, and T. Tran, " ATR performance improvement using images with corrupted or missing pixels," in Proc. Int. Soc. Opt. Eng. 10649, Pattern Recognit. Tracking XXIX, 2018, pp. 1–10.

173. J. Liu, S. Yang, Y. Fang, and Z. Guo, "Structure-guided image inpainting using homography transformation," IEEE Trans. Multimedia, vol. 20, no. 12, pp. 3252–3265, Dec. 2018.

174. Y. Song et al., “Contextual–based image inpainting: Infer, match, and translate,” in Proc. Eur. Conf. Comput. Vis., 2018, pp. 3–18.
175. M. Sagong, Y. Shin, S. Kim, S. Park, and S. Ko, “PEPSI: Fast image inpainting with parallel decoding network,” in Proc. IEEE/CVF Conf. Comput. Vis. Pattern Recognit., 2019, pp. 11360–11368.
176. H. Liu, B. Jiang, Y. Xiao, and C. Yang, “Coherent semantic attention for image inpainting,” in Proc. IEEE/CVF Int. Conf. Comput. Vis., 2019, pp. 4169–4178.
177. Y. Ren, X. Yu, R. Zhang, Thomas H. Li, S. Liu, and G. Li, “Structureflow: Image inpainting via structure–aware appearance flow,” in Proc. IEEE/CVF Int. Conf. Comput. Vis., 2019, pp. 181–190.
178. J. Yang, Z. Qi, and Y. Shi, “Learning to incorporate structure knowledge for image inpainting,” in Proc. Assoc. Advan. Artif. Intell., 2020, pp. 12605– 12612.
179. H. Liu, B. Jiang, Y. Song, W. Huang, and C. Yang, “Rethinking image inpainting via a mutual encoder–decoder with feature equalizations,” in Proc. Eur. Conf. Comput. Vis., 2020, pp. 725–741.
180. C. Zheng, T.–J. Cham, and J. Cai, “Pluralistic image

completion," in Proc. IEEE/CVF Conf. Comput. Vis. Pattern Recognit., 2019, pp. 1438–1447.

181. J. Peng, D. Liu, S. Xu, and H. Li, "Generating diverse structure for image inpainting with hierarchical VQ-VAE," in Proc. IEEE/CVF Conf. Comput. Vis. Pattern Recognit., 2021, pp. 10775–10784.

182. K. Sohn, H. Lee, and X. Yan, "Learning structured output representation using deep conditional generative models," in Proc. Assoc. Advan. Artif. Intell., 2015, pp. 3483–3491.

183. W.-S. Lai, J.-B. Huang, N. Ahuja, and M.-H. Yang, "Deep laplacian pyramid networks for fast and accurate super-resolution," in Proc. IEEE/CVF Conf. Comput. Vis. Pattern Recognit., 2017, pp. 624–632.

184. S. Nah, T. H. Kim, and K. M. Lee, "Deep multi-scale convolutional neural network for dynamic scene deblurring," Proc. IEEE/CVF Conf. Comput. Vis. Pattern Recognit., 2017, pp. 257–265.

185. X. Tao, H. Gao, Y. Wang, X. Shen, J. Wang, and J. Jia, "Scale-recurrent network for deep image deblurring," in Proc. IEEE/CVF Conf. Comput. Vis. Pattern Recognit., 2018, pp. 8174–8182.

186. Y. Zeng, Z. Lin, J. Yang, J. Zhang, E. Shechtman, and H. Lu, "Highresolution image inpainting with iterative confidence feedback and guided upsampling," in Proc. Eur. Conf. Comput. Vis., 2020, pp. 1–17.

187. X. Hong, P. Xiong, R. Ji, and H. Fan, "Deep fusion network for image completion," in Proc. ACM Multimedia, 2019, pp. 2033–2042.

188. Z. Yi, Q. Tang, S. Azizi, D. Jang, and Z. Xu, "Contextual residual aggregation for ultra high–resolution image inpainting," in Proc. IEEE/CVF Conf. Comput. Vis. Pattern Recognit., 2020, pp. 7505–7514.

189. S. Y. Kim . ., et al., "Zoom–to–inpaint: Image inpainting with highfrequency details," in Proc. IEEE/CVF Conf. Comput. Vis. Pattern Recognit., 2022, pp. 477–487. arXiv:2012.09401.

190. Z. Wan, J. Zhang, D. Chen, and J. Liao, "High–fidelity pluralistic image completion with transformers," in Proc. IEEE/CVF Int. Conf. Comput. Vis., 2021, pp. 4692–4701.

191. C. Dong, C. C. Loy, K. He, and X. Tang, "Image super–resolution using deep convolutional networks," IEEE Trans. Pattern Anal. Mach. Intell., vol. 38, pp. 295–307, 2016.

192. A. Kappeler, S. Yoo, Q. Dai, and A. K. Katsaggelos, "Video

superresolution with convolutional neural networks," IEEE Trans. Comput. Imag., vol. 2, no. 2, pp. 109–121, Jun. 2016.

193. J. Kim, J. K. Lee, and K. M. Lee, "Accurate image super-resolution using very deep convolutional networks," in Proc. IEEE/CVF Conf. Comput. Vis. Pattern Recognit., 2016, pp. 1646–1654.

194. Y. Tai, J. Yang, and X. Liu, "Image super-resolution via deep recursive residual network," in Proc. IEEE/CVF Conf. Comput. Vis. Pattern Recognit., 2017, pp. 2790–2798.

195. B. Lim, S. Son, H. Kim, S. Nah, and K. M. Lee, "Enhanced deep residual networks for single image super-resolution," in Proc. IEEE/CVF Conf. Comput. Vis. Pattern Recognit. Workshop, 2017, pp. 136–144.

196. Y. Zhang, Y. Tian, Y. Kong, B. Zhong, and Y. Fu, "Residual dense network for image super-resolution," inProc. IEEE/CVF Conf. Comput. Vis. Pattern Recognit., 2018, pp. 2472–2481.

197. H. Ren, M. El-Khamy, and J. Lee, "CNF+CT: Context network fusion of cascade-trained convolutional neural networks for image superresolution," IEEE Trans. Comput. Imag., vol. 6, pp. 447–462, 2019, doi: 10.1109/TCI.2019.2956874.

198. X. Xu, Y. Ye, and X. Li, "Joint demosaicing and super-resolution

(JDSR): Network design and perceptual optimization," IEEE Trans. Comput. Imag., vol. 6, pp. 968–980, 2020, doi: 10.1109/TCI.2020.2999819.

199. A. Vaswani et al., "Attention is all you need," in Proc. Adv. Neural Inf. Process. Syst., 2017, pp. 1–11.

200. N. Carion, F. Massa, G. Synnaeve, N. Usunier, A. Kirillov, and S. Zagoruyko, "End–to–end object detection with transformers," in Proc. Eur. Conf. Comput. Vis., 2020, pp. 213–229.

201. A. Dosovitskiy et al., "An image is worth 16x16 words: Transformers for image recognition at scale," in Proc. Int. Conf. Learn. Repres., 2021, pp. 1–22.

202. H. Chen, Y. Wang, T. Guo, and C. Xu, "Pre–trained image processing transformer," in Proc. IEEE/CVF Conf. Comput. Vis. Pattern Recognit., 2021, pp. 12294–12305.

203. Y. Yu et al., "Diverse image inpainting with bidirectional and autoregressive transformers," in Proc. ACM Multimedia, 2021, pp. 69–78.

204. A. L. Maas, A. Y. Hannun, and A. Y. Ng, "Rectifier nonlinearities improve neural network acoustic models," in Proc. Int. Conf. Mach. Learn., 2013, pp. 1–6.

205. Z. Liu, P. Lu, X. Wang, and X. Tang, "Deep learning face

attributes in the wild," in Proc. IEEE/CVF Int. Conf. Comput. Vis., 2015, pp. 3730–3738.

206. B. Zhou, A. Lapedriza, A. Khosla, A. Oliva, and A. Torralba, "Places: A 10 million image database for scene recognition," IEEE Trans. Pattern Anal. Mach. Intell., vol. 40, no. 6, pp. 1452–1464, Jun. 2018.

207. C. Doersch, S. Singh, A. Gupta, J. Sivic, and A. Efros, "What makes paris look like paris?," ACM Trans. Graph., vol. 31, no. 4, pp. 101:1–9, 2012.

208. D. P. Kingma and J. Ba, "Adam: A method for stochastic optimization," 2014, arXiv:1412.6980.

209. M. Heusel, H. Ramsauer, T. Unterthiner, B. Nessler, and S. Hochreiter, "GANs trained by a two time-scale update rule converge to a local nash equilibrium," inProc. Adv. Neural Inf. Process. Syst., 2017, pp. 6626–6637.

210. R. Zhang, P. Isola, A. A. Efros, E. Shechtman, and O. Wang, "The unreasonable effectiveness of deep features as a perceptual metric," in Proc. IEEE/CVF Conf. Comput. Vis. Pattern Recognit., 2018, pp. 586–595.

211. C. Szegedy, V. Vanhoucke, S. Ioffe, J. Shlens, and Z. Wojna, "Rethinking the inception architecture for computer vision," in

Proc. IEEE/CVF Conf. Comput. Vis. Pattern Recognit., 2016, pp. 2818–2826

212. 赵立怡. 基于生成式对抗网络的图像修复算法研究[D]. 西安理工大学，2018.

213. 范春奇，任坤，孟丽莎，黄泷. 基于深度学习的数字图像修复算法最新进展[J]. 信号处理理，2020，36（01）：102–109.

214. Bertalmio M, Sapiro G, Caselles V, et al. Image inpainting[C]// Proceedings of the 27th annual conference on Computer graphics and interactive techniques. 2000: 417–424.

215. Chan T F, Shen J. Nontexture inpainting by curvature–driven diffusions[J]. Journal of visual communication and image representation, 2001, 12(4): 436–449.

216. Shen J, Chan T F. Mathematical models for local nontexture inpaintings[J]. SIAM Journal on Applied Mathematics, 2002, 62(3): 1019–1043.

217. Shen J, Kang S H, Chan T F. Euler's elastica and curvature–based inpainting[J]. SIAM journal on Applied Mathematics, 2003, 63(2): 564–592.

218. Esedoglu S, Shen J. Digital inpainting based on the Mumford–Shah–Euler image model[J]. European Journal of Applied Mathematics, 2002, 13(4): 353–370.

219. Bertalmio M, Vese L, Sapiro G, et al. Simultaneous structure and texture image inpainting[J]. IEEE transactions on image processing, 2003, 12(8): 882–889.

220. Criminisi A, Pérez P, Toyama K. Region filling and object removal by exemplarbased image inpainting[J]. IEEE Transactions on image processing, 2004, 13(9): 1200–1212.

221. Pathak D, Krahenbuhl P, Donahue J, et al. Context encoders: Feature learning by inpainting[C]//Proceedings of the IEEE conference on computer vision and pattern recognition. 2016: 2536–2544.

222. Goodfellow I J, Pouget–Abadie J, Mirza M, et al. Generative adversarial networks[J]. arXiv preprint arXiv:1406.2661, 2014.

223. Iizuka S, Simo–Serra E, Ishikawa H. Globally and locally consistent image completion[J]. ACM Transactions on Graphics (ToG), 2017, 36(4): 1–14.

224. Li Y, Liu S, Yang J, et al. Generative face completion[C]//Proceedings of the IEEE conference on computer vision and pattern recognition. 2017: 3911–3919.

225. Yang C, Lu X, Lin Z, et al. High–resolution image inpainting using multi–scale neural patch synthesis[C]//Proceedings of the IEEE conference on computer vision and pattern recognition.

2017: 6721–6729.

226. Yu J, Lin Z, Yang J, et al. Generative image inpainting with contextual attention[C]//Proceedings of the IEEE conference on computer vision and pattern recognition. 2018: 5505–5514.

227. Nazeri K, Ng E, Joseph T, et al. Edgeconnect: Generative image inpainting with adversarial edge learning[J]. arXiv preprint arXiv:1901.00212, 2019.

228. Goodfellow I, Bengio Y, Courville A, et al. Deep learning[M]. Cambridge: MIT press, 2016.

229. 沈哲吉. 基于深度神经网络的图像修复研究[D]. 华北电力大学，2019.

230. Dumoulin V, Visin F. A guide to convolution arithmetic for deep learning[J]. arXiv preprint arXiv:1603.07285, 2016.

231. Yu F, Koltun V. Multi–scale context aggregation by dilated convolutions[J]. arXiv preprint arXiv:1511.07122, 2015.

232. Simonyan K, Zisserman A. Very deep convolutional networks for large–scale image recognition[J]. arXiv preprint arXiv:1409.1556, 2014.

233. Radford A, Metz L, Chintala S. Unsupervised representation learning with deep convolutional generative adversarial networks[J]. arXiv preprint arXiv:1511.06434, 2015.

234. Gulrajani I, Ahmed F, Arjovsky M, et al. Improved training of wasserstein gans[J]. arXiv preprint arXiv:1704.00028, 2017.

235. Wang Y, Tao X, Qi X, et al. Image inpainting via generative multi-column convolutional neural networks[J]. arXiv preprint arXiv:1810.08771, 2018.

236. Karras T, Laine S, Aila T. A style-based generator architecture for generative adversarial networks[C]//Proceedings of the IEEE/CVF Conference on Computer Vision and Pattern Recognition. 2019: 4401–4410.

237. 李帅. 基于非局部变分模型的彩色图像去雾[D]. 青岛大学, 2019.

238. 王世平，马时平，李权合，何林远，王晨，丁文杉，刘坤. 一种基于边缘约束的快速图像去雾算法[A]. 中国航空学会. 第八届中国航空学会青年科技论坛论文集[C]. 中国航空学会：中国航空学会，2018：7.

239. 蒲亨飞，黄治勇. 图像去雾算法研究综述[J]. 软件工程，2021，24（05）：2–6.

240. 李桂会. 基于深度残差学习的图像去雾方法研究[D]. 山东工商学院，2020.

241. Baowei Wang,Bin Niu,Peng Zhao,Neal N. Xiong. Review of single image defogging[J]. International Journal of Sensor

Networks, 2021, 35(2).

242. He K M, Sun J, Tang X O.Single image haze removal using dark channel prior[J]. IEEE Conference Computer Vision and Pattern Recognition .2009.

243. 李鹏飞，何小海，卿粼波,石伟,吴小强.暗通道融合亮通道优化的夜间图像去雾算法[J].液晶与显示，2021，36（04）：596–604.

244. Cai, B., et al., DehazeNet: An End–to–End System for Single Image Haze Removal. %J IEEE transactions on image processing : a publication of the IEEE Signal Processing Society. 2016. 25 (11).

245. Li B Y, Peng X L, Wang Z Y, et al. An all–in–one network for dehazing and beyond[EB/OL].[2020–03–10]. https://arxiv.org/abs/1707.06543.

246. S. K. Nayar and S. G. Narasimhan, “Vision in bad weather,” in IEEE Int’l Conf. Computer Vision, 1999.

247. 于坤，焦青亮，刘子龙，蒋依芹，刘玉芳.基于中智学的非局部先验图像去雾算法[J].光学技术，2020，46（04）：476–482.

248. Hong Xu. Improved single image dehazing algorithm based on non–local prior[J]. Поволжская Археология, 2019, 30 (4).

249. Raanan Fattal. Dehazing Using Color–Lines[J]. ACM Transactions on Graphics (TOG), 2014, 34(1).

250. Peng He. Improved single image dehazing algorithm based on non–local prior[J]. Advances in Social Sciences, 2017, 3(3).

251. Berman D., Treibitz T., Avidan S. Non–local Image Dehazing[C]// ComputerVision and Pattern Recognition.Las Vegas, Nevada, USA:IEEE, 2016: 1674–1682.

252. 熊子文. 基于非局部先验的图像去雾方法研究及系统实现[D]. 重庆邮电大学,2020.

253. Li Boyi, Ren Wenqi, Fu Dengpan, Tao Dacheng, Feng Dan, Zeng Wenjun, Wang Zhangyang. Benchmarking Single Image Dehazing and Beyond.[J]. IEEE transactions on image processing: a publication of the IEEE Signal Processing Society,2018.

254. Vashishth S, Joshi R, Prayaga S S , et al. RESIDE: Improving Distantly–Supervised Neural Relation Extraction using Side Information[J]. Proceedings of the 2018 Conference on Empirical Methods in Natural Language Processing, 2018.

255. Ancuti C O, Ancuti C, Timofte R, et al. O–HAZE: A Dehazing Benchmark with Real Hazy and Haze–Free Outdoor Images[J]. IEEE, 2018.

256. Ancuti C O, Ancuti C, Timofte R . NH-HAZE: An Image Dehazing Benchmark with Non-Homogeneous Hazy and Haze-Free Images[C]// 2020 IEEE/CVF Conference on Computer Vision and Pattern Recognition Workshops (CVPRW). IEEE, 2020.
257. 董亚运，毕笃彦，何林远，马时平.基于非局部先验的单幅图像去雾算法[J].光学学报，2017，37（11）：83–93.
258. Linlin Wang, Qian Zhang, Deyun Yang, Yingkun Hou, Xiaoting He. Image dehazing based on non-local saturation[P]. International Conference on Graphic and Image Processing,2018.
259. G Meng, Y Wang, J Duan. Efficient Image Dehazing with Boundary Constraint and Contextual Regularization[J]. IEEE, 2013.
260. 赵洁，贾春梅，虞凌宏.高斯滤波算法在缺陷视觉检测中的应用研究[J].宁波工程学院学报，2014，000（004）：7–11.
261. Liu Qi, Gao Xinbo, He Lihuo, Lu Wen. Single Image Dehazing With Depth-aware Non-local Total Variation Regularization.[J]. IEEE transactions on image processing : a publication of the IEEE Signal Processing Society,2018.
262. Jun Chu, Jia Luo, Lu Leng. Non-local Dehazing enhanced by color gradient[J]. Springer US,2019,78(5).
263. Tang Qunfang, Yang Jie, He Xiangjian, Jia Wenjing, Zhang

Qingnian, Liu Haibo. Nighttime image dehazing based on Retinex and dark channel prior using Taylor series expansion[J]. Computer Vision and Image Understanding, 2021, 202.

264. 赵洪星. 基于暗通道模型的交通图像去雾算法实现[D]. 北京联合大学，2020.

265. 谢伟，余瑾，涂志刚，龙雪玲，胡欢君. 消除光晕效应和保持细节信息的图像快速去雾算法[J]. 计算机应用研究，2019，36（04）：1228–1231.

266. 蒋宏建. 基于移动端轻量级深度学习图像去雾算法的研究与实现[D]. 华南理工大学，2019.

267. 罗佳. 基于非局部图像去雾算法研究[D]. 南昌航空大学，2018.

268. 任春旺. 基于物理模型的图像去雾方法研究[D]. 重庆邮电大学，2020.

269. 郭璠. 图像去雾方法和评价及其应用研究[D]. 中南大学，2012.

270. 时慧恩，孙希延，黄建华，白杨，陶堃. 基于曲率滤波优化的遥感影像去雾算法[J]. 光子学报，2021，50（02）：99–110.

271. 徐磊，张虹，闫善文，高德宝，野金花，邵云虹. 图像处理过程中影响PSNR的因素分析[J]. 通化师范学院学报，2021，

42（04）：44–48.

272. Mehra Aryan, Narang Pratik,Mandal Murari. TheiaNet: Towards fast and inexpensive CNN design choices for image dehazing[J]. Journal of Visual Communication and Image Representation, 2021 (prepublish).

273. Fattal R. Single image dehazing[J]. Acm Transactions on Graphics, 2008, 27(3):1–9.

274. 姜祖运，王小春，李红军.一种多尺度分解与暗原色先验结合的去雾算法[J].现代电子技术，2021，44（07）：44–49.

275. Cai, B. et al. (2016) ‘DehazeNet: An end–to–end system for Single Image Haze Removal’, IEEE Transactions on Image Processing, 25(11), pp. 5187–5198. doi:10.1109/tip.2016.2598681.

276. Narasimhan, Srinivasa G, NAYAR, et al. Contrast Restoration of Weather Degraded Images [J]. 2003.

277. 禹晶，徐东彬，廖 J. 图像去雾技术研究进展.中国图象图形学报[J]. 2011,（09）：7–22.

278. Schmid C, Soatto S, Tomasi C J I C S. Conference on Computer Vision and Pattern Recognition [J]. 2005.

279. Fattal R. Single image dehazing [J]. Acm Transactions on Graphics, 2008, 27(3): 1–9.

280. Tarel J P, Hautière N. Fast visibility restoration from a single color or gray level image; proceedings of the IEEE International Conference on Computer Vision, F, 2010 [C].

281. He K. Single Image Haze Removal Using Dark Channel Prior [J]. 2009.

282. Kratz L, Nishino K. Factorizing Scene Albedo and Depth from a Single Foggy Image; proceedings of the Computer Vision, 2009 IEEE 12th International Conference on, F, 2009 [C].

283. Ju M, Ding C, Guo Y J, et al. IDGCP: Image Dehazing Based on Gamma Correction Prior [J]. IEEE Transactions on Image Processing, 2019, PP(99).

284. Ju M, Ding C, Ren W, et al. IDE: Image Dehazing and Exposure Using an Enhanced Atmospheric Scattering Model [J]. IEEE Transactions on Image Processing, 2021, PP(99): 1–.

285. Fukushima K J B C. Neocognitron: A self–organizing neural network model for a mechanism of pattern recognition unaffected by shift in position [J]. 1980, 36(4): 193–202.

286. Cai B, Xu X, Jia K, et al. DehazeNet: An End–to–End System for Single Image Haze Removal [J]. IEEE Transactions on Image Processing, 2016, 25(11): 5187–98.

287. Mount J. The equivalence of logistic regression and maximum

entropymodels [J]. 2011.

288. Maas A L, Hannun A Y, NG A Y. Rectifier Nonlinearities Improve Neural Network Acoustic Models [J]. 2013.

289. Ren W, Si L, Hua Z, et al. Single Image Dehazing via Multi-scale Convolutional Neural Networks [J]. Springer, Cham, 2016.

290. Li B, Peng X, Wang Z, et al. An All-in-One Network for Dehazing and Beyond [J]. 2017.

291. Liu Y, Zhao G. PAD-Net: A Perception-Aided Single Image Dehazing Network [J]. 2018.

292. Zhao H, Shi J, Qi X, et al. Pyramid Scene Parsing Network [J]. IEEE Computer Society, 2016.

293. Shelhamer E, Long J, Darrell T. Fully Convolutional Networks for Semantic Segmentation [J]. 2016.

294. He K, Zhang X, Ren S, et al. Deep Residual Learning for Image Recognition [J]. IEEE, 2016.

295. Huang G, Liu Z, Laurens V, et al. Densely Connected Convolutional Networks; proceedings of the IEEE Computer Society, F, 2016 [C].

296. He Z, Sin Da Gi V, Patel V M. Multi-scale Single Image Dehazing Using Perceptual Pyramid Deep Network; proceedings of the 2018 IEEE/CVF Conference on Computer Vision and

Pattern Recognition Workshops (CVPRW), F, 2018 [C].

297. Simonyan K, Zisserman A. Very Deep Convolutional Networks for Large-Scale Image Recognition [J]. Computer Science, 2014.

298. 李南逸. Image Super-Resolution Using Deep Convolutional Networks [J]. 2016.

299. Lim B, Son S, Kim H, et al. Enhanced Deep Residual Networks for Single Image Super-Resolution; proceedings of the 2017 IEEE Conference on Computer Vision and Pattern Recognition Workshops (CVPRW), F, 2017 [C].

300. Feng X, Li X, Li J. Multi-scale fractal residual network for image super-resolution [J]. Applied Intelligence, 2020, (1): 1-12.

301. Ren W, Ma L, Zhang J, et al. Gated Fusion Network for Single Image Dehazing; proceedings of the 2018 IEEE/CVF Conference on Computer Vision and Pattern Recognition, F, 2018 [C].

302. Qin X, Wang Z, Bai Y, et al. FFA-Net: Feature Fusion Attention Network for Single Image Dehazing [J]. 2019.

303. Zhang J, Tao D J I T O I P. FAMED-Net: A Fast and Accurate Multi-scale End-to-end Dehazing Network [J]. 2019, 29: 72-84.

304. Pavan A, Bennur A, Gaggar M, et al. LCA-Net: Light Convolutional Autoencoder for Image Dehazing [J]. 2020.

305. Kingma D, BA J J C S. Adam: A Method for Stochastic Optimization [J]. 2014.

306. Feng X, Li X, Li J J A I. Multi-scale fractal residual network for image super-resolution [J]. 2020, (1): 1–12.

307. Liu X, Ma Y, Shi Z, et al. GridDehazeNet: Attention-Based Multi-Scale Network for Image Dehazing [J]. 2019.

308. Feng X, Pei W, Jia Z, et al. Deep-Masking Generative Network: A Unified Framework for Background Restoration From Superimposed Images [J]. 2021.

309. Johnson J, Alahi A, FEI-FEI L J E C O C V. Perceptual Losses for Real-Time Style Transfer and Super-Resolution [J]. 2016.

310. Dong H, Pan J, Xiang L, et al. Multi-Scale Boosted Dehazing Network with Dense Feature Fusion [J]. arXiv, 2020.

311. Ronneberger O, Fischer P, Brox T. U-Net: Convolutional Networks for Biomedical Image Segmentation [J]. Springer International Publishing, 2015.

312. Romano Y, Elad M. Boosting of Image Denoising Algorithms [J]. Siam Journal on Imaging Sciences, 2015, 8(2): 1187–219.

313. Tran P, Tran A, Phung Q, et al. Explore Image Deblurring via Blur Kernel Space [J]. 2021.

314. Ulyanov D, Vedaldi A, Lempitsky V. Deep Image Prior [J]. 2017.

315. Ren D, Zhang K, Wang Q, et al. Neural Blind Deconvolution Using Deep Priors; proceedings of the 2020 IEEE/CVF Conference on Computer Vision and Pattern Recognition (CVPR), F, 2020 [C].

316. Wu H, Qu Y, Lin S, et al. Contrastive Learning for Compact Single Image Dehazing [J]. 2021.

317. Zhuoran Zheng W R, Xiaochun Cao, Xiaobin Hu, Tao Wang, Fenglong Song, Xiuyi Jia. Ultra–High–Definition Image Dehazing via Multi–Guided Bilateral Learning [J]. CVPR 2021, 2021.

318. Zeyuan Chen Y W, Yang Yang, Dong Liu. PSD: Principled Synthetic–to–Real Dehazing Guided by Physical Priors [J]. CVPR 2021, 2021.

319. Wang S, Zhang L, Wang X J N. Single image haze removal via attention–based transmission estimation and classification fusion network – ScienceDirect [J]. 2021.

320. Goodfellow I J, Pouget–Abadie J, Mirza M, et al. Generative Adversarial Networks [J]. 2014, 3: 2672–80.

321. He Z, Patel V M. Densely Connected Pyramid Dehazing Network; proceedings of the 2018 IEEE/CVF Conference on Computer Vision and Pattern Recognition (CVPR), F, 2018 [C].

322. Chen D, He M, Fan Q, et al. Gated Context Aggregation Network for Image Dehazing and Deraining [J]. 2018.

323. Du Y, Xin L. Perceptually Optimized Generative Adversarial Network for Single Image Dehazing [J]. 2018.

324. Ronneberger O, Fischer P, Brox T J S I P. U–Net: Convolutional Networks for Biomedical Image Segmentation [J]. 2015.

325. Li R, Pan J, Li Z, et al. Single Image Dehazing via Conditional Generative Adversarial Network; proceedings of the 2018 IEEE/CVF Conference on Computer Vision and Pattern Recognition (CVPR), F, 2018 [C].

326. Zhu J Y, Park T, Isola P, et al. Unpaired Image–to–Image Translation using Cycle–Consistent Adversarial Networks [J]. 2017.

327. Engin D, Gen A, Ekenel H K J I. Cycle–Dehaze: Enhanced CycleGAN for Single Image Dehazing [J]. 2018.

328. Ghiasi G, Fowlkes C C. Laplacian Reconstruction and Refinement for Semantic Segmentation; proceedings of the Springer International Publishing, F, 2016 [C].

329. Pan J, Dong J, Liu Y, et al. Physics–Based Generative Adversarial Models for Image Restoration and Beyond [J]. 2020, PP(99): 1–.

330. Das S D, Dutta S. Fast Deep Multi–patch Hierarchical Network for Nonhomogeneous Image Dehazing, F, 2020 [C].

331. Zhang J, Dong Q, Song W. GGADN: Guided generative adversarial dehazing network [J]. 2021.

332. Zhu J Y, Park T, Isola P, et al. Unpaired Image–to–Image Translation using Cycle–Consistent Adversarial Networks [J]. IEEE, 2017.

333. 郭璠，蔡自兴，谢斌，等. 单幅图像自动去雾新算法 [J]. 2011，16（4）：516–21.

334. Wang Z J I T O I P. Image Quality Assessment : From Error Visibility to Structural Similarity [J]. 2004.

335. Chandler, D. M, Hemami, et al. VSNR: A Wavelet–Based Visual Signal–to–Noise Ratio for Natural Images [J]. 2007.

336. Moorthy A K, Bovik A C. Perceptually significant spatial pooling techniques for image quality assessment; proceedings of the Human Vision & Electronic Imaging XIV, F, 2009 [C].

337. integrating image processing and knowledge reasoning [J]. Applied Sciences, 2022, 12(15): 7900.

338. Tang Y, Zhu M, Chen Z, et al. Seismic performance evaluation of recycled aggregate concrete–filled steel tubular columns with field strain detected via a novel mark–free vision method;

proceedings of the Structures, F, 2022 [C]. Elsevier.

339. 石磊. 无人机在行业的应用前景 [J]. 黑龙江科技信息，2017，（04）：52.

340. 我国无人机行业发展现状与前景分析 [J]. 军民两用技术与产品，2020，No.441（07）：10–9.

341. 鹿珂珂，陈勇. 无人机系统应用和挑战 [J]. 环球飞行，2017，（7）：4.

342. 刘杰平，杨业长，陈敏园，等. 结合卷积神经网络与动态环境光的图像去雾算法 [J]. 光学学报，2019，39（11）：12.

343. Zhao H, Qi X, Shen X, et al. ICNet for Real–Time Semantic Segmentation on High–Resolution Images [Z]. 2017.

344. 陈小丽. 基于暗通道和颜色衰减先验的图像去雾算法研究 [D]，重庆大学，2017.

345. Nayar S K, Narasimhan S G. Vision in bad weather; proceedings of the Proceedings of the Seventh IEEE International Conference on Computer Vision, F, 2002 [C].

346. Mccartney E J. Optics of the atmosphere: scattering by molecules and particles [J]. New York, 1976.

347. Orchard M T, Bouman C A. Color quantization of images [J]. IEEE transactions on signal processing, 1991, 39(12): 2677–90.

348. Sulami M, Glatzer I, Fattal R, et al. Automatic recovery of the

atmospheric light in hazy images; proceedings of the 2014 IEEE International Conference on Computational Photography (ICCP), F, 2014 [C]. IEEE.

349. Berman D, Avidan S. Non–local image dehazing; proceedings of the Proceedings of the IEEE conference on computer vision and pattern recognition, F, 2016 [C].

350. Ju M, Ding C, Ren W, et al. IDBP: Image dehazing using blended priors including non–local, local, and global priors [J]. IEEE Transactions on Circuits and Systems for Video Technology, 2021, 32(7): 4867–71.

351. Zhu Q, Mai J, Shao L. A fast single image haze removal algorithm using color attenuation prior [J]. IEEE transactions on image processing, 2015, 24(11): 3522–33.

352. He K, Sun J, Tang X. Guided image filtering [J]. IEEE transactions on pattern analysis and machine intelligence, 2012, 35(6): 1397–409.

353. He K, Sun J, Tang X. Single image haze removal using dark channel prior [J]. IEEE transactions on pattern analysis and machine intelligence, 2010, 33(12): 2341–53.

354. Ju M, Ding C, Guo C A, et al. IDRLP: image dehazing using region line prior [J]. IEEE Transactions on Image Processing,

2021, 30: 9043–57.

355. Gao Y, Li Q, Li J. Single image dehazing via a dual–fusion method [J]. Image and Vision Computing, 2020, 94: 103868.

356. Yuan H, Liu C, Guo Z, et al. A region–wised medium transmission based image dehazing method [J]. IEEE Access, 2017, 5: 1735–42.

357. Moore A W. An intoductory tutorial on kd–trees [J]. 1991.

358. Ju M, Ding C, Guo Y J, et al. IDGCP: Image dehazing based on gamma correction prior [J]. IEEE Transactions on Image Processing, 2019, 29: 3104–18.

359. Ju M, Ding C, Ren W, et al. IDE: Image dehazing and exposure using an enhanced atmospheric scattering model [J]. IEEE Transactions on Image Processing, 2021, 30: 2180–92.

360. Fukushima K. Neocognitron: A self–organizing neural network model for a mechanism of pattern recognition unaffected by shift in position [J]. Biological cybernetics, 1980, 36(4): 193–202.

361. Cai B, Xu X, Jia K, et al. Dehazenet: An end–to–end system for single image haze removal [J]. IEEE Transactions on Image Processing, 2016, 25(11): 5187–98.

362. Mount J. The equivalence of logistic regression and maximum entropy models [J]. URL: http://www win–vector com/dfiles/

LogisticRegressionMaxEnt pdf, 2011.

363. Maas A L, Hannun A Y, Ng A Y. Rectifier nonlinearities improve neural network acoustic models; proceedings of the Proc icml, F, 2013 [C]. Atlanta, Georgia, USA.

364. Ren W, Liu S, Zhang H, et al. Single image dehazing via multi-scale convolutional neural networks; proceedings of the Computer Vision–ECCV 2016: 14th European Conference, Amsterdam, The Netherlands, October 11–14, 2016, Proceedings, Part II 14, F, 2016 [C]. Springer.

365. Li B, Peng X, Wang Z, et al. An all-in-one network for dehazing and beyond [J]. arXiv preprint arXiv:170706543, 2017.

366. Dong H, Pan J, Xiang L, et al. Multi-scale boosted dehazing network with dense feature fusion; proceedings of the Proceedings of the IEEE/CVF conference on computer vision and pattern recognition, F, 2020 [C].

367. Wu H, Liu J, Xie Y, et al. Knowledge transfer dehazing network for nonhomogeneous dehazing; proceedings of the Proceedings of the IEEE/CVF conference on computer vision and pattern recognition workshops, F, 2020 [C].

368. Zheng L, Li Y, Zhang K, et al. T-Net: Deep stacked scale-iteration network for image dehazing [J]. IEEE Transactions on

Multimedia, 2022.
369. Feng X, Pei W, JIA Z, et al. Deep-masking generative network: A unified framework for background restoration from superimposed images [J]. IEEE Transactions on Image Processing, 2021, 30: 4867–82.
370. Goodfellow I, Pouget-Abadie J, Mirza M, et al. Generative adversarial networks [J]. Communications of the ACM, 2020, 63(11): 139–44.
371. Chen D, He M, Fan Q, et al. Gated context aggregation network for image dehazing and deraining; proceedings of the 2019 IEEE winter conference on applications of computer vision (WACV), F, 2019 [C]. IEEE.
372. Du Y, Li X. Recursive image dehazing via perceptually optimized generative adversarial network (POGAN); proceedings of the 2019 IEEE/CVF Conference on Computer Vision and Pattern Recognition Workshops (CVPRW), F, 2019 [C]. IEEE.
373. He K, Zhang X, Ren S, et al. Deep residual learning for image recognition; proceedings of the Proceedings of the IEEE conference on computer vision and pattern recognition, F, 2016 [C].
374. Ronneberger O, Fischer P, Brox T. U-net: Convolutional networks for biomedical image segmentation; proceedings

of the Medical Image Computing and Computer-Assisted Intervention–MICCAI 2015: 18th International Conference, Munich, Germany, October 5–9, 2015, Proceedings, Part III 18, F, 2015 [C]. Springer.

375. Li R, Pan J, Li Z, et al. Single image dehazing via conditional generative adversarial network; proceedings of the Proceedings of the IEEE conference on computer vision and pattern recognition, F, 2018 [C].

376. Vaswani A, Shazeer N, Parmar N, et al. Attention is all you need [J]. Advances in neural information processing systems, 2017, 30.

377. Ji H, Feng X, Pei W, et al. U2-former: A nested u-shaped transformer for image restoration [J]. arXiv preprint arXiv:211202279, 2021.

378. Mai J, Zhu Q, Wu D, et al. Back propagation neural network dehazing; proceedings of the 2014 IEEE international conference on robotics and biomimetics (ROBIO 2014), F, 2014 [C]. IEEE.

379. Tan R T. Visibility in bad weather from a single image; proceedings of the 2008 IEEE conference on computer vision and pattern recognition, F, 2008 [C]. IEEE.

380. Park D, Park H, Han D K, et al. Single image dehazing with

image entropy and information fidelity; proceedings of the 2014 IEEE International Conference on Image Processing (ICIP), F, 2014 [C]. IEEE.

381. Ju M, Zhang D, Ji Y. Image haze removal algorithm based on haze thickness estimation [J]. Acta Automatica Sinica, 2016, 42(9): 1367–79.

382. Farbman Z, Fattal R, Lischinski D, et al. Edge–preserving decompositions for multi–scale tone and detail manipulation [J]. ACM transactions on graphics (TOG), 2008, 27(3): 1–10.

383. Namer E, Schechner Y Y. Advanced visibility improvement based on polarization filtered images; proceedings of the Polarization Science and Remote Sensing II, F, 2005 [C]. SPIE.

384. Berman D, Treibitz T, Avidan S. Air–light estimation using haze–lines; proceedings of the 2017 IEEE International Conference on Computational Photography (ICCP), F, 2017 [C]. IEEE.

385. Wang W, Yuan X, Wu X, et al. An efficient method for image dehazing; proceedings of the 2016 IEEE International Conference on Image Processing (ICIP), F, 2016 [C]. IEEE.

386. Chang F–L, Liu J, Qiao Y–Z. Color image self–adapting clustering segmentation based on self–organizing feature map network [J]. Control and Decision, 2006, 21(4): 449.

387. Hartigan J A, Wong M A. A k–means clustering algorithm [J]. Applied statistics, 1979, 28(1): 100–8.

388. Bezdek J C, Ehrlich R, Full W. FCM: The fuzzy c–means clustering algorithm [J]. Computers & geosciences, 1984, 10(2–3): 191–203.

389. Szilagyi L, Benyo Z, Szilágyi S M, et al. MR brain image segmentation using an enhanced fuzzy c–means algorithm; proceedings of the Proceedings of the 25th annual international conference of the IEEE engineering in medicine and biology society (IEEE Cat No 03CH37439), F, 2003 [C]. IEEE.

390. Lei T, Jia X, Zhang Y, et al. Significantly fast and robust fuzzy c–means clustering algorithm based on morphological reconstruction and membership filtering [J]. IEEE Transactions on Fuzzy Systems, 2018, 26(5): 3027–41.

391. Salazar–Colores S, Cabal–Yepez E, Ramos–Arreguin J M, et al. A fast image dehazing algorithm using morphological reconstruction [J]. IEEE transactions on image processing, 2018, 28(5): 2357–66.

392. Mittal A, Soundararajan R, Bovik A C. Making a "completely blind" image quality analyzer [J]. IEEE Signal processing letters, 2012, 20(3): 209–12.

393. Meng G, Wang Y, Duan J, et al. Efficient image dehazing with boundary constraint and contextual regularization; proceedings of the Proceedings of the IEEE international conference on computer vision, F, 2013 [C].

394. Zhao D, Xu L, Yan Y, et al. Multi–scale optimal fusion model for single image dehazing [J]. Signal Processing: Image Communication, 2019, 74: 253–65.

395. Ngo D, Lee S, Kang B. Robust single–image haze removal using optimal transmission map and adaptive atmospheric light [J]. Remote Sensing, 2020, 12(14): 2233.

396. Li Z, Shu H, Zheng C. Multi–scale single image dehazing using Laplacian and Gaussian pyramids [J]. IEEE Transactions on Image Processing, 2021, 30: 9270–9.

397. Qin X, Wang Z, Bai Y, et al. FFA–Net: Feature fusion attention network for single image dehazing; proceedings of the Proceedings of the AAAI conference on artificial intelligence, F, 2020 [C].

398. Jing H, Zha Q, Fu Y, et al. A feature attention dehazing network based on U–net and dense connection; proceedings of the Thirteenth International Conference on Graphics and Image Processing (ICGIP 2021), F, 2022 [C]. SPIE.

399. li b, ren w, fu d, et al. Benchmarking single–image dehazing and beyond [J]. IEEE Transactions on Image Processing, 2018, 28(1): 492–505.

400. 曾莹，刘鑫，陈纪友，等. 基于增强多尺度生成对抗网络的单幅图像去雾 [J]. 小型微型计算机系统，2023，44（2）：6.

401. Ancuti C O, Ancuti C, Timofte R, et al. O–haze: a dehazing benchmark with real hazy and haze–free outdoor images; proceedings of the Proceedings of the IEEE conference on computer vision and pattern recognition workshops, F, 2018 [C].

402. 焦志伦，吕学海，刘秉镰. 基于全产业链的无人机物流行业监管体系设计 [J]. 中国科技论坛，2019,（11）：10.

403. 李丹阳. 图像去雾清晰化算法研究 [D]; 重庆邮电大学，2016.

404. 赵华杰，罗韦刚. 一种基于小波透射率优化的图像去雾方法及系统 [Z]，2021.

405. 徐廉. 雾霾天图像清晰化算法研究 [D]，福州大学，2014.

406. 火忠彩. 基于改进FCM的图像分割算法研究 [D]，兰州交通大学.